外国心理学流派大系

FOREIGN PSYCHOLOGY SCHOOL SERIES

郭本禹 主编



# 文化的诠释

## ——维果茨基学派心理学

王光荣 著

山东教育出版社

·济南·

**图书在版编目（CIP）数据**

文化的诠释：维果茨基学派心理学 / 王光荣著.
2版. -- 济南：山东教育出版社，2025. 1. --（外国心
理学流派大系 / 郭本禹主编）. -- ISBN 978-7-5701
-3441-0

Ⅰ. B84-069

中国国家版本馆 CIP 数据核字第 2024643K2Y 号

WAIGUO XINLIXUE LIUPAI DAXI

WENHUA DE QUANSHI——WEIGUOCIJI XUEPAI XINLIXUE

外国心理学流派大系　　郭本禹　主编

**文化的诠释**——维果茨基学派心理学　　王光荣　著

主管单位：山东出版传媒股份有限公司

出版发行：山东教育出版社

地址：济南市市中区二环南路 2066 号 4 区 1 号　　邮编：250003

电话：（0531）82092660　　网址：www.sjs.com.cn

印　　刷：山东华立印务有限公司

版　　次：2025 年 1 月第 2 版

印　　次：2025 年 1 月第 1 次印刷

开　　本：710 毫米 ×1000 毫米　1/16

印　　张：15.75

字　　数：229 千

定　　价：76.00 元

（如印装质量有问题，请与印刷厂联系调换）印厂电话：0531-76216033

主　编　郭本禹

副主编　高峰强　杨韶刚　高申春

编　委（以姓氏笔画为序）

丁　芳　方双虎　王国芳　李广军　杨韶刚　修巧艳

贾林祥　郭本禹　高申春　高峰强　崔光辉　熊哲宏

# 目录

Contents

# 总　序

著名心理学家艾宾浩斯曾说过："心理学虽有一长期的过去，但仅有一短期的历史。"心理学的长期过去可以上溯到古希腊、古罗马时期的心理学思想，从大约公元前 6 世纪到公元 19 世纪中叶的这一时期被称为前科学心理学时期或哲学心理学时期。1879 年，冯特在德国莱比锡大学创建了世界上第一个心理学实验室，标志着科学心理学的诞生。此后的短期历史被称为科学心理学时期。科学心理学是指具有科学形态的心理学，与之相对的是前科学形态的心理学。前科学形态的心理学主要指形而上学的心理学，它以纯粹思辨的方式进行推演研究，试图揭示心理现象的本质。科学形态的心理学即科学心理学，它主要受到近代科学尤其是自然科学的影响，采用经验尤其是实验的方式进行归纳研究，得出心理现象本质的知识。

从理论形态演变上看，科学心理学的发展主要表现为不同心理学流派的产生、发展和更替过程。这一过程大致沿着科学主义心理学和人文主义心理学两条路线不断演进。科学主义心理学是主流的心理学取向，主要包括内容心理学、构造心理学、机能心理学、行为主义心理学、皮亚杰学派心理学和认知心理学等流派。人文主义心理学是非主流的心理学取向，主要包括意动心理学、精神分析心理学、格式塔心理学、现象学心理学、存在心理学和人本主义心理学等流派。现代心理学流派的发展过程大致可以划分为三个阶段：一是哲学心理学时期的思想起源，从大约公元前 6 世纪到 19 世纪 70 年代；二是心理学流派自身的历史演进，从 19 世纪 70 年代到 20 世纪 80 年代；三是心理学流派的当代效应，从 20 世纪 80 年代至今。

## 一、现代心理学流派的思想起源

在前科学心理学的漫长历史中，心理学曾一度是"灵魂的奴仆"、"神学的婢女"和"哲学的附庸"。现代心理学流派萌芽于古希腊，发端于近代欧洲。古希腊心理学思想表现为存在(being)与形成(becoming)的张力，近代欧洲心理学思想表现为经验主义与理性主义的对立，到科学心理学时期就演变为科学主义心理学和人文主义心理学的纷争。

1. **思想萌芽**

古希腊是现代心理学流派的思想源头。在哲学形成之前，古希腊人已经开始了对灵魂(psyche)的探索。当时人们认为灵魂是一种生命气息，它在人死亡时离去。“心理学”(psychology)一词就由此而来。大约在公元前6世纪，古希腊产生了哲学。古希腊哲学致力于探究世界的本原，其中包括回答灵魂是什么。因此，此时的心理学是灵魂的奴仆。

古希腊哲学隐含着存在与形成的张力。这一张力最初体现在巴门尼德和赫拉克利特之间。巴门尼德提出，要通过理性的道路来获得确定无疑的知识。他推崇理性认识的重要性，贬低感觉经验的作用，认为后者只能产生纷乱的意见。赫拉克利特则通过“人不能两次踏入同一条河流”来表述世界变动不居的特征。他重视感觉经验的重要性，甚至认为视觉经验比听觉经验更可靠。存在与形成的张力在柏拉图和亚里士多德那里达到顶峰。柏拉图发展了巴门尼德的观点，认为存在着普遍的理念世界，变化中的现实事物只是对不变的理念的一种模仿。理性是最高级的灵魂，并指导着意气和情欲。亚里士多德是古希腊思想的集大成者，其《论灵魂》一书可以视为西方心理学史上第一本心理学著作。他持有形成的立场，对柏拉图的观点进行了改造。在他看来，世间万物都是有目的的，朝向隐得来希即自身的全面发展迈进，因而处于时刻流转中，灵魂也是如此。他强调感觉经验在灵魂中的重要地位，认为感觉限定着灵魂的认识活动。

在古希腊之后，西方心理学思想的目的虽然发生了变化，但却依然延续着存在与形成的张力。到了中世纪，一切思想均转向认识上帝，此时的心理学成为“神学的婢女”。两位基督教哲学家奥古斯丁和托马斯·阿奎那为心理学思想指出两条不同的道路。奥古斯丁提出通过内心的感受来获得上帝的启示，从而走向形成立场；托马斯·阿奎那提出通过理性和逻辑论证来获得上帝的启示，从而走向存在立场。

总之，从古希腊到中世纪，心理学从作为“灵魂的奴仆”到作为“神学的婢女”，提出了许多朴素的心理学思想，构成了现代心理学流派的思想萌芽，其间一直延续着存在与形成的张力，开启了现代科学主义心理学和人文主义心理学纷争的历史源头。

2. **思想发端**

经过漫长的中世纪，西方世界从文艺复兴时期进入近代。近代自然科学的进步使世界图景发生了根本改变，从中世纪以上帝为中心的神秘世界观转变为数学的机械世界观，对哲学以及心理学产生着越来越重要的影响。近代哲学的目的从古希腊探讨世界本原是什么转向如何认识世界。近代心理学由“神学的婢女”变成“哲学的附庸”，不再是对灵魂和上帝的探讨，而是围绕如何认识世界对心理学问题展开系统的理论阐述，表现为经验主义与理性主义两种对立的观点。这两种对立的观点由先前形成与存在的张力衍生而来：经验主义延续了形成的观点，理性主义延续了存在的观点。近代心理学思想在英国和法国表现为经验主义心理学思想，在荷兰和德国表现为理性主义心理学思想。

经验主义心理学思想主张，一切心理现象均是经验（如感觉和观念）的集合或联结。经验主义心理学思想从英国的培根开始。他认为，知识和观念起源于感性世界，感觉经验是一切知识的源泉。在培根之后，经验主义心理学思想有两种形式：英国的联想论心理学思想和法国的感觉论心理学思想。英国的联想论心理学思想以经验为基础，以联想为工具，试图揭示观念的形成和发展的规律。霍布斯是联想论心理学思想的先驱，他坚持知识和观念来源于感觉经验。洛克第一个提出“联想”概念，认为联想是观念的联合，简单观念经过综合、联系和分离形成人的心灵内容。贝克莱和休谟进一步发展了联想论心理学思想，解释了空间知觉和联想规律。哈特莱是联想论心理学思想体系的建立者，试图用生理学概念把经验论和联想论结合起来，用联想去解释一切心理现象。培因是联想论心理学思想的集大成者，对联想的规律、种类和动力等进行了系统化的阐述，在联想论心理学思想向科学心理学的过渡上起到承前启后的作用。

法国的感觉论心理学思想主要受到笛卡儿关于身体是机器的思想和洛克的唯物主义经验论的影响，强调感觉经验在认识中的作用。与联想论心理学思想一样，感觉论心理学思想也认为，一切观念源自经验，所有的心理事件都能用感觉和联想规律来解释，同时，它还重视心理与脑的关系，认为心理是脑的属性，脑是思想的器官，这对科学心理学的产生起到积极的作用。拉·美特利提出了“人是机器”的观点，对后来行为主义心理学有重要的影响。孔狄亚克改造了洛克的经验论心理学思想，形成了感觉论心理学思想体系。此后经过爱尔维修和波纳等人的发展，到卡巴尼斯那里，感觉论心理学思想发展到极致，并推进了生理心理学的发展。

理性主义心理学思想主张，人的心理是一种主动活动的、富于理性的固有观念，即一切心理作用都归结为不同程度的理性。理性主义心理学思想从法国的笛卡儿开始。他认为，人的知识不是来源于感觉经验，而是来源于理性,理性的演绎是唯一正确方法。作为理性表现的知识和能力是先天具有的,因此,他主张天赋观念论。莱布尼茨是理性主义心理学思想的开创者,他提出统觉说,认为心理从无意识的微觉到最有意识的统觉,具有把握对象的不同程度。他把统觉视为对感知自身内在状态的意识,即自我意识。沃尔夫是官能心理学的创始人,他认为人的心灵具有各种官能,心灵利用其不同的官能从事不同的活动。康德提出心理的先天范畴论,并使心理过程的知、情、意三分法流行起来。他认为,统觉是人的一种先验的综合统一的认识能力。赫尔巴特第一次明确宣称心理学是一门科学,但还需要建立在形而上学之上,仍属于哲学的科学。他还将统觉团等思想应用到教育心理学中。陆宰是实验心理学建立前的最后一位哲学心理学家,提出空间知觉的符号部位说,在理性主义心理学思想向科学心理学的过渡上起到承前启后的作用。

总之,近代心理学思想具有丰富的内容,形成了系统的心理学思想体系。它与近代科学一起,直接促成了科学心理学的诞生。经验主义心理学思想提出被动的心灵观,强调主体后天的经验性、心理活动的元素性和被动性,将人的心理视作静态的联想过程。理性主义心理学思想提出主动的心灵观,强调主体先天的主动性、心理活动的整体性和动力性,将人的心理视作发展的过程。经验主义心理学思想演变为现代心理学中的科学主义心理学,理性主义心理学思想演变为现代心理学中的人文主义心理学。正是在这种意义上,近代心理学思想成为现代心理学流派的思想发端。

## 二、现代心理学流派的历史演进

科学心理学产生于19世纪70年代,一开始就表现为两种理论形态,即科学主义心理学和人文主义心理学。科学主义心理学的第一个学派是冯特创立的内容心理学(主要是实验心理学),人文主义心理学的第一个学派是布伦塔诺创立的意动心理学。内容心理学与意动心理学形成了心理学史上两条路线之间的第一次对立与纷争。自此,科学主义心理学与人文主义心理学各自相对独立发展,两者之间少有相互交流和彼此借鉴。

过去人们主要是从狭义上来理解科学心理学,认为科学心理学完全等同于冯特创立的内容心理学(主要是实验心理学)。现在人们倾向于从大科学观来看待科学,认为科学既包括自然科学也包括人文科学和社会科学。尽管两者的研究对象不同、追求的真理目标和价值不同、探究真理的方式和方法不同,但它们毕竟都是科学,都以探究终极真理为己任。对于以既具自然属性又具社会属性的人为研究对象的科学心理学来说，只有以实验心理学为代表的科学主义心理学是远远不够的，还需要另一种心理学即人文主义心理学。历史发展的事实也是如此，1874年，冯特的《生理心理学原理》（下卷）和布伦塔诺的《经验观点的心理学》同时出版，这两本著作都把新心理学界定为一门经验科学，分别标志着现代科学主义心理学和现代人文主义心理学的开端。因此，科学心理学有两个创始人或者说有两位"父亲"，一个是冯特，另一个是布伦塔诺。过去人们之所以只提冯特是科学心理学之父，是因为波林那本著名的《实验心理学史》教科书造成了我们的误解。波林是铁钦纳的学生，铁钦纳力图把自己标榜为冯特的正统传人，要求波林按照他的实验心理学内容重新解读冯特的心理学体系。① 因此，在《实验心理学史》中大量论述冯特等人的实验心理学内容，而对冯特的对立者布伦塔诺等人的贡献则不予重视，以至于布伦塔诺被历史埋没了近半个世纪，成为学术史上的"隐身人"。这不能不说是一个历史的误会！我们今天需要澄清铁钦纳和波林所造成的误解，还布伦塔诺及其意动心理学的历史本来面目。

在现代心理学流派的演进过程中，有的作为一个心理学派别已经消失，融进了心理学的历史进程，如内容心理学、意动心理学和机能心理学等；有的犹如老树常青，如行为主义心理学和精神分析心理学在今天仍然具有活力。某些较大的心理学流派又包括一些较小的分支派别，如行为主义前后有三代，精神分析更是分支派别繁多。

**1. 科学主义心理学流派的历史演进**

科学主义心理学亦称自然科学心理学，是指一种以自然科学为价值定向的心理学研究取向，它坚持心理学的自然科学观和实证主义的客观实验范式，力图建构以自然科学为模板的心理学理论模式。科学主义心理学是主流的心理学取向，它从内容心理学开始，依次表现为构造心理学、机能心理学、行为主义心理学、皮亚杰学派心理学和认知心理学等派别。它们之间具有明显的连续性，要么是一种继承关系，如构造心理学对内容心理学的继承；要么具有对立关系，如认知心理学对行为主义心理学的反动。

(1) 内容心理学。

科学主义心理学从冯特的内容心理学（content psychology）开始。在冯特之前，心理学一直附庸于哲学，处于默默无闻的状态。冯特全面总结了哲学心理学、生理学和心理物理学的研究成果，把哲学心理学的理论观点、自然科学的研究方法与心理学的有关研究课题结合起来，将实验法引入心理

① 据说波林每写完《实验心理学史》的一章，都要交给铁钦纳审读。

学研究领域，于1879年在德国莱比锡建立了世界上第一个心理学实验室，使心理学获得了科学的形态，标志着现代科学心理学的确立。莱比锡成为世界新心理学的圣地，各国的学生都前往跟随冯特学习。

冯特创立的实验心理学，开辟了科学心理学的科学主义研究路线。冯特认为，科学心理学应该是一门经验科学，他把心理学的研究对象规定为直接经验，而不同于自然科学所研究的间接经验。他认为，心理学作为研究心理、意识事实的一门经验科学，其任务就在于分析出心理或意识的元素，并确定元素构成复合观念的原理与规律。冯特通过实验内省法分析，发现最基本的心理元素有两个，即感觉元素与感情元素。任何复杂的心理现象都是由心理元素结合而成的，简单的心理元素通过联想、统觉结合成为心理复合体。正是从这个意义上说，冯特的实验心理学被贴上"内容心理学"的标签。冯特的内容心理学与其同时代的布伦塔诺的意动心理学形成直接对立，这也是科学主义心理学与人文主义心理学长期纷争的开始。

与冯特同时代的德国心理学家艾宾浩斯和缪勒等人发展了他的内容心理学。艾宾浩斯创造性地运用实验法研究记忆这种高级的心理过程，开辟了实验研究的新领域。缪勒在哥廷根大学创建了一个设备完善的心理学实验室，其地位仅次于莱比锡心理学实验室，吸引了从欧洲和美国来的许多学生，取得了多方面的研究成果。以冯特的学生铁钦纳为代表的构造心理学(structural psychology)又称构造主义(structuralism)，其思想体系继承和发展了冯特的内容心理学的主要观点，特别是在坚持心理学是一门实验科学的观点上，二者一脉相承，可以看成是冯特的内容心理学的极端形式。

(2) 机能心理学。

机能心理学(functional psychology)产生于19世纪末20世纪初的美国，是美国本土出现的第一个正式的科学心理学思想体系。早在1890年，美国心理学之父詹姆斯在《心理学原理》中就将机体适应环境的心理功效规定为心理学的研究对象，这为19世纪末20世纪初的美国心理学定下了机能心理学的总基调。美国机能心理学与德国实验心理学之间存在着密切的关系。冯特在德国创建了心理学实验室之后，美国有许多年轻人来到冯特的实验室学习新的内容心理学，这些人回国后热心倡导生理心理学和实验心理学，并在各自所在的大学开设新课程，建立实验室。这样，德国实验心理学的科学形式就传入了美国，为美国的心理学家们提供了一种科学的思维方式和研究手段。但是美国年轻一代的心理学家不赞成冯特只以实验的内省方法研究纯粹的意识内容，强调用观察、测验和实验等多种方法研究意识或心理功能。他们认为，心理学可用于解决人们在不同的环境中如何活动、如何适应不同的环境等日常生活问题。

机能心理学有狭义和广义之分，与构造心理学直接对立的是狭义的机能心理学，即以杜威、卡尔、安吉尔为代表的芝加哥学派。代表美国心理学一般特征和总体倾向的是广义的机能心理学，即以卡特尔、桑代克、武德沃斯为代表的哥伦比亚学派。随着构造心理学因1927年铁钦纳逝世而消失，狭义的机能心理学由于失去了对立面逐渐退出历史舞台。而广义的机能心理学由于随后行为主义心理学的产生，也完全融入了美国心理学发展的历史洪流之中。

(3) 行为主义心理学。

行为主义(behaviorism)是20世纪初起源于美国的一个心理学派别，它在20世纪70年代之前是实验心理学中最有影响的运动，被称为心理学的"第一势力"。1913年，华生发表的《行为主义者心目中的心理学》一文标志着行为主义的诞生。华生抨击了传统上研究意识的内省心理学，批判了构造心理学和机能心理学，并声称心理学应该抛弃内省法而采用客观的实证方法研究可观察的外显行为。由此，行为主义作为一种新生的力量登上了心理学的历史舞台，其浩大的声势很快席卷了美国，并几乎遍及全世界，成为心理学史上著名的"行为主义革命"，被称为心理学史上的"第一次革命"。

行为主义的发展经历了三代。从1913年到1930年，是以华生等人为代表的第一代行为主义，又称古典行为主义。与华生同时代的魏斯、霍尔特、亨特、拉施里以及中国的郭任远等人，也对行为主义的推广做出了重要贡献。从20世纪30年代至60年代，赫尔、托尔曼、斯金纳等人对华生的极端简单化的观点和方法不满，都采纳操作主义和逻辑实证主义的哲学观点，开展了一系列研究，形成了各具特色的新体系，共同促生了第二代行为主义的心理学运动，也被称为新行为主义(neobehaviorism)。尽管第二代行为主义的术语名称、理论观点、概念体系等各不相同，但其行为主义的基本立场却是一致的。从20世纪50年代起，随着赫尔、托尔曼的过世，只有斯金纳等少数人仍坚持激进的行为主义观点，更多的批评者则看到了行为主义的实证主义哲学基础、严格的环境决定论以及人兽不分观点的严重缺陷。罗特、班杜拉、米契尔等更新一代的行为主义者，采取了更加温和的态度，大胆引入刚刚兴起的认知心理学的术语来说明人的行为，力图克服行为主义的危机，对行为主义进行认知心理学改造，形成了第三代行为主义，又称新的新行为主义(new-neobehaviorism)。

(4) 皮亚杰学派心理学。

皮亚杰学派(Piagetians)是20世纪20年代由瑞士心理学家皮亚杰创立

的。由于该学派的研究工作主要是在日内瓦大学及日内瓦发生认识论国际研究中心进行的，因此又称日内瓦学派。皮亚杰学派通过研究个体的认识发生，把认识论和心理学紧密结合起来创立了发生认识论，在心理学史上第一次系统而完整地描绘了儿童心理的发生和发展，指明儿童心理发展的实质是个体通过同化和顺化这两种形式来适应环境达到有机体与环境的平衡，并进一步详细探讨了儿童心理发展的结构、影响因素和发展阶段。皮亚杰学派对心理学、哲学和教育学诸多学科领域产生了广泛而深远的影响。

自20世纪50年代中期以来，皮亚杰理论受到了严重的挑战与诘难，出现了新皮亚杰学派(neo-Piagetians)和后皮亚杰学派(post-Piagetians)。新皮亚杰学派采用信息加工观点，对经典的皮亚杰体系作出一定的修正，使之更完善和更具解释力。后皮亚杰学派从地域上是指那些法语世界的学者(主要是法国和瑞士)所形成的一个松散的联盟，他们(也包括少数说英语的学者)在方法论上主张或实际从事以皮亚杰的临床法为标准构建发展量表和运算测验，在理论上主张差异心理学与发展心理学的真正整合。

(5) 认知心理学。

认知心理学(cognitive psychology)有广义和狭义之分，广义的认知心理学指的是所有侧重研究人的认知过程的心理学，狭义的认知心理学专指现代认知心理学。现代认知心理学表现为三种理论形态：信息加工论心理学、联结主义认知心理学和生态论认知心理学。

信息加工论认知心理学产生于20世纪50年代中期，其主要代表人物有纽厄尔、西蒙和奈瑟等人。它以“心理活动像计算机”为隐喻，用信息加工的观点看待人的认知过程，认为人的认知过程是一个接受、加工、贮存和输出信息的过程。由于这种观点以符号操作为基础，通过符号的串行加工方式建立心理模型，故又称符号论认知心理学。信息加工论认知心理学把以往被行为主义排挤到后台的意识重新拉回到心理学研究的前台，实现了心理学研究对象的回归。它还在继承传统科学主义心理学的客观实证方法基础上，综合运用反应时实验和自我观察法，尤其把计算机模拟方法作为重要研究工具，取得了心理学研究方法的突破。20世纪70年代，信息加工认知心理学成为心理学研究的主流，席卷了心理学的大多数分支。它的兴起被称作心理学史上的一场“认知革命”，相对于先前的行为主义革命是心理学史上的“第二次革命”。

20世纪80年代以来，联结主义认知心理学开始复兴。在联结主义心理学看来，人脑不能简单地等同于计算机，符号加工与真实的人类心理加工存在很大差距。它提出以大脑隐喻代替计算机隐喻，把大脑视为生物的神经网络，以平行分布加工代替串行加工。联结主义认知心理学试图构建一个更接近于神经活动的认知模型，暂时缓解了认知心理学遇到的困难。

从20世纪90年代开始，生态论认知心理学受到研究者的重视。它批判认知心理学注重实验室研究、远离日常生活的倾向，强调心理是人与环境互动的结果，主张心理学应当走出实验室、在现实环境中研究人的心理和行为，追求心理学研究的生态学效度，促进了认知心理学与实际生活的联系。

**2. 人文主义心理学流派的历史演进**

人文主义心理学亦称人文科学心理学，是指一种以人文科学为价值定向的心理学研究取向，它坚持心理学的人文科学观和现象学（存在主义、解释学）的主观经验范式，力图建构以人文科学为模板的心理学理论模式。人文科学心理学是非主流的心理学取向，它的发展有两条线索：一条从意动心理学开始，依次表现为格式塔心理学、现象学心理学、存在心理学、人本主义心理学、超个人心理学等流派，它们之间具有明显的连续性；另一条从古典精神分析心理学开始，依次表现为自我心理学、客体关系学派、自体心理学、社会文化学派、存在分析学、马克思主义精神分析学、后现代精神分析学等，它们之间也具有明显的连续性。当然，这种划分无论是时间上还是在思想渊源上都具有一定的相对性和交叉性。例如，存在心理学与精神分析学具有很大的关联性，存在心理学有时又称存在精神分析学或简称存在分析学。再如，作为存在心理学家的罗洛·梅和布根塔尔等人也可以归入人本主义心理学阵营。

(1) 意动心理学。

人文主义心理学从布伦塔诺的意动心理学（act psychology）[①]开始。意动心理学有狭义、广义之分。狭义的意动心理学主要是指布伦塔诺的意动

① 布伦塔诺开创了意动心理学的体系，但并未提出“意动心理学”这个概念。“意动心理学”进入心理学界，首先要归功于铁钦纳，他于1921年和1922年在《美国心理学杂志》上连续发表《机能心理学与意动心理学：Ⅰ》和《机能心理学与意动心理学：Ⅱ》，区分出两种心理学团体：关注生物学方面的机能心理学和关注意向方面的意动心理学。他明确指出，意动心理学以布伦塔诺、麦农、斯顿夫、立普斯、胡塞尔和屈尔佩为代表，英国的斯托特也受到布伦塔诺的影响。（Titchener, E. B., Functional psychology and the psychology of act: I. *American Journal of Psychology*, 1921, 32, pp. 519～542）1921年，他又在《美国心理学杂志》上发表《布伦塔诺与冯特：经验与实验的心理学》，认为他们开创了不同的心理学取向。他说：“心理学的学生，尽管其得益是双倍的，但依然必须在这一个和另一个之间作出选择。在布伦塔诺和冯特之间，没有中间的道路。”（Titchener, E. B., Brentano and Wundt: empirical and experimental psychology. *American Journal of Psychology*, 1921, 32, pp. 108～120）在铁钦纳之后，他的忠实的学生波林继承了老师的观点，将布伦塔诺和冯特视作两种阵营。他说：“19世纪后期和20世纪早期的系统心理学的分歧在于意动和内容，也就是在于布伦塔诺和冯特。”（波林著，高觉敷译：《实验心理学史》，商务印书馆1981年版，第406页）

心理学，广义的意动心理学除了布伦塔诺的意动心理学，还包括斯顿夫的机能心理学①、形质学派、符茨堡学派等。

布伦塔诺不同于冯特，他主张把意动作为心理学的研究对象，强调心理的意向性、活动性和整体性；提倡通过直接体验的方法，如内部知觉方法，来研究心理现象的组织规律和本质。布伦塔诺最先确立了意动心理学体系。在他之后，其学生斯顿夫提出机能心理学，麦农和厄棱费尔等人提出形质心理学，推进了意动心理学的发展。同时，冯特的学生屈尔佩站在意动心理学的立场上，领导符茨堡学派进行无意象思维的研究，并提出二重心理学，尝试调和意动心理学和内容心理学。此外，英国的沃德和斯托特、法国的里博和沙可也受到意动心理学的影响，推动了意动心理学在英国和法国的发展。

布伦塔诺等人的意动心理学与冯特等人的内容心理学相抗衡，开创了心理学中的人文主义路线与科学主义路线对立之先河。在意动心理学之后，弗洛伊德受到布伦塔诺的心理意动观的影响创立了精神分析心理学，惠特海默等人受到斯顿夫的影响，提出格式塔心理学，作为心理学中的"第三势力"的现象学心理学和人本主义心理学也回应了意动心理学。

(2) 格式塔心理学。

格式塔心理学(Gestalt psychology)又译"完形心理学"，包括两个分支，一是格式塔心理学的格拉茨学派，二是格式塔心理学的柏林学派②。1890—1900 年间，厄棱费尔和麦农将其老师布伦塔诺的意动心理学具体运用到形、形质问题的研究上，认为形、形质的形成有赖于意动。后来这一思想又通过威塔塞克和贝努西等人的努力继续传播于世。由于他们提出形质学说，故称为形质学派。这一学派是以奥地利的格拉茨大学为中心，又称格拉茨学派。

格式塔心理学的柏林学派由惠特海默、苛勒和考夫卡三位德国心理学家于 1912 年创立。这个学派最初以反对冯特的元素论作为出发点，强调经验和行为的整体性，认为整体不等于且大于部分之和，整体的性质决定部分的性质，部分的性质则有赖于它在整体中的关系、位置和作用。整体观贯穿

---

① 斯顿夫的机能心理学不同于美国心理学的机能主义，对后者也没有直接的影响。斯顿夫的机能强调的是一种逻辑的机能，而美国机能主义强调的是一种生物或适应的机能。

② 史密斯指出，格拉茨学派可以与柏林学派并列，作为格式塔心理学的两个中心。(Smith, B., *Austrian Philosophy: The Legacy of Franz Brentano*, Open Court Publishing Company, 1994, pp. 259～272)林登费尔德也指出："格拉茨学派本来能够轻易地成为战争时期[指第一次世界大战]格式塔心理学主要的中心。"(Lindenfeld D. F., *The Transformation of Positivism Alexius Meinong and European Thoug, 1880—1920*. University of California Press, 1980, p. 237)

于柏林学派体系之中，在对知觉、心身关系、思维、学习和人格问题的解释上都体现了这一观点。由此出发，柏林学派十分注重心理各成分之间的动力性、交互性和系统性。

柏林学派承认形质学派的地位与作用，在诸多方面与其保持一致：它们都坚持整体论观点，反对元素论观点；都把对形式和图形关系尤其是知觉作为核心主题。不过，格拉茨学派与柏林学派间存在着一定的差异。两个分支的争论反而成了格式塔心理学发展的动力，这反映在后来意大利的格式塔心理学发展上。

格式塔心理学的柏林学派除了三位创始人之外，后来受到柏林学派影响的勒温转向团体动力学，可以视作是对格式塔心理学的一种继承和发展。海德和费斯汀格等继承和发展了团体动力学，各自提出新的理论和学说，并在美国社会心理学界长期占据着统治地位，而格拉茨学派在一定程度上被冷落了。

(3) 现象学心理学。

在20世纪五六十年代，美国的现象学心理学、存在心理学和人本主义心理学以相似的人文主义心理学观点共同构成心理学的“第三势力”，它们共同反对心理学的“第一势力”行为主义心理学和“第二势力”精神分析心理学。在严格意义上，“第三势力”心理学都是心理学的一种共同研究取向，而非一个严格意义上的学派。当然，从起源上看，现象学心理学和存在心理学都比人本主义心理学出现得较早。

现象学心理学(phenomenological psychology)是产生于20世纪上半叶的一种心理学取向，它上承人文科学心理学最初形态的意动心理学，并受到现象学哲学的直接影响。它从直接呈现的经验出发，坚持意向性观点，对经验加以描述。胡塞尔的现象学心理学和哥廷根的实验现象学构成了现象学心理学的最早思想雏形。从地域上看，现象学心理学可分为欧洲的现象学心理学与美国的现象学心理学。前者主要有以萨特和梅洛—庞蒂为代表的法兰西学派、以伯伊滕蒂克等人为代表的乌特列支学派。后者兴起于20世纪40年代，到60年代逐渐形成了以乔治为代表的迪尤肯阵营。美国的现象学心理学的兴起过程主要是吸收与转化现象学哲学和欧洲现象学心理学的过程，这个过程实际上是现象学心理学在美国的本土化过程。1970年，乔治创办《现象学心理学杂志》，在现象学心理学发展中具有标志性意义。从理论形态上，现象学心理学可以分为三个维度六种形态：在研究方式上，表现为思辨的与实验的现象学心理学；在研究取向上，表现为经验与解释的现象学心理学；在研究领域上，表现为存在与超个人的现象学心理学。

(4) 存在心理学。

存在心理学(existential psychology)主要受到存在主义哲学和精神分析心理学的影响,以人的存在为核心观点,采用现象学方法,来理解人的爱、本真、自由、焦虑、孤独、死亡等存在状态。存在心理学家在坚持心理学的存在主义观点和现象学方法方面是一致的,但他们在研究主题上又各有侧重。存在心理学在20世纪三四十年代兴起于欧洲,并在五六十年代发展于美国和英国。早期的欧洲存在心理学的主要代表人物是瑞士的宾斯汪格、鲍斯和奥地利的弗兰克尔等人。美国的存在心理学以罗洛·梅为领军人物,此后还有布根塔尔、施奈德和雅洛姆等人。1958年,罗洛·梅等主编的《存在:心理学与精神病学中的一种新维度》是美国的存在心理学发展的一个里程碑。1959年,在美国心理学会的年会上举办了关于存在心理学的研讨会,会议论文由罗洛·梅主编并以《存在心理学》(1961)为题出版。1960年开始,美国陆续创办了几种存在心理学杂志,如《存在精神病学》(1960,后更名为《存在主义杂志》)、《存在心理学与精神病学评论》(1961)、《存在分析者》(1964)、《存在精神病学》(1964)等,这些刊物成为存在心理学最重要的阵地。英国的存在心理学以莱因等人为代表。

(5) 人本主义心理学。

人本主义心理学(humanistic psychology)诞生于20世纪五六十年代,是美国心理学中的一种新思潮和革新运动。它假定每个人的内部都存在着一种成长的机制,这种机制可以促使人们在环境允许的情况下实现他们的潜能,而心理学家的目标和责任就是关注这种内部潜能,并寻求各种方法来帮助人们实现这种潜能。奥尔波特、马斯洛、罗杰斯等人是其主要代表人物,此外,存在心理学家罗洛·梅和布根塔尔等人的思想也具有人本主义心理学倾向。在20世纪60年代末,从美国人本主义心理学中又分化出超个人心理学,它是人本主义心理学创始人马斯洛和萨蒂奇等人在对人本主义心理学进行自我扬弃的基础上提出来的。超个人心理学超越了人本主义以个人的自我实现为目标的狭隘认识,迈向以研究人类心灵与潜能的终极价值和真我完满实现为目标。人本主义心理学理论形态包括以奥尔波特、马斯洛、罗杰斯等人为代表的自我实现理论、以罗洛·梅和布根塔尔等人为代表的自我选择论和以马斯洛和萨蒂奇等人为代表的自我超越论。

(6) 精神分析心理学。

精神分析(psychoanalysis)由奥地利著名医生弗洛伊德于19世纪末创立,它既是一种治疗心理疾病的方法,又是一种潜意识的心理学说。精神分析最初是从神经症治疗实践中产生的,逐渐发展成为现代西方心理学的一个主要流派，被称为西方心理学的“第二势力”。自20世纪20年代以来，精神分析逐渐超越了心理学的范围，扩展到社会科学的诸多领域，开创了一场人类思想文化运动。可以说，精神分析心理学是西方心理学史上绵延最长、影响最大、分支派别最多的一个心理学流派。

自从弗洛伊德创建精神分析理论以来，精神分析运动已经经历了百年的发展历程，其发展循着内部和外部两条路径。内部发展路径指的是精神分析内部的不断分裂与重组、演变与发展。其逻辑线索是，弗洛伊德所倡导的驱力模式，经过荣格、阿德勒等人的过渡之后，进一步演化为自我模式、关系模式和自体模式，分别对应着以安娜、哈特曼和埃里克森等人为代表的自我心理学，以克莱因、费尔贝恩和克恩伯格等人为代表的客体关系学派和以科胡特等人为代表的自体心理学等，它们从学科内部推动着精神分析运动向前发展。外部发展路径指的是弗洛伊德之后的精神分析从外部学科，如医学、社会学、文化学、哲学、语言学等积极汲取养分，一些精神分析学家把传统精神分析学与其他学科相结合，分别出现了以霍妮、沙利文、卡丁纳和弗洛姆等人为代表的社会文化学派，以宾斯万格、鲍斯、罗洛·梅、莱因等人为代表的存在分析学，以赖希、马尔库塞和弗洛姆等人为代表的马克思主义精神分析学，以拉康等人为代表的后现代精神分析学等，它们推动了精神分析运动向外发展。

精神分析百年运动的发展历程是一个不断分裂与整合的过程。其整合过程就是不断地克服片面性、极端性从而逐渐地走向互相吸收、融合的历程，表现在它的不同发展阶段之间、其内部的各种模式之间以及它与外部诸多学科之间的相互吸收与融合。精神分析运动的整合逻辑与其发展逻辑相一致，也循着内部整合与外部整合两条路径。内部整合路径是指精神分析内部的各种模式之间的整合，即对驱力或本能、自我、客体关系与自体模式之间的不断整合，包括雅可布森的自我理论整合、克恩伯格的客体关系理论整合、科胡特的自体理论整合和米契尔的关系理论整合等。外部整合路径是指精神分析与外部邻近学科，如社会学、文化学、哲学、语言学、医学和神经科学之间的整合，包括社会文化学派的文化理论整合、存在精神分析的人本主义理论整合、拉康的语言学理论整合和神经科学的科学化整合等。无论是内部整合还是外部整合都推动了精神分析运动不断向前发展。

## 三、现代心理学流派的当代效应

20世纪80年代以来，西方心理学进入“后体系时代”(postsystem era)①。尽管一些学派和思潮如行为主义心理学、认知心理学、精神分析心理学、人本主义心理学等依然存在，但是，学派纷争日益淡化，学派界限日趋模糊，大多数心理学家更倾向于具体问题的研究，提出一些微观理论模型，而不大关心学派建设。就宏观理论观点而言，当代心理学也出现了一些新的研究趋势。这些新趋势一方面延续着科学主义心理学与人文主义心理学的分野。例如，联结主义认知心理学、认知神经科学、生态心理学、进化心理学等主要体现了科学主义心理学精神，后现代心理学、女性主义心理学、叙事心理学、文化心理学、积极心理学等主要体现了人文主义心理学精神。同时，这些新趋势在一定程度上也体现了科学主义心理学和人文主义心理学之间相互吸收和融合的新特点。当代出现的这些心理学的新趋势，只能看成是新的心理学研究取向，还不能视为严格意义上的心理学派别，而且，它们各自的代表人物也没有打算创立什么新的学派。

### 1. 科学主义心理学流派的当代效应

以自然科学为价值定向的科学主义心理学的当代趋势主要有：联结主义认知心理学、认知神经科学、生态心理学和进化心理学等。表面上看来，虽然不断有新的特征纳入到这些趋势中，比如多学科的交叉性以及研究方法的多元化，但是这些趋势在总体上却都反映出了诸如坚持经验证实原则、强调量化研究等科学主义心理学所固有的研究特征。

(1) 联结主义认知心理学。

联结主义认知心理学(connectionist cognitive psychology)是联结主义模型研究于20世纪80年代在认知心理学领域的复兴。它的复兴既逢信息加工论认知心理学遭到怀疑与困难之时，又得益于脑科学和神经科学的飞速发展。1986年，鲁梅尔哈特和麦克里兰编辑出版的联结主义“圣经”《并行分布加工：认知结构的微观探索》一书，标志着联结主义认知心理学进入发展的鼎盛时期。联结主义认知心理学以“心理活动像大脑”为隐喻基础，把认知过程类比为神经网络的整体活动，把认知系统看做是简单而大量的加工单元的联结网络，网络中的每一单元在某一特定时刻总是处在某种激活

① Brennan, J. F. (2003). *History and systems of psychology*. New Jersey: Pearson Education, p. 280.

水平上，其实际的激活水平与来自环境和其他与之相连的单元有关。在联结主义看来，知识并不存在于特定的地点，而是存在于单元之间的联结之中，学习就是建立新的激活模式或改变单元之间的联结强度，因此，不同的激活模式能够解释不同的认知过程。相对于信息加工论认知心理学，联结主义认知心理学所研究的人工神经网络与大脑的功能方式更为一致，因为人脑就是由大量神经细胞以复杂方式联结起来的。联结主义认知心理学为处于危机中的认知心理学带来了新的生机，被称作“在认知解释方面的一场哥白尼式的革命”①，但它以对大脑的同构型或同态型模型为研究对象本身就具有一定的局限性。

(2) 认知神经科学。

认知神经科学(cognitive neuroscience)是 20 世纪 80 年代末出现的一种主要研究趋势。这一趋势重在研究和探讨人类心理及其活动的脑基础，以便揭示出人类心理和大脑之间的关系。认知神经科学融合了多个学科，比如脑科学、认知科学、神经科学等。这一新趋势有两点基本主张：一是认为脑结构与脑功能具有多层次性的特点；二是认为虽然人脑的结构是脑功能的基础，但在结构和功能之间并非简单的对应关系。这一趋势以传统认知心理学的行为实验研究方法为基础，主要采用脑功能成像技术进行研究。这其中主要包括基于脑代谢或脑血流变化的正电子发射断层扫描技术(PET)、功能性核磁共振成像技术(fMRI)和基于脑电或脑磁信号的脑生理功能成像的事件相关电位技术(ERP)、脑磁图技术(MEG)。认知神经科学将认知科学中的精细、严密的实验设计和现代神经科学中的先进技术相结合，丰富了心理学的研究，促进了人们对心理学中的一些重要主题研究的深入。有观点甚至认为认知神经科学正取代认知心理学成为心理学发展的新阶段。② 虽然这一新的趋势目前还正处于进一步发展和完善之中，但相信它会给心理学研究带来更多的借鉴和突破。

(3) 进化心理学。

进化心理学(evolutionary psychology)是在 20 世纪 80 年代末期出现于心理学研究领域中的一种新的研究趋势，其主要代表人物有巴斯、考斯麦茨、巴库等人。进化心理学主要受到本能心理学、认知科学和精神分析理论的影响，在方法论上主要运用生物学的进化理论来探讨人类心理的起源和

① Andy Clark & Rudi Lutz(1992). *Connectionism in context*. Springer-Verlag, p. 9.

② 索拉索编，朱滢、陈烜之等译：《21 世纪的心理科学与脑科学》译者前言，北京大学出版社 2002 年版，第 12 页.

本质,并尤其强调自然选择的机制。这一趋势的基本观点主要包括:理解心理机制的关键在于过去;功能分析是理解心理机制的最主要途径;人类在解决问题的过程中逐渐演化出心理机制;心理机制具有模块性;人类的行为和表现是外部环境和心理机制相互作用的结果。进化心理学的研究主要建立在多种方法和数据来源的基础之上,通常采用比较法和实验法对所提出的假设进行检验,数据资料主要来源于观察资料、自我报告、生活史、考古学记录、狩猎采集社会的数据等。进化心理学把心理学的研究融进了生命科学的研究范围之中,拓宽了心理学的研究领域,并对人性等问题做了深入探讨。虽然进化心理学目前尚存在诸多争议,但是它无疑启发并促进了心理学的深入研究和纵深发展。

(4) 生态心理学。

生态心理学(ecological psychology)是在 20 世纪 80 年代末最终确立并得以发展的心理学新趋势之一。它受到科学、哲学和心理学等多个学科的影响,但以心理学的影响为主。在心理学领域中,生态心理学既受到机能主义心理学、行为主义心理学、认知心理学等这些主要的科学主义心理学流派的影响,又受到格式塔心理学、精神分析心理学和人本主义心理学等人文主义心理学流派的影响。从这些影响中,我们可以看到生态心理学这一新趋势在总体上反映了科学主义心理学和人文主义心理学的融合迹象。生态心理学的特征主要包括:强调人类心理的整体性;主张心理学的研究应面向生活世界;主要关注生态危机。在研究方法上,生态心理学虽然倡导多元化取向,但在实际研究中往往以注重生态效度的实验法、以行为抽样记录为主的自然观察法、以背景评估为主的测量法以及档案法为主。由于生态心理学的发展处在以科学主义为主导的当代心理学氛围下,不可避免地对经验和实验尤为注重,这也在一定程度上限制了生态心理学的发展空间。

**2. 人文主义心理学流派的当代效应**

以人文社会科学为价值定向的人文主义心理学的当代趋势主要有:后现代心理学、女性主义心理学、叙事心理学、文化心理学、积极心理学等。它们主要以现象学为哲学基础,以质化描述和个案分析方法研究现实生活中人的整体经验世界,关注人的价值、尊严、情感的理解和体验等主题,重视社会和文化因素对人的心理的影响。

(1) 后现代心理学。

后现代心理学(postmodern psychology)是在 20 世纪 80 年代中后期,受到后现代文化思潮的直接影响,在西方主流心理学面临困境与危机的情势下产生的一种心理学新趋势。它直接缘起于在心理学界处于非主流地位的人文科学定向的心理学思想。它以批判和消解科学主义心理学,并从后现代视野重新审视和重构心理学为基本特征。后现代心理学反对把心理学视为一门自然科学,从总体上倾向将心理学划为人文科学阵营;反对只研究可观察的对象,主张扩大心理学的研究对象;反对以实证方法为中心和量化分析,主张质化研究;反对原子论、还原论、客观论、决定论,倡导整体论、建构论、去客观化、或然论;反对追求普适性真理、价值中立和把人视作机器的观点,主张淡化对普适性真理的追求,关注事实与价值的融合,张扬人性;反对将知识视为客观实在,主张把知识放到社会背景中,视其为人际互动和社会建构的结果。后现代心理学作为后现代文化思潮的重要组成部分,体现出人文科学的精神,对人文主义心理学领域具有积极意义。

(2) 女性主义心理学。

女性主义心理学(feminist psychology)产生于20世纪60年代末以来的西方女性主义思潮背景之下。其发展逻辑体现为三种研究取向:20世纪六七十年代出现的经验论女性主义心理学,20世纪80年代出现的立场论女性主义心理学和20世纪90年代出现的后现代女性主义心理学,其中后现代女性主义心理学占据主流地位。女性主义心理学的主流观点是:消除心理学中男性中心的偏见,建立"性别公平"的"好科学";反对实证霸权,主张采用适于女性的多元方法,如质化方法;反对传统心理学的客观和价值中立的研究模式,提倡在社会文化背景下对女性的主观经验如价值、情感和信念的深度理解;主张从社会性别视角革新咨询关系,尊重女性能力、尊严及价值,强调赋予自我决定的治疗目标,建立平等的咨询关系。女性主义心理学对我们全面认识人类心理和关注女性心理起到独特作用。

(3) 叙事心理学。

叙事心理学(narrative psychology)诞生于20世纪80年代中期,它受到后现代文化思潮的影响,是现代文学中的叙事分析与社会心理学相结合的产物。它是通过分析神话、民间故事、小说等虚构文本来探讨和理解我们精神世界的意义系统和结构的一种人文主义心理学取向。叙事心理学以自我叙事表征心理过程的核心特征,主张用话语分析等质化方法研究人的意义、价值、情感和人格,研究人的生活故事,其目标是理解,而非实证和解释;它强调人的心理的情景性和生成性,既关注日常生活世界中人的发展过程的连续性,又注重对人生链条上每一个故事内容的分析;它认为心理问题产生的原因在于外界事物导致个体生活故事的连续性遭到破坏,心理治疗的目的是帮助个体"修复故事"或重构一个新故事。叙事心理学以其独特的研究方法和视角,启示我们重新审视传统心理学的目标和方法。

(4) 文化心理学。

文化心理学(cultural psychology)是20世纪末产生的一种心理学取向,是对主流心理学困境与危机的一种反应和结果。它主要通过人文科学模式研究特定文化中人的心理或行为,重视实际语境,强调生态学研究方法,重视主位研究、同文化研究和本体论解释学研究。它强调文化与心理的创生关系和互动关系,力图改变传统文化与心理学领域研究中的文化决定论模式。文化心理学主要有三种取向:符号理论取向、活动理论取向和个人主义理论取向。它对科学主义心理学进行了全面的批判和建构:反对物性,张扬人性;反对经验—理性理论模式,主张文化研究范式;反对传统心理学的本体论和普遍知识观,坚持文化相对主义与建构主义;反对二分主义和以此为基础的本质主义、基础主义和归因主义,倡导整体主义、非本质主义、非基础主义。文化心理学重视人性,突出心理学的人文科学性,弥补了科学主义心理学的不足。

(5) 积极心理学。

积极心理学(positive psychology)是利用心理学目前已比较完善和有效的实验方法与测量手段,来研究人类的力量和美德等积极方面的一种心理学思潮。它产生于20世纪末的美国,是相对于主流心理学中的"消极心理学"而言的。它反对传统心理学以消极、问题、障碍、病态心理为研究重点,反对本能驱力论、环境决定论和悲观人性论,强调对主观幸福感、美德、力量和潜能等积极品质的研究;反对心理学研究只关注对"问题"的修补,主张心理学关注和鼓励人保持积极心理品质。积极心理学的主要研究内容包括:积极情感体验,如主观幸福感、满足和快乐等;积极人格,如自尊、虔诚、宽恕、善良、爱、正直、感恩等;积极的社会组织系统,如工作制度、家庭关系和学校管理等。积极心理学虽然沿用了实证主义的研究方法,但也逐渐尝试借鉴质化研究方法,更重要的是它继承和发展了人文主义心理学的人性观与心理观,其目标在于寻求人类的人文关怀和终极关怀,它在总体上属于人文主义心理学,同时也体现了科学主义心理学与人文主义心理学的融合迹象。

在当前西方心理学中,科学主义心理学与人文主义心理学逐渐开始对话与交流,出现了相互融合的新迹象。例如,上述生态心理学和积极心理学两种研究趋向就表现出这种融合的特点。又如,精神分析心理学通过借鉴认知神经科学的研究方法和成果向科学主义心理学融合。神经精神分析学(neuropsychoanalysis)是一门将传统精神分析学与神经科学的理论和方法相结合的新研究领域。其领军人物马克·索姆斯指出,神经精神分析学"联系心理与大脑，以详细探究因不同大脑结构受损而带来的人格、动机和情绪变化的内部心理结构。如此，我们可以辨别引起这些症状和症候群的多重潜在因素，并将它们与其解剖的'活动场景'联系起来"①。1999年《神经—精神分析学》杂志创刊，2000年国际神经—精神分析学协会创建，标志着神经精神分析学的正式建立。神经精神分析学试图通过结合精神分析学与神经科学的理论与方法，实现精神分析的科学化，被称为21世纪精神分析研究的新范式。再如，认知科学通过借鉴现象学的方法向人文主义心理学融合。1996年，认知科学家瓦雷拉提出神经现象学（neurophenomenology）构想，试图将认知科学与现象学结合起来。② 神经现象学是研究意识体验的神经科学，在理论上寻求对意识的神经生理层面进行具身化（embodied）与大规模（large-scale）的动力学研究；在方法上广泛而严格地使用现象学的第一人称主观经验报告策略，来量化和描述意识的大规模的神经动力活动。神经现象学鲜明地体现了实证方法与现象学方法的结合。

## 四、现代心理学流派的理论特征

现代心理学流派的发展与演进并非杂乱无章，而是有其内在的理论逻辑。这种理论逻辑从心理学的科学观、对象论、方法学和理论观等方面体现了科学主义心理学与人文主义心理学的分歧与争论。心理学史学家华生③、科恩④、金布尔⑤等人都曾对此进行过研究。我们在这里分别从科学观、对象论、方法学和理论观方面总结科学主义心理学和人文主义心理学的不同理论特征，以进一步深化对现代心理学流派的理解。

### 1. 科学观

心理学科学观是指心理学家关于心理学的学科性质、定位及其建构方式的理论观点，体现为心理学家对心理学研究对象的理解、对心理学研究方

① Kaplan-Solms, K. & Solms, M. (2000). *Clinical studies in neuropsychoanalysis*. London: Karnac, p. 62.

② Varela, F. J. (1996). Neurophenomenology: A methodological remedy to the hard problem. *Journal of Consciousness Studies*. 3(4), pp. 330～50.

③ Watson, R. I. (1967). Psychology: A prescriptive science. *Ameriocan Psychologist*. 22(5), pp. 435～443.

④ Coan, R. W. (1979). *Psychologist: Personal and theoretical psthways*. New York: Irvington Publishers, Inc.

⑤ Kimble, G. A. (1984). Psychology's two cultures. *Ameriocan Psychologist*. 39(8), pp. 833～839.

式的确定以及对其理论本身的表述。心理学家持有什么样的科学观,决定着他们怎样看待心理学,怎样研究心理学,致力于将心理学建构成什么样的科学。科学主义心理学与人文主义心理学在科学观上表现为自然科学观与人文科学观的差异。

科学主义心理学自冯特起,就确立了心理学的自然科学观,以物理学、生理学和生物学等自然科学为模板,反对旧的思辨的形而上学心理学,将心理学打造为自然科学的一个分支。这种科学观遵从17世纪以来流行于物理学等学科中的数学和机械观点,将世界视作遵循物理规律的自然物的世界,力图通过客观的实验研究发现自然物的成分及其运动规律。铁钦纳将冯特的内容心理学观点推向极致,认为心理学类似形态学,它通过类似于"活体解剖"的工作发现心理的元素及其结合规律。行为主义者华生曾明确宣称:"心理学是自然科学的一个分支,它将人的活动及产物作为主题。"①华生将心理学的研究对象限定在可观察的行为范围内,同时将心理排除在心理学大门之外。认知心理学虽然实现了心理的复归,但仍将可客观操作的信息符号作为研究对象,来发现其中的运转规律。科学主义心理学通过采用自然科学模式,极大地推动了心理学的发展,但同时也存在过于强调自然科学观点、忽视心理的原本面目的不足。心理学史学家科克对此批评说:"物理学的语言成了心理学的理想术语。科学的脸面远比真知灼见更具魅力。心理学史成了对自然科学的模仿史。"②

与科学主义心理学不同,人文主义心理学自布伦塔诺起,就确立了心理学的人文科学观,将心理学打造为人文(社会)科学的一个分支。这种科学观重视人的世界的整体性与独特性,将世界视作有意义的世界,力图在忠于心理现象原本面目的前提下,通过描述和理解阐发其中所蕴含的意义与价值。人文主义心理学强调心理的整体性、主观性、动态性和独特性,主张以人文(社会)科学的理论模式来研究心理学,以达到对人的心理生活的理解。狄尔泰通过区分描述心理学(descriptive psychology)与说明心理学(explanatory psychology),明确提出人文科学的心理学观点。格式塔心理学提出"整体大于部分之和"的口号,强调心理现象的整体性。精神分析心理学力图通过理解与解释来考察人类心灵深处的潜意识现象。"第三势力"心理学则明确自己的人文科学立场,通过研究人的存在、潜能、意义、价值等主题,

---

① Watson, J. B. (1919). *Psychology from the standpoint of a behaviorist*. Philadelphia: J. B. Lippincott Company, p. 1.

② Koch, S. (1959). *Psychology: A study of a science* (vol. 3). New York: McGraw-Hill, p. 783.

彰显心理现象的整体性与独特性，揭示其中的意义源泉。人文主义心理学采用人文科学模式，丰富了心理学的主题和领域，推进了心理学的发展，但在方法落实等方面存在着不足。

**2. 对象论**

心理学的对象论是指心理学家在研究对象上的主张与阐释，它对于心理学的研究主题和领域等具有重要的指导意义。科学主义心理学与人文主义心理学在对象论上表现为人性观和心理观两个具体层面上的分歧。

人性观是指对人的本性的理解。科学主义心理学在人性观上坚持自然科学的立场，表现出自然化倾向。这种人性观把人从各种背景中隔离出来，视其为纯粹物理世界中的自然存在。冯特在创立科学主义心理学时，就将人和物等同，通过考察心理的元素及其结合规律，把人降为自然的化合物。行为主义将人和动物等同，通过考察刺激—反应的联结来推断人的适应行为，把人降为大白鼠。认知心理学将人视作物理符号系统，通过计算机模拟来推导人的内部心理过程，把人降为机器。科学主义心理学的人性观有利于掌握人的心理机制和规律，但忽视了人的自身独特性及其社会性。而人文主义心理学在人性观上坚持人文科学的立场，强调人在世界中的独特地位，提倡从社会、历史、文化和精神的视角去理解人。格式塔心理学重视具体情境中的人，精神分析心理学侧重从人的生活史考察人的内心世界，存在心理学则从人在世界中的存在来展现人的精神面貌。人文主义心理学拓展了心理学对人性的丰富性理解，但对人的自然属性重视不够。

心理观是指对心理学研究对象的看法。科学主义心理学将研究对象视作具有物理特征的自然物，尤其强调研究可观察的对象，如认知、行为等，而那些不能观察或无法实验证实的经验都被排斥在心理学的研究对象之外。冯特的内容心理学和铁钦纳的构造心理学都将各种复杂的心理过程分析为基本的心理元素，结果导致严重脱离实际的“砖块和水泥”的心理学。华生和斯金纳等人的行为主义心理学因为排除了意识和心理而成为“无头脑”的心理学。信息加工论认知心理学从信息的输入与输出来推论人的内在认知加工的规律。而人文主义心理学重视研究心理的主观体验，如情感、潜能、创造、价值等，强调心理学研究对象的主观性、意义性、整体性以及与情境的独特关联。布伦塔诺通过提出心理的意向性本质，强调了心理现象与对象的关联性。精神分析强调过去经验的独特意义，由此来发掘潜意识的奥秘。现象学心理学力求从人所体验到的生活世界出发，来考察心理的本质。人本主义心理学关注人的内在体验，如潜能、需要和自我实现等。

### 3. 方法学

从方法学上看，科学主义心理学与人文主义心理学无论在哲学方法论上还是在具体研究方法上都存在较大的分歧。科学主义心理学以实证主义为哲学基础，使用自然科学的研究方法，如实验室研究、量化研究和共同规律研究；人文主义心理学以现象学为哲学基础，使用人文（社会）科学的研究方法，如现场研究、质化研究和特殊规律研究。

（1）实证主义与现象学。

科学主义心理学与人文主义心理学在哲学方法论上存在分歧。科学主义心理学以实证主义为哲学方法论。实证主义坚持客观立场，强调研究对象的可观察性，提倡通过经验的验证来发现心理现象的机制和规律。实证主义包括孔德的激进实证主义、马赫和阿芬那留斯的经验实证主义以及维也纳学派的逻辑实证主义三代，它们分别为华生的行为主义、铁钦纳的构造主义以及新行为主义提供哲学方法论。在实证主义哲学的影响下，科学主义心理学提倡实验、测量等量化方法，力求得出心理的本质。人文主义心理学以现象学为哲学方法论。现象学从生活世界出发，强调忠于心理现象本身，提倡通过经验的描述和理解，来揭示心理现象的原本面目。现象学包括胡塞尔现象学、存在主义和解释学三代，它们分别为格式塔心理学、人本主义心理学、现象学心理学、存在心理学和精神分析提供哲学方法论。在现象学哲学的影响下，人文主义心理学提倡个案、现场等质化方法，力求理解心理的意义。

（2）实验室研究与现场研究。

科学主义心理学强调严格控制的实验室研究，而人文主义心理学注重日常生活的现场研究。科学主义心理学深受自然科学观和实证主义哲学的影响，信奉实验方法，主张通过精巧的实验设计、严格的变量控制来研究心理现象。例如，冯特把生理学和心理物理学的实验方法引入心理学，并把传统的内省法改造为实验的内省法，对感知觉、联想等进行了大量实验研究。行为主义更是笃信客观实验法，认为只有运用严格的实验程序与仪器设备，才能进行科学的心理学研究。信息加工论认知心理学也主要是在实验室内进行研究，运用反应时实验、眼动实验和计算机模拟等方法，并在使用中特别强调实验变量及其控制。与之相对，在人文科学观和现象学哲学的影响下，人文主义心理学认为心理学研究应当走出实验室，走进日常生活情境，采用访谈和自然观察等现场研究方法。精神分析心理学在临床背景下探究人的潜意识，对梦、口误、笔误、遗忘和疏忽等现象进行分析。格式塔学派主张采用实验现象学和自然观察法来研究人的直接经验。人本主义心理学采用个案、访谈等方法揭示个体的独特性。

(3) 量化研究与质化研究。

科学主义心理学侧重量化研究,而人文主义心理学突出质化研究。科学主义心理学关注研究的精确性,强调定量分析。铁钦纳说过:“在科学中,一切解释对我来说,都是依存变量和独立变量的相关性。”①行为主义心理学通过数量分析来确定刺激与反应或环境与行为之间的关系,这在赫尔的逻辑行为主义和斯金纳的操作行为主义中表现得尤为突出。认知心理学用反应时作为感知觉、记忆、思维和语言等多种心理现象的主要指标,任何复杂的心理活动都可以转化为反应时指标或测验分数。而人文主义心理学并不排斥量化方法,但对科学主义心理学过于追求量化的倾向进行了批评,大力倡导质化研究。布伦塔诺以内部知觉方法研究心理的活动,精神分析心理学运用自由联想和梦的分析揭示潜意识的意义,格式塔心理学通过实验现象学方法揭示心理的本质,人本主义心理学和现象学心理学通过现象学方法发掘经验的意义。

(4) 共同规律研究与特殊规律研究。

科学主义心理学坚信客观的普适性原则,认为通过经验观察和实验就能归纳出适合所有人的共同规律,以此对心理与行为进行统一性解释。例如,行为主义者认为心理学可以发现人类行为的一般规律,并据此对人类的行为进行预测和控制。华生指出,心理学“在某种程度上成为探索人类生活的基础……为所有的人理解他们自己行为的首要原则做准备……应该使所有的人渴望重新安排自己的生活”②。认知心理学通过严格控制的实验室研究,得出人类认知的一般规律。而人文主义心理学主张,普适性的共同规律并没有多少意义,心理学研究不应离开特定的个体和具体的情境,而应重在发现适合个体的特殊规律。精神分析心理学从临床案例观察出发,得出适于某类病症的理论解释。人本主义心理学采取折中融合的方法论原则,马斯洛和奥尔伯特等人坚持在共同规律研究之外,一定要运用特殊规律研究法对个案进行深入研究。

**4. 理论观**

(1) 客观论与主观论。

科学主义心理学将实证主义哲学的实证性原则贯彻到心理学中,追求客观化,强调以量化方法研究可观察的对象。例如,机能主义心理学把人的

① 郭本禹主编:《西方心理学史》,人民卫生出版社 2007 年版,第 350 页。

② 华生著,李维译:《行为主义》,浙江教育出版社 1998 年版,第 304 页。

心理整体视为一种机体有效适应生活条件的活动过程，使心理学的研究重心转移到有机体与客观环境的适应关系中，进行开放、客观的研究。行为主义心理学是客观心理学的典型代表。华生反对把心理封闭在主体之内，主张以客观可观察的行为作为心理学的研究对象，以严格的客观法代替主观内省法。斯金纳把自己的新行为主义体系定性为："从科学的角度看，这个体系是实证主义的。它的任务以描述为限，不企图提出解释，它的一切概念都由直接观察的结果来给以定义，不涉及身体部位或生理的特点。"①信息加工论认知心理学也信奉客观主义，强调在严格控制的实验条件下，使用精密仪器观察自变量与因变量之间的关系。人文主义心理学则受现象学哲学的影响，认为心理学要抓住统摄经验的有意义的结构，以现象学的方法研究主体的意识活动。布伦塔诺以直接体验为方法研究人的内在的意动。格式塔心理学主张采用实验现象学方法与自然观察等方法研究人的直接经验，反对人为的抽象和元素分析。而人本主义心理学则突出了人的主体性和主观性在心理学中的地位，倡导以整体分析法、现象学方法研究人性、价值、创造性和自我实现等高级心理过程。

(2) 方法中心论与问题中心论。

科学主义心理学认为，要想使心理学真正成为一门实证科学，就必须采用曾经使自然科学获得巨大成功的研究方法和研究范式，坚持"以方法为中心"的研究思路。马斯洛指出："方法中心就是认为科学的本质在于它的仪器、技术、程序、设备以及方法，而并非它的疑难、问题、功能或者目的。"②方法中心论根据研究方法确定研究问题。这种观点在行为主义心理学那里表现得最为突出。华生宣称，行为主义的目的在于方法论的革命，并以研究意识和心理缺乏科学的方法为理由而将其赶出了心理学。信息加工论认知心理学尽管不像行为主义那样极端，但也具有方法中心论的倾向，强调以实验法和计算机模拟法研究人的信息加工过程。而人文主义心理学则反对方法中心论的倾向，主张以问题为中心，根据研究问题选择方法，既可采用实验法等定量分析的方法，也可采用个案、自陈、描述等定性的方法。例如，精神分析心理学为了研究潜意识心理，抛弃了实验室研究，而使用自由联想、梦的分析、日常生活分析等方法。人本主义心理学家马斯洛也明确指出，方法和手段是为目的服务的，其意义为问题所规定，心理学应以对个人或社会有意义的问题，如潜能、价值和自我实现为中心，然后才是选择适当的研究方

① 章益辑译：《新行为主义学习论》，山东教育出版社 1983 年版，第 295 页。
② 马斯洛著，许金声等译：《动机与人格》，华夏出版社 1987 年版，第 14 页。

法。

(3) 元素论与整体论。

科学主义心理学继承了联想主义心理学的传统,采用元素论来研究心理现象,认为确定心理现象的构成元素及其结合规律是心理学的首要任务。冯特最早提倡对心理进行元素分析,铁钦纳也坚持这种观点,并且分析得更为精细,提出意识是由感觉、表象和感情三种元素构成的。古典行为主义虽然在研究对象上反对冯特和铁钦纳,但在元素观上与他们保持一致。华生把复杂的行为简单化,将其视为刺激与反应的联结。信息加工论认知心理学继承了行为主义的元素分析传统,将心理视为信息及其符号单元。而人文科学心理学则更多地受到现象学方法的影响,主张对人的心理现象进行整体描述,认为整体不是部分或属性的机械相加,整体不为部分所决定,相反还决定部分。格式塔心理学是整体论心理学的典型代表。格式塔心理学家苛勒指出:"我们所需要的是那些可用以了解我们的直接经验的概念,至于感觉之类的分子,我们凭自己的观察没有发现这些分子。"①人本主义心理学也反对将人的心理和行为肢解为统计数字或数学公式的定量分析,强调将人作为一个整体来把握,如奥尔波特主张对人格进行整体的研究,马斯洛主张用整体分析法研究人的心理。

(4) 因果决定论与自由意志论。

科学主义心理学把人的心理现象看做自然现象,认为人的心理与行为都遵循因果决定论。决定论的观点认为,所有的心理事件都是有原因的,都是由某种先行的因素决定的,因而我们可以依据先前的心理事件来解释心理活动。科学主义心理学的创始人冯特指出,作为自然科学家,"我们必须把每一种行为中的变化都追溯到一种唯一可观察到的同一种东西,即运动。"②在后来的心理学发展中,行为主义在这方面的表现最为典型。行为主义强调行为分析的目的就是发现行为的原因,从各种各样的环境刺激中确定反应的决定因素,以便为预测和控制行为服务。尽管新行为主义包含着中介变量和行为目的等概念,但这些概念主要是对行为的刺激反应的操作化,与自由选择的意图和追求无关。与此相反,人文主义心理学强调人的自由意志和自由选择,认为人可以独立自主地做出决定,不受外在环境的干扰。存在心理学和人本主义心理学都坚持人具有自由意志,能够进行自由选择。如罗洛·梅指出,一个人若没有自由,他身上起作用的就只有达尔文

① 高觉敷:《高觉敷心理学文选》,江苏教育出版社 1986 年版,第 314 页。

② Ernst Cassirer(1950). *The problems of knowledge*. Yale University Press, p. 88.

的决定论原则了；心理治疗的目的是使人重获自由。弗兰克尔也指出，意志自由属于经验的直接性，即便是身体被囚禁了，人的精神也是自由的，意志自由赋予人新的生命体验。

（5）机械论与生机论。

科学主义心理学固守“人是机器”的信念，主张研究物的范式同样适用于研究人的心理，并以机械论的观点解释一切心理事件。行为主义者华生认为，心理学的任务就是帮助和指导人这架机器能更快地适应新的环境、更好地运作下去。他公开宣称：“我们要把一个人之各方面的行为，完完全全地合拢起来，并把这样一个人看作一个复杂而又活动着的有机的机械。”① 信息加工论认知心理学同样将人设想为机器，把人脑比作计算机，用计算机的信息加工过程来模拟说明人对外部世界的认知过程。与此相反，人文主义心理学则坚持生机论的观点，强调心理现象的有机性，重视人类意识的积极性和主动性，认为对于心理与意识的机械分析无助于对其本质的揭示。例如，格式塔心理学强调整体、组织作用、结构等在知觉过程及高级心理过程中的作用，注重人们对感觉信息输入的组织和解释的主动性。人本主义心理学肯定了价值、目的、意义等在人的心理活动和行为反应中的作用，认为个体的需要具有多种层次，人具有自主选择成长的倾向，在适宜的成长条件下会积极努力实现自己的潜能和价值。

（6）价值中立论与价值负荷论。

在自然科学的研究中，许多人都信奉价值中立，主张科学只研究事实、知识，回答是不是的问题，不研究价值、意义，不回答该不该的问题。科学主义心理学以自然科学为模板，坚持价值中立论，其典型特征是强调心理研究的客观性，认为心理学研究探讨的是意识和行为的一般、共同的事实与规律，不掺杂任何个人的态度、情感，不涉及任何主观倾向和价值观念。例如，铁钦纳主张对人的心理进行纯粹客观的研究，并通过这种研究找到不受任何文化影响的一般心理元素及其结合规律。华生把人的行为看成客观的自然现象，认为可以对其进行严格的实验研究和价值中立的理论描述。信息加工论认知心理学因循了行为主义心理学追求实证性和价值中立的研究方式，试图通过计算机模拟揭示人脑的信息加工过程的普遍事实与规律，而不太考虑社会、文化、历史等因素的影响与制约。而人文主义心理学则采取了价值负荷论的立场，认为心理学的研究与所处社会的价值取向、意识形态有着密切的关系，心理学不能超越社会文化价值取向而进行纯客观的研究，心

① 华生著，陈德荣译：《华生氏行为主义》，商务印书馆1935年版，第427～428页。

理学研究必然负荷着所处社会的文化价值观。如人本主义心理学强调对人的需要、尊严和自我实现等的研究，这些经验体现人类真正的本性。马斯洛就曾指出："科学过去不是，现在不是，并且也不可能是绝对客观的，科学不可能完全独立于人类的价值。"①

总之，现代心理学流派的百年历程是科学主义心理学与人文主义心理学各自的相对独立发展，其间表现出长期冲突与纷争的局面。两者之间的张力在促进科学心理学长足发展的同时，也使心理学陷入分歧的困境。尽管当代心理学出现了科学主义心理学与人文主义心理学相互融合的某些迹象，但两者的分野在未来相当长的时间内仍会继续存在。虽然我们也希望两者走向统合，但这种统合之路漫长而艰巨，绝非简单地用一种主义叠加或消解另一种主义。历史已经证明，企图将两种主义合二为一的做法是不成功的。例如，二重心理学对内容心理学和意动心理学的调和，正像波林所指出的，只是一种"懒汉的做法"。当前，我们对两者的分歧应持尊重和包容的态度，也欢迎不同心理学研究取向之间的对话与交流。对科学主义心理学与人文主义心理学的融合，我们将拭目以待！

郭本禹

2008 年 12 月 18 日

于南京师范大学

① 马斯洛著，许金声译：《动机与人格》，华夏出版社 1987 年版，第 21 页。

# 导 言

维果茨基学派又称“文化历史学派”，形成于 20 世纪 20 年代中期。Л. С. 维果茨基是这个学派的创始人，А. Н. 列昂节夫和 А. Р. 鲁利亚是该学派的核心成员。后来许多著名的苏俄心理学家，如 П. Я. 加里培林、А. В. 查波罗热茨、В. В. 达维多夫、П. И. 津琴科、Л. В. 赞科夫、Д. Б. 艾利康宁等也是该学派的重要成员。维果茨基学派是当代具有重要影响的一个心理学学派。

## 一、维果茨基学派的内涵

维果茨基学派因其提出关于个体心理发展的文化历史观点而得名。文化历史理论主要考察心理学的研究对象，即意识问题。维果茨基认为，意识是人类文化历史的产物，人的心理归根到底是人在劳动活动过程中产生的。而意识作为心理学的研究对象，是以语言或语词这种人类文化历史成就为中介来实现的，也就是说，人的心理是以语言或语词为中介的人类文化历史的产物。人正是借助于这种语言或语词工具的中介作用而改变着一切心理活动，并推动心理从低级向高级过程发展。由于语言或语词的作用(条件刺激)，人能够对自己的行为进行调节与控制，这和人在劳动过程中使用工具所起的作用相似。

按照文化历史理论的观点，个体心理发生的主要规律表现在儿童对其外部社会符号(即与成人共享的和以记号为中介的)活动的内化。作为心理机能的前结构的“自然机能”之所以发生变化，是以内化的记号为中介发生作用的结果，这样，自然机能也就变成“文化机能”了。这表现于外的就是心理机能获得了可意识性和随意性，因而内化也就表现为社会化。在内化过程中，外部活动的结构会完全变形和“缩小”，以便在外化过程中重新变形和

“展开”。当然，“外部的”社会活动是建立在内部的心理机能基础之上的。语言记号——语词是作为可以改变心理机能的万能工具而起作用的。

为了检验文化历史理论的基本原理，维果茨基和他的合作者设计了“双重刺激法”，借助这种方法提出了符号中介过程的模型，然后仔细研究使符号“转变”为心理机能——注意、记忆、思维的结构与机制。“最近发展区”学说是文化历史理论的重要内容。所谓的最近发展区，就是儿童在与成人协作、以符号为中介活动的内化影响下，在这个已有的心理区域进行着心理机能的重新组织。

维果茨基学派正是以其创始人维果茨基提出的著名文化历史理论为标志的，A. H. 列昂节夫和 A. P. 鲁利亚作为核心成员参与了该学派的最初创立，其后又有 П. Я. 加里培林等众多的苏联心理学家推动了该学派的发展。

## 二、维果茨基学派的形成

维果茨基学派产生于 20 世纪 20 年代中期。20 世纪初期的心理学，在对象和方法上存在着危机，在理论和方法论上出现了混乱。针对这种情况，心理学的迫切任务是建立心理学的一般科学理论。一般科学理论的使命是使不同的资料一致起来，使不一致的规律和基本概念系统化，并确定心理学的研究对象，确立心理学的主要原则。维果茨基指出，这一任务不可能通过在旧有的心理学假设上建立统一心理学的途径来完成，而必须对心理学的旧有基础进行改造，改造心理学的旧有基础则必须运用科学方法论。维果茨基认为，只有以历史为基础，才可能把科学方法论运用于心理学研究之中。维果茨基强调，心理机能产生和发展的历史是“解决人类一切心理学问题的关键”。

20 世纪初是苏联心理学的初创时期，十月革命前的俄国心理学处在以 Г. И. 切尔潘诺夫（Г. И. Челпанов，1862—1936）为首的唯心主义统治下，行为主义、格式塔等学派对俄国心理学都有重要影响。当时心理学家面临着对旧心理学进行批判和在马克思主义指导下创建新的心理学体系的巨大历史任务。以 K. H. 科尔尼洛夫（K. H. Корнилов，1879—1957）为首的一批要求进步的年轻心理学家，力图运用马克思主义观点来改造传统心理学，维果茨基更是积极投身其中，并提出了“为意识而斗争”的口号。针对行为主义和唯心主义心理学所导致的心理学在方法论上的危机，维果茨基撰写了《意识是行为心理学的问题》（1925）的论文，明确提出“忽视意识问题，心理学就会给自己堵塞通向研究人的比较复杂行为问题的道路”①。他认为，如果我们“把意识从科学心理学的范围内排除出去，就会在很大的程度上保留过去主观心理学的二元论与唯灵论”②。这是他后来从事高级心理机能研究的根本出发点。

1924 年，维果茨基应新任莫斯科心理研究所所长 K. H. 科尔尼洛夫的邀请到莫斯科心理学研究所工作。在这里，他孜孜不倦、夜以继日地刻苦工作，他以坚实的哲学基础和对马克思主义的坚定信念，积极参加了批判旧的传统心理学与建立新型的马克思主义心理学的斗争。他连续发表了诸如《反射学的研究方法与心理学的研究方法》(1924)、《意识是行为心理学的问题》(1925)、《心理学危机的历史内涵》(1927)等有影响的学术论文，同时还在心理学研究所的各种会议上，就如何建立一门新心理学发表自己的意见。维果茨基旗帜鲜明的观点与严谨踏实的工作作风、非凡的创造力与崇高的人格魅力受到许多同事和学生的钦佩，他们很快就团结在他的周围。最初是 A. H. 列昂节夫和 A. P. 鲁利亚特别拥护他的观点，他们自发地形成了一个科学群体来探讨学术问题。后来这个群体不断扩大，其主要成员还有 Л. И. 包若维奇、А. В. 查波罗热茨、П. И. 津琴科、Н. А. 梅钦斯卡娅、П. Я. 加里培林、Л. В. 赞科夫、Д. Б. 艾利康宁、В. В. 达维多夫等。这些人每周聚会一至两次，除了报告各自的研究成果外，还彼此交流学习和研究心得，讨论心理学的学术问题，从而形成了苏俄心理学史上人数最多、影响最大的心理学派别。在这个以维果茨基为首的科学群体中，贡献最突出、成就最高、影响最大的首推列昂节夫和鲁利亚。他们既是维果茨基的学生，又是维果茨基最亲密的合作伙伴，因此，有人以他们三人的名字命名这个学派，称之为“维列鲁学派”。维果茨基在 20 世纪 20—30 年代提出了文化历史理论，亦即人的高级心理机能的社会起源理论。在维果茨基逝世之后，他的学生进行了大量的理论研究和实验研究，从各个不同的角度弥补维果茨基未竟的工作，从而使文化历史理论提高到了一个新的阶段。这个学派的成员的一切研究都从各自不同的方面进一步证实了人的高级心理机能的发生与发展是受社会文化历史所制约的，因此心理学界又把这个学派称为“文化历史学派”。

① Выготский Л. С. Собрание сочинений в 6томах 1. Москва: Педагогика, 1982. с. 78.

② Выготский Л. С. Собрание сочинений в 6томах 1. Москва: Педагогика, 1982. с. 80.

## 三、维果茨基学派的研究

早在20世纪20—30年代维果茨基就提出了著名的文化历史理论，即高级心理机能的社会起源理论。在此基础上“三人小组”的研究主要有三条主线：其一，研究高级认知功能在不同的文化环境中存在怎样的不同，以此说明认知的文化历史性有别于生物性。其二，对同卵双胞胎和异卵双胞胎进行比较研究，以便对每类双胞胎的发展变化进行追踪。其三，对正常儿童和智障儿童进行对比研究。这项研究不仅具有理论意义，也很有现实意义。它不仅揭示了认知发展的生物学因素，而且推动了特殊教育课程的形成，通过教育来弥补生理异常所导致的认知缺陷。在维果茨基逝世后，他的两个忠实合作者列昂节夫和鲁利亚进一步继承和发展了维果茨基的心理学思想，尤其对维果茨基最先提出但因其英年早逝而最终未能完成的两个主题——活动和物质本体进行了深入的探讨。列昂节夫提出了流传甚广的活动理论，鲁利亚在自己研究的基础上创立了闻名于世的神经心理学。此外，维果茨基的其他学生和追随者以心理的文化历史发展理论为起点，又进行了新的研究并构建了各自独特的心理学理论。例如，П. Я. 加里培林在20世纪50年代以后，对思维问题，特别是智力活动形成的问题进行了许多研究，提出了智力活动按阶段形成的理论，对学习心理学具有较大的贡献。В. В. 达维多夫和助手依据“真正的教学应该引领发展”的思想，把学习过程理解为在结构和内容上具有组织性和可控制性的特殊活动。Л. В. 赞科夫、Д. Б. 艾利康宁等人根据维果茨基关于“教学与发展”和“最近发展区”的理论进行了“教学与发展”的理论与实验研究。在高级心理机能的历史起源学说基础上，П. И. 津琴科对年龄发展、不随意记忆和随意记忆进行了研究。А. В. 查波罗热茨则创立了随意运动和动作产生与发展的理论。此外，根据维果茨基的心理缺陷学思想，Н. Г. 莫洛佐娃对儿童心理发展异常进行了研究，Р. Е. 列维娜对智力落后儿童言语发展特点进行了专门研究。特别是20世纪70年代以来，Л. В. 赞科夫、Д. Б. 艾利康宁等人进行的“教学与发展”理论与实验研究成果为世人所瞩目，被称之为“一场静悄悄的革命”。这些新的理论和研究进一步丰富、发展和完善了维果茨基的文化历史发展理论。

## 四、维果茨基学派的影响

维果茨基学派自20世纪20年代中期形成，经过半个世纪的风雨历程和几代心理学家的不懈努力，直到70年代才得以全面完成。它在苏俄心理科学的建立和发展中扮演了重要的角色，不仅对苏俄心理学产生了深远的影响，而且还得到了国际心理学界的承认，成为在当代具有重要影响的一个心理学学派。20世纪60年代以来，维果茨基的著作又重新出版。西方学者自60年代开始对维果茨基进行研究，到80年代以后最终在世界范围内形成了“维果茨基研究热”，使维果茨基所创建的心理学派影响不断扩大。

**1. 在试图建立马克思主义心理学方面做出了重大贡献**

在维果茨基看来，20世纪初心理学所面临的危机主要是方法论的危机。他认为，只有在辩证唯物主义哲学基础上才能克服这种危机。因此，他毕生都在为建立马克思主义心理学而进行不懈的奋斗。正像S.托尔明所指出的：“维果茨基为自己被称为马克思主义者而感到荣幸，历史唯物主义方法使他的科学探索获得了成就，马克思主义哲学为他整合发展心理学、临床神经学、文化人类学、艺术心理学这样一些学科提供了依据。这正是现在我们西方心理学家应当认真研究的东西。”[①]当然，对于维果茨基来说，马克思主义哲学并不是教条的或者从中可以找到心理科学所有具体答案的学说，这些答案只有在对人的活动和意识进行细致的科学研究基础上方可获得。因此，要建立马克思主义心理学并非一件轻而易举的事，往往要经过曲折的道路，要不断地进行改革、创新和发展。在这些方面维果茨基学派堪称典范。

**2. 对于正确理解人的心理实质有着重要意义**

维果茨基学派提出以文化历史理论来解释和说明高级心理机能的发展，奠定了苏俄心理学研究的基本理论基础。维果茨基学派强调研究意识问题，研究人的高级心理机能，研究意识的起源、结构和发展。这个学派认为，高级心理机能是一个整体结构，它的形成是一个从低级向高级发展的过程。从这一基本理论出发，该学派把所有研究课题都放到人类活动和社会关系中加以考察，甚至是被认为有较强的自然科学性质的鲁利亚神经心理学也不例外。这样就证明了人的心理是受社会文化历史制约的，从而贯彻了客观现实是心理的源泉这一唯物主义决定论原则，这对于正确理解人的心理实质有着重要的意义。

**3. 丰富了现代心理科学的理论宝库**

维果茨基学派的心理学思想异常丰富，这个学派的成员提出了许多重要的理论、概念及方法，如独具创造性的高级心理机能的历史起源理论、活

① Ст. Тулмин. Моцарт в психологии. Вопросы философии，1981，№10. с.1.

动理论、内化理论、工具理论、中介理论、教学与发展理论、智力活动按阶段形成的理论、儿童心理发展分期学说以及最近发展区、发展的社会情境、发展性教学等概念，还有新颖别致的实验一发生法、因果分析法、单元分析法和双重刺激法、共轭运动法等研究方法。它们不仅为世界心理科学的宝库增添了新的内容，而且还被广泛应用于教育实践领域，成为世界许多国家中小学教学改革的主要依据之一。

**4. 推动了现代心理学的学科分支的发展**

维果茨基学派的研究涉及心理学的众多领域，如心理学方法学、心理学史、普通心理学、儿童心理学、教育心理学、艺术心理学、缺陷心理学、心理语言学、精神病理学等。特别是鲁利亚还创立了心理学的一个新领域——神经心理学。这些学科领域的研究进一步揭示了心理活动的生理机制，从根本上改变了对心理机能的理解。这些开拓性的研究极大地推动了现代心理学的学科分支的发展。

# 第一章

# 维果茨基学派的形成

维果茨基学派(школа Выготского)又称“文化历史学派”,在我国也有人称之为“维列鲁学派”,形成于20世纪20年代中期,其研究基地是莫斯科心理学研究所,主要创始人是Л. С. 维果茨基。此外,它的核心成员还有A. Н. 列昂节夫和A. Р. 鲁利亚。维果茨基学派是苏俄心理学史上最大的学派,也是在当代国际上具有重要影响的一个心理学学派。

## 第一节　维果茨基学派产生的历史背景

### 一、对传统心理学的改造

维果茨基学派产生于20世纪20年代中期。20世纪初期的心理学,在对象和方法上存在着危机,在理论和方法论上出现了混乱。针对这种情况,F. 布伦塔诺(Franz Bretano,1838—1917)在《经验观点的心理学》一书中指出,今天对于心理学来说最迫切的需要是观点的一致性,而不是多样性和深刻性。С. Л. 鲁宾斯坦(С. Л. Рубинштейн,1889—1960)则认为,心理学中的这种危机趋势使心理学分解为各个分支的心理学,而这些分支又分化成相互对立的各个流派。由此可见,心理学的迫切任务是建立心理学的一般科学理论,一般科学理论的使命是使不同的资料一致起来,使不一致的规律和基本概念系统化,并确定心理学的研究对象,确立心理学的主要原则。维果茨基指出，这一任务不可能通过在旧的心理学假设上建立统一心理学的途径来完成，而必须对心理学的旧有基础进行改造，改造心理学的旧有基础则必须运用科学方法论。维果茨基认为，只有以历史为基础，才可能把科学方法论运用于心理学研究之中。维果茨基强调，心理机能产生和发展的历史是“解决人类一切心理学问题的关键”。

## 二、建立新心理学的尝试

20世纪初是苏联心理学的初创时期，十月革命前的俄国心理学处在以Г.И.切尔潘诺夫为首的唯心主义统治下，行为主义、格式塔等学派对俄国心理学也有重要影响。当时心理学家面临着对旧心理学进行批判和在马克思主义指导下创建新的心理学体系的巨大历史任务。以K.H.科尔尼洛夫为代表的一批要求进步的年轻心理学家力图运用马克思主义观点来改造传统心理学，维果茨基更是积极投身其中，并提出了“为意识而斗争”的口号。

针对当时西方心理学界，尤其是行为主义心理学家对意识所持的种种否定的态度，1925年维果茨基发表了《意识是行为心理学的问题》一文，并明确指出：“从心理学看来，意识是不容置疑的事实，是头等的现实，而且是具有重大意义的事实，并不是副现象或偶然的现象，对此谁也无法反驳。”①因此，科学心理学不仅不应该否定、轻视意识的事实，而且应十分严肃地对待它，把它作为自身的研究对象。“如果我们把意识驱逐出心理学之外，我们就会牢固地并永远地陷入生物学化的荒唐境地。”②如果我们“把意识从科学心理学的范围内排除出去，就会在很大程度上保留过去主观心理学的二元论与唯灵论”③；如果我们“忽视意识问题，心理学就会给自己堵塞通向研究人的比较复杂行为问题的道路”④。与维果茨基关于意识问题的意义立场十分自然地、合乎逻辑地、紧密地联系在一起的是，高级心理机能问题成为维果茨基的科学研究中心，并导致他创立了高级心理机能发展的文化历史理论。

① Выготский Л. С. Собрание сочинений в 6томах 1. Москва:Педагогика,1982. с.59.
② Выготский Л. С. Собрание сочинений в 6томах 1. Москва:Педагогика,1982. с.81.
③ Выготский Л. С. Собрание сочинений в 6томах 1. Москва:Педагогика,1982. с.80.
④ Выготский Л. С. Собрание сочинений в 6томах 1. Москва:Педагогика,1982. с.78.

## 第二节　维果茨基学派的建立

### 一、“三人组合”的形成及其学术活动

1917年，维果茨基大学毕业后，就开始从事研究工作，他在戈梅利市的一所师范学校创办了一个心理学实验室，并在那儿开展学术研究。1924年维果茨基被邀请到莫斯科心理研究所工作。这年，列昂节夫大学毕业进入莫斯科心理研究所，鲁利亚也于上一年来到这里。他们三人的合作缘自一次学术会议。1924年，维果茨基有机会参加在列宁格勒(现在的圣彼得堡市)举行的全俄第二届精神神经病学代表大会，他在会上作了题为《反射学的研究方法与心理学的研究方法》的长篇报告，这位来自戈梅利的名不见经传的年轻教师，面对当时的“科学大腕”，勇敢地向他们提出挑战，他以科学家的勇气和胆识对当时盛行的俄国著名生理学家和心理学家B. M. 别赫捷列夫(B. M. Бехтерев，1857—1927)的反射学提出了尖锐的批评，引起了与会代表的强烈反响，特别是这位外地学者报告的风格和内容给鲁利亚留下极深的印象。显然，这位在鲁利亚和首都同行面前发表演讲的人并不是一个初涉心理学的新手，而是一位从事了7年卓有成效的心理学教学和研究的心理学家。正是这个原因，鲁利亚说服了当时新任莫斯科心理学研究所所长K. H. 科尔尼洛夫，把维果茨基从戈梅利市聘请到莫斯科心理研究所工作，从此维果茨基正式走上了职业心理学家的道路，他积蓄已久的学术热情和才能得到了迅速而充分的发挥。

在进入莫斯科心理研究所工作后不久，维果茨基很快就以他高水平的科学素养、渊博的学识、崇高的人格和非凡的创造力吸引了一大批富有才华的青年学者集结在他的学术旗帜之下，他们每周聚会一至两次，除了报告各自的研究成果外，还彼此交流学习和研究心得，讨论心理学的学术问题，从而形成了苏俄心理学史上人数最多、影响最大的心理学派即“维果茨基学派”。

## 二、学派其他成员及其各自的研究方向

A. P. 鲁利亚和 A. H. 列昂节夫是维果茨基最早的同事和最亲密的助手，他们在苏联心理学界有“三人小组”(Тройка)之称。后来，更年轻的心理学家 Л. И. 包若维奇、A. B. 查波罗热茨、P. E. 列维娜、H. Г. 莫洛佐娃、Л. C. 斯拉维娜加盟，他们被称为“五人大组”。“三人小组”加“五人大组”即形成“八人组”。除了“八人组”的成员外，在苏联心理学界，维果茨基的学生和追随者还有 П. И. 津琴科、H. A. 梅钦斯卡娅、П. Я. 加里培林、Л. B. 赞科夫、Д. Б. 艾利康宁、B. B. 达维多夫等人。

维果茨基的学生和追随者以心理的文化历史发展理论为起点，进行了新的研究并构建了各自独特的心理学理论。例如，A. H. 列昂节夫以文化历史理论为依据，首次系统地提出了活动的理论，在苏俄理论界产生了巨大的影响，被称为苏俄心理学的理论支柱，并成为 20 世纪 70 年代以后苏俄心理学最重要的思潮。A. P. 鲁利亚以研究心理活动的生理机制而闻名于世，他创立了苏俄神经心理学，提出了新颖而独特的共轭运动法。П. Я. 加里培林在 20 世纪 50 年代以后，对思维问题，特别是对智力活动形成的问题进行了许多研究，提出了智力活动按阶段形成的理论，对学习心理学具有较大的贡献。B. B. 达维多夫和助手依据“真正的教学应该引领发展”的思想，把学习过程理解为在结构和内容上具有组织性和可控制性的特殊活动。Л. B. 赞科夫、Д. Б. 艾利康宁等人根据维果茨基关于“教学与发展”和“最近发展区”的理论进行了“教学与发展”的理论与实验研究。在高级心理机能的历史起源学说基础上，П. И. 津琴科对年龄发展、不随意记忆和随意记忆进行了研究。A. B. 查波罗热茨则创立了随意运动和动作产生与发展的理论。此外，根据维果茨基的心理缺陷学思想，H. Г. 莫洛佐娃对儿童心理发展异常进行了研究，P. E. 列维娜对智力落后儿童言语发展特点进行了专门研究。特别是 20 世纪 70 年代以来，Л. B. 赞科夫、Д. Б. 艾利康宁等人进行的“教学与发展”理论与实验研究成果为世界所瞩目，被称之为“一场静悄悄的革命”。这些新的理论和研究进一步丰富和发展了维果茨基的文化历史发展理论。近半个多世纪以来，维果茨基学派不仅对苏俄心理学发生了深远的影响，而且还得到了国际心理学界的承认，成为在当代具有重要影响的一个心理学派。

# 第二章

# 维果茨基:学派的奠基人(上)

列夫·谢苗诺维奇·维果茨基(Лев Семёнович Выготский,1896—1934)是世界心理学界杰出的心理学家,也是著名的社会文化历史学派的创始人。在世界众多的心理学理论中,维果茨基的学说独树一帜。他以辩证唯物主义为指导,在心理学方法学、心理学史、普通心理学、发展心理学、艺术心理学、儿童缺陷学、临床神经学以及其他人文科学(如符号学、语言学、文化学等)的广阔领域进行了卓有成效的理论与实验研究,创造性地提出了一系列重要的心理学原理,为推动心理科学的发展作出了重大的贡献。在苏俄心理学家中,维果茨基也是一位直接与西方心理学大师弗洛伊德、苛勒、皮亚杰等人进行对话的心理学家。

## 第一节　心理学界的莫扎特

Л. С. 维果茨基(1896—1934)

### 一、短暂而辉煌的一生

维果茨基于 1896 年 11 月 5 日出生在白俄罗斯维捷布斯克州(过去的莫吉廖夫省)小镇奥尔沙的一个犹太籍中产阶层家庭。这个家庭共有八个孩子,维果茨基排行第二。在他还是个婴儿时,他的家就搬到了戈梅利市，这个城市比原来的小镇稍微大一些。当时，他的父亲在这个城市一家银行的保险机构担任重要职务。维果茨基的母亲受过良好的教育，精通好几种语言，她本想成为一名教师，但却从未有机会到学校工作，因为她把所有精力都用在了照顾整个家庭。维果茨基喜欢德语与诗歌，年幼的他就是从母亲那里获得了最初的德语熏陶。

维果茨基自幼聪颖好学，机敏过人。他的家庭为他提供了良好的教育条件，并为他专门聘请了家庭教师。维果茨基会讲俄语、德语、法语、英语等八种语言，具有超人的阅读速度和超常的记忆，对戏剧、历史、哲学表现出浓厚的兴趣。他从家庭教师索罗门那里学到了很多知识，这位老师不是通过形式训练而是通过研究对话来提升维果茨基的思想。15 岁时，维果茨基组织朋友开展知识讨论，探索许多思想产生的背景，讨论诸如拿破仑、亚里士多德等著名人物的人格作用，因此被誉为“小教授”。然而因为俄国沙皇对犹太人的一些限制，维果茨基没能进入国立学校，而上了一所私立的犹太中学，毕业时获得了一枚金质奖章。尽管政府限制只有 3%的犹太人能进入大学，但维果茨基最终还是如愿进了大学。

维果茨基在 18 岁那年进入了莫斯科大学医学系，这也是他父亲的意愿，因为他希望维果茨基能进入一个官方对犹太人没有限制的工作领域。但入学后不久，维果茨基放弃医学而改学法律。这一领域也是对犹太人开放的。在校时，维果茨基博览群书，除阅读美国的詹姆斯和奥地利的弗洛伊德等人的心理学著作外，还广泛涉猎俄国和欧洲的文学名著，阅读了斯宾诺莎、黑格尔的哲学著作，同时，他还钻研政治经济学、法学、美学。

强烈的求知欲使维果茨基除求学于莫斯科大学法律系外，同时还就读于沙尼亚夫斯基人文大学历史－文学学系。1917 年维果茨基从两所大学毕业后回到了故乡戈梅利。维果茨基在戈梅利当了一名教师，度过了 7 年的教师生涯。他在一所教师培训学院教心理学，在一所高中教文学，在一所音乐学校教艺术史，展示了其非凡的才华与精力。在教书的同时，他对成人教育也产生了浓厚的兴趣，甚至建立了一家印刷公司，印刷便宜的经典书籍。在当地的教师培训学院，他还建立了一个心理学实验室，这促进了他对实验心理学的兴趣。同时，他还广泛涉猎各种读物，包括诗歌、小说和心理学。他在戈梅利的后期产生了一种想法，试图建立一种可以改变人类特质的新心理学，这种心理学由什么构成并不清楚，但这种心理学要紧紧围绕着历史的变化，并以人类生活的主要工具即语言为核心。

维果茨基在戈梅利的生活条件极其恶劣，生活必需品短缺。他的母亲和妹妹都染上了肺结核，很快维果茨基也成了受害者。尽管他做过短期的疗养，但他的病情却一直没有痊愈。在去莫斯科之前，他与罗莎结婚。此后，罗莎一直陪伴着维果茨基，并在莫斯科生了两个女儿。

1924 年，维果茨基有机会参加在列宁格勒（现在的圣彼得堡市）举行的全俄第二届精神神经病学代表大会，作了题为《反射学的研究方法与心理学的研究方法》的长篇报告，以科学家的勇气和胆识对当时盛行的俄国著名生理学家和心理学家 B. M. 别赫捷列夫的反射学提出了尖锐的批评，引起了与会代表的强烈反响，并赢得了当时新任苏联心理研究所所长 K. H. 科尔尼洛夫的赏识。会后，科尔尼洛夫立即邀请维果茨基到他的研究所工作。最初他研究艺术心理学问题，并认为艺术作品的客观结构可以引起主体两种相反的情感，它们之间的矛盾可以通过作为对美的反应基础的精神宣泄得到解决。1925 年，维果茨基以《艺术心理学》一书作为博士学位论文，获得莫斯科心理学研究所的博士学位。

维果茨基似乎对他周围的人有一种超乎寻常的影响力。在来到莫斯科之后不久，他见到了鲁利亚和列昂节夫。在他们三个人的友谊成熟并开始合作之前的一段时间里，维果茨基与迷恋弗洛伊德学说的 A. P. 鲁利亚并不是十分意气相投，而且 A. H. 列昂节夫也不太信服维果茨基的文化历史理论。但维果茨基很快就以他高水平的科学素养、渊博的学识、崇高的人格和非凡的创造力赢得了同行和一批富有才华的青年学者的尊敬与拥戴。他们充满激情的目标是通过一条新的道路对心理学进行重建。他们的思想之一是，人类的社会生活是个体心理特性和能力的源泉。这就要求必须尊重不同的民族，因为民族文化是心理学的源泉，尽管在人类发展范围上，它们的价值不能预先判断。他们的思想之二是，似乎不再把个体作为心理实在的中心，而把个体意识的形成视为语言历史、文化、物质实践等因素的产物。思想之三是，人类获得了一系列技能，语言技能是创造和管理生活的工具。心理学要想揭示深层的心理现象，其研究的方法学必须要遵循这些原则，这就是文化历史理论的初步观点。

维果茨基后来又深入研究了心理学的方法和理论问题，于 1927 年发表了十多万字的著作《心理学危机的历史内涵》，在马克思主义哲学基础上拟定了研究心理学具体科学方法的计划。此后他的兴趣转向社会文化对儿童认知发展的研究。维果茨基不仅研究了大量的正常儿童，而且对异常的缺陷儿童进行了实验研究。他一生都对人类缺陷（包括身体障碍和智障）导致的问题感兴趣。从 1924 年起，他兼任苏联人民教育部缺陷儿童教育分部的工作。1926 年，他在人民教育部附设的缺陷实验研究所创建了缺陷儿童心理实验室，直到去世前一直担任该研究室的学术领导人。在这里他获得了丰硕的研究成果，撰写了近30万字的科学论文，这些论文在1983年由他的学生A. B. 查波洛热茨（A. B. Запорожец）主持汇编成册，书名为《缺陷学原理》，收入《维果茨基文集》第五卷。在这些论著中，维果茨基不仅揭示了缺陷儿童心理发展的一般规律，而且还提出了对缺陷儿童进行诊断与补偿的手段，从而进一步证实了他的"教学与发展"理论。

维果茨基在其生命的最后阶段，开始着手研究个体发生中的思维和言语、意义发展的问题、自我中心言语等问题。除此之外，维果茨基还研究了意识和自我意识的系统和意义结构的问题、情感和智力的统一问题、种系发生和人类社会起源的心理发展问题、大脑高级心理机能定位问题，等等。

维果茨基是一个精力充沛的人，一生身兼数职：医学系学生、教师和研究者。此外，他不仅在莫斯科讲课，在苏联的许多地方都留下了他的足迹，如他在乌兹别克帮助当地建立了一个心理学研究所。他最重要的工作是在乌克兰的哈尔科夫建立了一个新的心理学研究中心，后来A. P. 鲁利亚和A. H. 列昂节夫长期在那里从事研究，而维果茨基则定期去访问。

直到1934年去世之前，维果茨基一直主持着一个充满活力的研究项目。他白天忙于紧张的工作，晚上还要抽出时间撰写评论和论文。在那个年代，每个人的生活条件都是非常艰苦的，他的一家人挤在闹市区很小的屋子里，几乎没有条件来从事学术活动。维果茨基意识到肺结核将缩短他的寿命，他的疯狂的工作和生活节奏无疑加速了其生命的结束。在一次严重的出血之后，他于1934年6月2日被送进了疗养院，几天之后，他就去世了。但是，维果茨基留给人们的印象是：他永远都是一个充满热情的人，他致力于建立一个崭新的心理学体系以作为新的人性源泉，他一生都与人为善，并鼓励着他周围的每一个人。

由于政治的缘故，维果茨基的著作直到20世纪60年代才开始被西方人所了解，维果茨基的名字渐渐出现在西方心理学文献中。特别是1962年被译成英文在美国出版的维果茨基的《思维与言语》一书，令西方学者惊叹不已，被认为是具有世界水平的经典著作。西方对维果茨基个人的评价远远超过了其他苏联著名心理学家。

然而正是这样一位举世公认的心理学家的思想，在20世纪30—50年代苏联极"左"路线和个人迷信统治下却遭到冷遇，甚至受到压制和批判。这是因为当时的官方意识形态认为物质劳动才是人与自然界的唯一中介，维果茨基则坚持认为，物质工具与口头工具在社会进程中对人类的形成都发挥了重要作用。维果茨基思想的一条基本原则是，语言是人类发展的主导性中介，但不是唯一中介，这与他所处的那个时代的主流意识形态是完全不同的。在他去世之前，他的观点就因与苏联官方意识形态相冲突而遭到暴风骤雨般的批判，特别是 1936 年联共（布）党中央委员会通过“关于人民教育委员会对儿童学的曲解”的决议后，已过世的维果茨基更成了强有力批判的靶子。有人认为，此时即便维果茨基还健在，其命运也是在劫难逃。苏联解体后，俄罗斯社会政治、经济的变革引起了思想意识形态的深刻变化，学术界空前自由，被长期湮没的维果茨基心理学思想在俄罗斯重放异彩。

### 二、维果茨基的主要著作

维果茨基的生命很短暂，但他却为世人留下多达 186 种、共计 200 多万字的论著。主要著作有：《反射学的研究方法与心理学的研究方法》(1924)、《教育心理学》(1926)、《心理学危机的历史内涵》(1927)、《儿童期高级注意形式的发展》(1929)、《高级心理机能的发展》(1931)、《思维与言语》(1934)、《艺术心理学》(1965)、《缺陷学原理》(1983)等。其中《思维与言语》被译成多种语言文字在世界各地出版，并被认为是具有国际水平的经典著作。

## 第二节　维果茨基的文化历史理论

文化历史理论是 Л. С. 维果茨基在 20 世纪 20—30 年代提出的。从文化历史理论的观点来看，个体心理发生的主要规律表现在儿童对其外部社会一符号（即与成人共享的和以记号为中介的）活动的内化。作为心理机能的前结构的“自然机能”之所以发生变化，是以内化的记号为中介发生作用的结果。这样，自然机能也就变成“文化机能”了。

### 一、高级心理机能的社会起源说

维果茨基从马克思主义立场出发，针对传统心理学“人兽不分”的错误，明确指出:"意识问题是心理学中的基本问题。"①"如果忽视意识问题,心理学就会给自己堵塞通向研究人的较复杂行为问题的道路。"②与维果茨基关于意识问题的意义的立场十分自然地、合乎逻辑地、紧密地联系在一起的是,高级心理机能问题成为维果茨基的科学研究中心。由于有了意识,心理机能才能由低级向高级转化,又由于各种高级心理机能的发展,人的意识才由简单到复杂,从而形成意识的系统结构。这便导致维果茨基创立了高级心理机能发展的文化历史理论。

1930—1931年,维果茨基撰写了《高级心理机能的发展》一书,这是他创立"文化历史理论"的代表作,在苏俄心理学界首次提出了"文化历史理论"。其涵义是,在人类的历史发展过程中形成的物质文化和精神文化,对人的心理发展起着决定作用。维果茨基将人的心理机能区分为既有联系又有区别的两种形式:一种是自然的、直接的低级心理机能,如感觉、知觉、机械记忆、不随意注意以及形象思维、情绪等。之所以称它们为"低级的",是因为这些心理机能具有以下共同的特征:(1)这些心理机能是不随意的、被动的、由客体引起的;(2)就反映水平而言,它们是感性的、形象的、具体的;(3)就它们实现过程的结构而言,是直接的、非中介的;(4)就这些心理机能的起源而言,是种系发展的产物,是受生物学的规律所支配的;(5)从它们的神经机制而言,是伴随生物自身结构的发展尤其是神经系统的发展而发展的。另一种是社会的、间接的高级心理机能,如随意注意、逻辑记忆、抽象思维、高级情感和意志等。这些高级心理机能具有一系列根本不同于低级心理机能的共同特征:(1)这些机能是随意的、主动的,是由主体按照预定的目的而自觉引起的;(2)就它们的反映水平而言,是概括的、抽象的,也就是说在各种机能中由于有思维的参与从而使它们发生了本质的变化;(3)就其实现过程的结构而言,是社会历史发展的产物,是受社会规律所制约的;(4)从个体发展看,高级心理机能是在人际的交往、活动过程中产生并不断发展起来的。

维果茨基认为,心理发展经历着两种截然不同的过程:一种是天然的、自然的发展过程,是动物"生物进化型"的生物种系发展过程;另一种是历史文化的发展过程,是"人化"的发展过程,是社会性的。在人的历史发展过程中,当然不能排斥自然的、生物种系的发展过程,但是,人对自然界的适应根本不同于动物,它是建立在人类全部历史生活基础上的特殊形式,因而不可能没有新的行为形式,不可能不产生在原则上有质的区别、按另一种方式组

① Выготский Л. С. Собрание сочинений в 6томах 1. Москва:Педагогика,1982. с. 132.
② Выготский Л. С. Собрание сочинений в 6томах 1. Москва:Педагогика,1982. с. 78.

织起来的行为系统，这便是人类的高级心理机能。高级心理机能的发展并不要求改变人的生物类型。根据维果茨基的看法，在系统发育中，生物过程和文化过程在原则上以彼此不同的、独立的、互不依赖的发展路线表现出来，然而在人的个体发展过程中，这两种不同的心理机能却交织、融合在一起，也就是说在儿童个体发展过程中既有种系的发展又有历史（文化）的发展。正如维果茨基所指出的："儿童高级心理机能发展问题的全部特点、全部困难就在于这两条路线在个体发展上是融合在一起的，实际上形成一个统一而又复杂的过程。"①

这样的情况就造成了儿童心理学研究的巨大困难，儿童心理学研究者不是容易犯生物学化的错误就是容易犯庸俗社会学化的错误，这就特别需要用马克思主义来指导航向。而"弄清关于儿童心理发展的两条路线这一原理乃是我们的全部研究和后面全部叙述的必要前提"②，这是维果茨基认为必须搞清这个问题的原因。

那么，研究人的高级心理机能问题应该从何处入手呢？

首先，维果茨基从种系发展的角度研究高级心理机能的起源。他深入研究了所谓人类萎退性心理机能，即"行为的历史发展所遗留下来的生动的痕迹"。维果茨基把它们称为"心理学上的化石"。维果茨基认为，具有重要意义的萎退性心理机能包括：(1) 求签占卦，这在原始人中是很重要的行为方式，在现代社会中，那些缺少文化科学知识的人仍有不少是通过这种方式来决定行为的；(2) 结绳记事，这也是日常生活中常常看到的心理现象，例如某人要记住某事，或出门时要带某样东西，为了怕忘记，他在手帕上打个结或者在眼镜盒上放张纸条，结子和纸条成为一种可靠的记忆手段；(3) 文化算术，即用手指头计算。这种萎退性操作，直到现在还保存着，在儿童行为中常常可以看到，在算术思维发展的过程中似乎是一个必不可少的阶段。维果茨基认为，研究这三种萎退性心理机能的意义并不在于这些萎退的、僵死的心理形式本身，而是通过这些高级的、文化的行为形式去"寻找一把打开高级行为的钥匙"。因为在这些心理的"化石"中，在古老的活遗迹中能够显露出心理的高级形式结构，使我们知道一切高级的心理过程最初是什么样子的，它们是怎样起源的。

其次，维果茨基运用发生法从个体发展的角度研究高级心理机能的起

① 维果茨基著：《高级心理机能发展史》，见《维果茨基儿童心理与教育论著选》，杭州大学出版社1999年版，第39页。

② 维果茨基著：《高级心理机能发展史》，见《维果茨基儿童心理与教育论著选》，杭州大学出版社1999年版，第39页。

源。他认为，高级心理机能不是儿童所固有的，更不是从天上掉下来的，而是起源于社会，是在与周围人交往的过程中产生和发展的。儿童从出生的第一天起就处在一定社会文化的影响之下。他以儿童的随意动作为例来说明这个问题。婴儿最初的全部动作是不随意的，这些动作是由婴儿生物的内驱力来推动，或者是一种极其简单的定向反射动作。到了一定阶段，妈妈便对他说“帽帽”，这时“帽帽”便成了他的注意中心，继而妈妈又说“给我帽帽”，儿童便用手去摸帽子，这时一种全新形式的随意动作便产生了。这种动作的结构根本不同于以前的动作结构，这是以妈妈的言语为开端，以儿童的动作为结束，这种动作是通过两人之间的交往进行的，这是儿童一切高级心理操作的最初模式。这样经过多次重复，随着儿童的发展，被动言语便由主动言语所代替，在消极言语的基础上形成了积极的言语。在这种情况下儿童便开始自己呈现这种动作图式，现在他便会自己说“这是帽帽”，他的注意也就随着转移到帽子上，他本人给自己发出一个信号“拿帽帽”，他便听从这一言语信号的支配而引起相应的动作。以前由两人构成的动作，现在却内化成了他自身的心理活动的组成方式，即两人间的动作转化为他内部的心理结构。一切高级的心理机能也都是以这种方式通过人与人的交往而形成起来的。

交往是活动的最重要的形式，是形成一切高级心理机能的社会基础，没有社会交往就不可能产生高级心理机能。随着儿童交往的扩大与复杂化，随着儿童掌握更多的交往手段即语言，他们的高级心理机能也就不断地发展，最后形成了完整的高级心理机能的自我调节系统，形成了意识。

由此可见，人的高级心理机能是受社会制约的，“狼孩”等实例也证明了这一点。由于“狼孩”长期脱离人类社会，失去社会交往的机会，虽然她也具有正常的人脑，但却不能产生高级心理机能。维果茨基说：“文化创造着行为的特别形式”，“改变着心理机能的活动”，“在历史发展的过程中，社会中的人改变着自己行为的方式和方法，并使其天生的素质和机能发生变化，形成和创造出新的行为形式即特殊的文化形式”。[①] 维果茨基把人的这种发展过程称之为文化历史发展过程，因为这种发展过程是受社会的文化历史发展规律所制约的。

从对人类萎退心理机能的研究以及个体高级心理机能发生与发展的事实出发，维果茨基得出了三点极其重要的结论，这些结论是他创立社会文化

---

① Выготский Л. С. Развитие высших психических функций. Москва：Издательство Апнрсфср，1960. с.45.

历史学派的理论基础。

（1）高级心理机能的发展不受刺激—反应公式直接决定，而在于人自身创造与使用人为的刺激—手段来确立自己的行为。维果茨基认为高级行为的本质特点乃是这种“自体刺激”。他说：“除了现成的刺激外，创造性的刺激的出现，在我们看来乃是人心理的突出特点。”①

（2）记号的作用。什么是记号？维果茨基说：“由人加入到心理情境并执行着自体刺激机能的人为的刺激—手段称为记号。”②记号在高级心理机能的发生与发展中起着重要的作用，重要的是我们必须弄清楚记号的起源与机能。

（3）社会是人行为的决定因素。维果茨基指出，社会生活和人的相互作用使人在社会生活过程中创造和发展了极其复杂的心理联系系统以调节自己的行为，这些心理联系的手段便是记号，即各种人造的工具，也就是说这些记号的产生和运用是由社会决定的。

由上述几点可以清楚地看到，维果茨基提出了与一切唯心主义与形而上学观点相反的观点，这种观点对于心理学极为重要，是理解心理过程的历史原则。他批判了对人的心理发展的生物学化观点：只把高级心理机能看成是生物发展的结果，单纯地从生理的角度去寻找高级心理机能产生与发展的原因；同时，他也批判了西方心理学家的唯心主义的文化历史观：把文化的发展看成是由于意识机能的不断完善所造成的。与上述所谓的历史主义不同，维果茨基的历史主义是将马克思主义的历史方法运用于心理学的一种尝试。他写道：“其实，历史的研究只是意味着将发展的范畴应用于现象的研究。不论研究历史上的什么，都意味着在运动中研究，这也是辩证方法的基本要求。”③因此，维果茨基认为，人的高级心理机能是在低级心理机能基础上产生和发展起来的，高级心理机能是历史的形成物。“行为只有作为行为的历史才有可能被理解”。可见，历史的原则就是要求从历史的观点，而不是从抽象的观点，要求在社会环境之中，而不是在社会环境之外去研究意识和心理的发展。据此，维果茨基看到了研究高级心理机能历史的三种可能途径：种系发生的、个体发生的和病理学的途径（跟踪研究高级心理机能解体的病理过程）。以上就是维果茨基所创立的心理发展全部观点

① 维果茨基著：《高级心理机能发展史》，见《维果茨基儿童心理与教育论著选》，杭州大学出版社1999年版，第104页。

② 维果茨基著：《高级心理机能发展史》，见《维果茨基儿童心理与教育论著选》，杭州大学出版社1999年版，第104页。

③ Выготский Л. С. Собрание сочинений в 6томах 1. Москва：Педагогика，1982. с. 145.

的主要的、基本的和作为出发点的理论。正如著名心理学家 A. A. 斯米尔诺夫所指出的："正是历史原则构成了他的全部理论的核心，作为苏联心理学家的维果茨基的主要功绩和他在苏联心理学发展中所作的巨大贡献，也就在于此。"①

## 二、活动说

活动学说是维果茨基的文化历史发展理论的一个重要组成部分。维果茨基很早就意识到，人的实践活动应该成为科学心理学的一个重要范畴。从 20 世纪 20 年代起他就试图将活动概念运用于心理学。他很早就注意到活动在高级心理机能形成中的重要作用，认识到意识与活动的统一性，即意识不是与世隔绝的、与活动分离的内部封闭系统，活动正是意识的客观表现。所以，可以通过活动对意识进行客观研究，把意识的事实加以物化，转换成客观的语言，转换成客观存在的东西。根据马克思的活动观，意识是人在活动开始时关于活动的映象，它是客观现实的反映，同时又对人的活动进程起着十分重要的调节作用。由此，维果茨基提出一个重要的理论假设："人的心理过程的变化与其实践活动过程的变化是同样的。"②这就是后来备受苏俄心理学家推崇的"意识与活动统一"的原则。维果茨基试图运用这一原则解释活动与儿童发展的关系，并由此阐明教师在教育教学过程中的重要作用。他十分明确地提出："奠定教育过程的基础应当是学生的个人活动。教育者的全部艺术应当归结为只是指导与调节这种活动……从心理学的观点来看，教师乃是具有教育影响的社会环境的组织者，以及他与受教育者相互作用的调节者与监督者……社会环境乃是教育过程的真正杠杆。教师的全部作用在于驾驭这一杠杆。"③他还指出动机在引发活动中的重要作用："心理学的规则认为，你想号召儿童去从事某种活动之前，你要让儿童对活动感兴趣，关心儿童对该活动所必需的全部力量，让儿童去活动，教师始终只是指导和引导他的活动。"④

---

① A. A. 斯米尔诺夫：《苏联心理科学的发展与现状》，人民教育出版社 1984 年版，第 312 页。

② Л. С. Выготский. Избранные психические исследования. Москва：Издательство АПН РСФСР, 1956. с. 87.

③ 列夫·谢苗诺维奇·维果茨基著，龚浩然等译：《教育心理学》，浙江教育出版社 2003 年版，第 104～105 页。

④ 列夫·谢苗诺维奇·维果茨基著，龚浩然等译：《教育心理学》，浙江教育出版社 2003 年版，第 144 页。

显然，维果茨基有关活动与意识相统一的原则，为研究人所特有的高级心理形式即意识，开辟了一条现实的途径。由此出发，他在强调个体活动是人的心理、意识发展的重要基础的同时，明确指出，儿童与同伴、儿童与成人之间的共同活动，不仅仅是儿童发展的重要因素，事实上，这种社会性的活动乃是儿童发展极其重要的源泉，儿童高级心理机能的形成，正是这一活动中介的结果。

## 三、工具说

工具说是维果茨基的文化历史发展理论的另一个不可分割的重要组成部分。这个学说最初不是来自对心理现象本身的研究，而是产生于对劳动活动的分析。众所周知，马克思主义经典作家在论述劳动活动中首先分析出了它的工具特征，认为劳动过程以工具为中介。据此，维果茨基决定从类推法出发分析心理过程。他假设：能否在人的心理发展过程中找到以特殊的心理工具为中介成分呢？结果他从培根“既不能单靠手，也不能单靠脑，手脑只有靠它们使用的工具才更完全”①的名言中获得启示。因此，维果茨基认为，人类有两种工具：一是诸如石刀、石斧乃至现代机器的物质工具。借助物质工具，人类可以进行物质生产并脱离动物世界；二是诸如语言符号等精神工具。物质工具和语言符号等精神工具的类似性就在于它们使间接的心理活动得以产生和发展。所不同的是，生产工具指向于外部，它引起客体的变化，而语言符号指向于内部，它不引起客体的变化，而是影响人的行为。控制自然和控制行为是相互联系的，因为人在改造自然时也改变着人自身。运用精神工具，人类可以进行精神生产和心理操作，从而使人类的心理机能由低级上升到高级，并使心理机能发生质变。

维果茨基认为，一个儿童为了某种目的将某一物体作为工具使用，这就意味着他朝向形成外部世界与自身的积极性迈进了一步，因为一个儿童掌握某一特定工具的能力正是其高级心理机能发展的标志。这就表明，人心理发展的源泉与决定因素是人类历史过程中不断发展着的文化，即作为人的社会生活与社会活动产物的文化。而能够从本质上改变低级心理机能，促进高级心理机能的“心理工具”则应该是人类文化发展的一个重要方面。这种起着中介作用的心理工具具有一个显著的特点，即可以在作用于外部物质改变的同时作用于人的内部心理过程。

① 培根著：《培根论文集》，第二卷，1978年俄文版，第12页。

## 四、内化说

维果茨基是内化学说的最早提出者之一。维果茨基的内化学说的基础是其工具理论。维果茨基把符号当做人的心理活动的工具，同时指出了符号和工具之间的区别：工具是人外部活动的手段，符号则是人内部活动的手段。在高级心理机能中，所有内部的东西以前都是外部的东西，在发展过程中，外部的活动“内化”为内部的活动。内化主要是通过言语实现的。在符号中，词语是普遍使用的刺激手段。词语、言语就其本身意义而言，是社会联系的核心系统，是社会联系和文化行为的核心技能，它先在人们的协同活动和人与人的交往之中形成，然后变成个人的心理手段。实现某一活动的外部刺激手段被发自内部的言语这一刺激手段代替的过程就是内化。学生早年还不能使用言语这个工具来组织自己的心理活动，心理活动是直接的和不随意的、低级的、自然的。只有掌握了言语工具，才能转化为间接的和随意的、高级的、社会历史的心理机能。例如儿童计数，在最初的蒙昧阶段，一般用眼的估计来确定它们的数量，后来出现了数数，但只是单纯外部地、表面地数他们以前在成人的帮助下数过的确定对象。再后来过渡到实际的计数，但只有在外部标志，例如在自己手指的帮助下才能实现。再后来，儿童从用手数数转化为用心数数，在心里连贯地用内部言语计数。最后，当不需要中间环节，能从刺激客体直接引导说出结果，就最终达到了内化。新的、高级的社会历史的心理活动形式，首先是作为外部形式的活动而形成的，以后才“内化”，转化为内部活动，才能默默地在头脑中进行。

维果茨基通过“中介”概念阐明了儿童文化发展的一般发生法则：“在儿童的发展中，所有的高级心理机能都两次登台：第一次是作为集体活动、社会活动，即作为心理间的机能，第二次是作为个体活动，作为儿童的内部思维方式、内部心理机能。”①显然，这种从社会、集体、合作的活动向个体、独立的活动形式的转换，从外部、心理间的活动形式向内部心理过程的转化，就其实质而言就是人心理发展的一般机制即“内化”机制。同时，这也表明了内化的过程是一种转化的过程，而不是传授的过程。

① 维果茨基著，余震球译：《维果茨基教育论著选》，人民教育出版社 1994 年版，第 403 页。

## 第三节　维果茨基的心理学方法论

维果茨基从1924年进入莫斯科心理学研究所成为一名专职的心理学研究者到1934年逝世，在他为之献身的心理学领域辛勤耕耘仅仅10年，然而他所收获的成果却是令人惊叹的。面对这样一个事实，或者更确切地说，一种奇迹，我们不得不关注维果茨基关于心理学研究的方法论取向。维果茨基不仅是一位卓越的心理学理论家和实验者，而且还是一位出色的心理学方法学家。他不仅致力于解决心理学发展中出现的具体问题，而且更为关注对心理学具有重大意义的方法论问题，并将后者视为未来心理科学大厦的基石。

### 一、维果茨基的心理学方法论体系

方法论问题是维果茨基心理学体系中不可忽视的一个重要问题。他的思想之所以到今天还具有重要影响，不仅是因为他提出了一些独具特色的理论观点，更重要的是他提出并践行了一种研究心理学的方法论路线，这条路线为对传统心理学的改造带来了一股清新的变革之风，对今日西方心理学的发展依然具有借鉴意义。

维果茨基根据马克思主义哲学区分出方法论原则的三种层次：(1) 作为所有科学一般方法论基础的马克思主义，即辩证唯物主义的一般方法论原则；(2) 具体科学即心理学的方法论原则；(3) 心理学特殊部门（如儿童心理学、神经心理学等）较为独特的方法论原则。[①] 作为整个科学包括心理学在内的一般方法论，可视为决定论原则、系统性原则、发展性原则、质量互变原则等；作为心理学的具体方法论可表述为心理机能的文化历史起源理论；作为建立在文化历史理论基础之上的更为具体的方法论形式表现为高级心理机能系统的动态的定位理论等。按照维果茨基的意见，方法论的所有分析

① Е. Д. Хомская. О методологических проблемах современной психологии. 1997. №3. с. 112～115.

层次要彼此紧密地相互配合，方可建构心理科学方法论的整个大厦。这些思想使维果茨基成为苏俄心理学方法论当之无愧的奠基者之一。

1. **哲学方法论**

维果茨基具有很高的哲学素养。早在青少年时期，他就迷恋过斯宾诺莎的哲学，大学时代则热衷于马克思主义。20 世纪 20 年代，维果茨基率先试图提出尝试建立新心理学的主要方法论的构想，并明确主张要把马克思主义作为心理学研究的哲学方法论。

在维果茨基看来，20 世纪初“心理学的危机首先就是这门科学的方法论基础的危机……这一危机是由于科学的实际材料与方法论基础处于尖锐矛盾而产生的……它的实质是唯物主义和唯心主义的斗争”①。

历史上众多的心理学派别，虽然对建设心理学大厦做出了这样或那样的贡献，但由于研究的客观对象及实际事实与其方法基础即唯心主义之间的尖锐矛盾，最终不可避免地出现了危机。正如维果茨基所精辟阐述的：弗洛伊德、列维·布留尔等人学说的实际基础和在这一基础上建立的理论结构之间的矛盾，“凡此种种都是我们上面提到的危机的烙印——二重性所决定的和不可避免的表现。这种二重性来自：科学在积累实际材料方面前进一步，它在理论解释和阐述方面就倒退两步。”②通过对心理学现状的反思和批判，维果茨基认为，只有在辩证唯物主义哲学基础上方可克服当时心理学所面临的危机。然而，对于维果茨基来说，马克思主义哲学并不是教条的或者是从中可以找到心理科学所有具体答案的学说，这些答案只有在运用辩证原理对人的活动和意识进行科学调查和分析的基础上方可获得。事实上，维果茨基之所以能在心理学研究中取得重大成就，就是因为他在研究中采用了辩证的方法论，并在此基础上更新了心理学研究的具体方法。

2. **一般科学方法**

维果茨基的一般科学方法原则是历史与逻辑统一原则，这是其哲学方法论向具体研究方法转换的中介。历史方法就是根据历史发展的自然进程来揭示历史规律的方法，而逻辑的方法则是舍弃发展的曲折过程和偶然因素的方法。他用历史方法描述人类在自然实践和社会实践中的演进历程，又用高度概括的逻辑方法建立“两种工具说”，从而揭示人类从低级心理机能向高级心理机能发展的过程。维果茨基堪称第一个成功地把“历史与逻

① 维果茨基著，余震球译：《维果茨基教育论著选》，人民教育出版社 1994 年版，第 17 页。

② 维果茨基著，余震球译：《维果茨基教育论著选》，人民教育出版社 1994 年版，第 18 页。

辑”这一辩证思维的基本方法应用于心理学研究的典范。

3. **具体研究方法**

维果茨基的具体研究方法是其辩证唯物主义的哲学方法论通过“历史与逻辑统一”原则这一中介，在心理学实践中的具体表现。

(1) 发生学分析方法。

维果茨基主张，理解心理机能的任何方面都必须理解它产生的起源与历史。在处理这一问题时，维果茨基超越了发展心理学家惯常的做法，即关注儿童个体的发生与发展。他探讨了种系发生与社会文化历史两个方面。维果茨基使用了发生学的分析方法，考察人发展的起源和历史。他认为，对发展的分析涉及四个相关的分析层面：

第一种分析水平是种系发生分析，种系的发生与发展指的是进化时期产生的变化，一般以几千年、上万年为单位。维果茨基先于当代进化心理学的观点指出，对物种历史的理解，能够帮助认识儿童发展。种系发生分析将人与其他动物区分开来，其标志是工具的使用，尤其是符号形式的心理工具。

第二种分析水平是文化历史分析，这是指个体在文化、价值观、社会规范及技术这样的历史背景下所发生的变化。这就是当今研究者特别重视的维果茨基的社会文化发展观点。特别是他提出的认知即使是单独完成的，在本质上也具有社会文化的特征，因为它会受文化传递给个体的信念、价值观和智力适应工具的影响。而且，由于这些价值观和智力工具在不同的文化中也是不同的，所以维果茨基认为，智力发展无论是从过程还是内容上来说，都不像皮亚杰认为的那样具有普遍性。

第三种分析水平是个体发生分析，即个体一生的发展分析，这也是几乎所有发展学家进行分析的层面。主要关注个体特征，如个体的生理或心理需求、年龄、气质等。

第四种分析水平是微观发生学分析，指的是分析相对较短时间内发生的变化。例如在连续 11 周的时间内，每周观察儿童解决加法问题的变化，甚至还能观察到儿童在 20 分钟内做几种不同测验时使用记忆策略的变化。显然，这种分析能够比传统的个体发生学观点提供更为精细的分析内容。

(2) 因果分析法和单元分析法。

维果茨基在应用辩证方法建立科学心理学理论的过程中，与其同事一起进行了系统的实验研究。在实验研究领域，维果茨基采用了新的研究方法——因果发生分析法。发生分析法关注的焦点是心理现象的起源与历史，着重研究事物的发展过程，而不是发展的产物，在运动中揭示其本质。

新方法的使用使研究者有可能结束传统、孤立、静止的研究方法，真正对心理的形成与发展过程本身作动态的、整体的、相互联系的研究。

在运用发生分析法研究心理现象的过程中，维果茨基从“意识是统一整体”的观点出发，提出以“单元分析法”取代将复杂心理整体肢解成丧失整体固有特性的各个成分的“成分分析法”。“所谓单元，我们的理解就是分析的某种产物，它们和成分不同，它们不是对总的研究现象，而是对这一现象的某些个别具体的方面和特性而言是原始的生产要素，同样地和成分不同，它们并未失去应该解释的总体的固有特性，仍然包含我们要分析的最简单的原始形式的总体特征。”[①]维果茨基认为，用单元分析法取代成分分析法，进一步为研究者敞开了心理学理论研究的大门，指明了一条解决复杂的心理学理论问题的研究道路。

(3) 双重刺激法。

为了研究高级心理机能的发展，维果茨基提出了双重刺激法。这个方法的意义在于，它有可能揭示心理机能的内部结构。为此，维果茨基采用的不是同一系列的刺激，而是两类刺激：自然的刺激和刺激一手段，它们被用于研究被试的自身行为。依此方法，如果儿童在第一次实验中获得某种反应效果，在第二次遇到类似条件但稍有改变的情况下，能利用第一次的效果做出灵活反应，那么就表明他的心理有了新的发展。“我们把这一方法称为双重刺激功能法，这一方法的实质在于，它用对受试者的行为起不同作用的两类刺激来研究高级心理功能的活动和发展。一类刺激担负受试人的活动所指向的客体的功能，另一类刺激是担负帮助组织这一活动的符号功能。”[②]维果茨基正是采用这一方法测量出了有指导的情况下借成人的帮助所达到的解决问题的水平与在独立活动中所达到的解决问题的水平之间的差异，即“最近发展区”；并且，维果茨基与同事还用双重刺激法对儿童的知觉、注意、记忆等心理活动进行了实验研究。由于采用了双重刺激法，维果茨基成功地克服了心理学因唯灵论和机械论的争论而面临的矛盾。

## 二、唯物辩证方法

辩证方法在维果茨基的心理学研究中占有重要地位，正如他的同事A. H. 列昂节夫强调指出，辩证方法总是他思维的特点。维果茨基是一位杰

① 维果茨基著，余震球译：《维果茨基教育论著选》，人民教育出版社1994年版，第306～307页。

② 维果茨基著，余震球译：《维果茨基教育论著选》，人民教育出版社1994年版，第128页。

出的辩证学家，他的著作可视为具有辩证法特色的教科书。在对问题情景描述中引入对立转换的某些策略乃是辩证方法的实质，辩证方法具体包括：辩证统一策略、辩证中介策略、辩证反向策略和辩证转换策略。

辩证统一策略的目的是在分析整体性中查明各种对立性关系。辩证中介策略的目的在于探索那种预先存在某些对立性特点的整体性（客体、概念、条件、现象等等）。辩证反向策略以反向分析客体对象为目的，在这种分析过程中，起因与结果（而这也是对立性）好像互换了位置。辩证转换策略的目的在于把客体分析为与自己对立的方面。

这些策略具有许多特点，其中有两点需要注意：第一，维果茨基采用的辩证方法是与转向实际经验，转向在各种观念和概念中反映出的具体内容有关。第二，它们含有由原初情境制约的有效性成分因素。

维果茨基对在他之前的心理学中业已存在的方法进行了辩证的改造，他提出的新学说就是这种改造的结果，并且他本人就强调研究科学现状和通过改造已有的成果来达到科学进一步发展的目的的重要性。在结束对心理学危机的考察时，他写道："反射学就是这样的，这门最新的科学强调它是通过否认传统，在空地和新的基础上建立起来的……甚至在变革的情况下，如果非常机械地和非历史地看待科学，便会全然不理解继承性和传统的作用。"①维果茨基强调指出，他是辩证学家，辩证心理学应该意识到自己的发展不能拒绝遗产，②"实际上，所有的科学思维都是借助辩证法前进的。"③但是维果茨基警告，辩证唯物主义"大概是最深奥的科学"，"辩证唯物主义直接应用于生物学和心理学，就像现在所做的一样。也就是说，这是现在出现的，停止在形式与逻辑上的，是经院式的，将局部现象归为一般、抽象、普遍的范畴，而内在意义与它们的关系却无人知晓"④。实际上，维果茨基认为，辩证法运用于心理学，既可能是辩证法上的，也可能是形而上学上的。

应用辩证方法需要善于确定分析整体的不同内容单元之间的对立关系，比如概念、原理、理论等之间的对立关系。这些关系一旦确定，就可以利用单元本身作为辩证改造的方法。维果茨基创新的显著特点就在于对对立关系的强调。从他的著作中可以明显看出，他进行的分析是带有专门目标的即查明对立的倾向。这可以举出许多事例。例如，在考察艺术心理学的学术情形时，他写道："现代美学的两个方面——心理学的和非心理学

① Выготский Л. С. Собрание сочинений в 6томах 1. Москва：Педагогика，1982. с. 423.

② Выготский Л. С. Собрание сочинений в 6томах 1. Москва：Педагогика，1982. с. 427～428.

③ Выготский Л. С. Собрание сочинений в 6томах 5. Москва：Педагогика，1983. с. 37.

④ Выготский Л. С. Собрание сочинений в 6томах 1. Москва：Педагогика，1982. с. 420～421.

的——囊括了这门科学的几乎一切动向。”①引人注意的是维果茨基把整个美学明确地划分为两个主要阵营：“心理的”和“非心理的”，它们包含在这个整体之中并决定整体发展的两种对立。这样的结论不仅是由相对的定义（心理的一非心理的）得出的，而且也可以作这样的解释：“因此，在从前互相敌对的地方，我们看到了美学中心理学学派和非心理学学派之间开始出现的和解、协调……”②在另一部著作中，维果茨基直接指出：“儿童心理发展过程的两个基本观点的对立是我们讨论的最接近和最适当的目标。”③比较就是确定对立性的关系，而且比较不是最终目标，而是应用辩证方法的初步阶段。“我们应当尝试更进一步地确定一种观点和另一种观点的本质，同时拟定我们自己研究的出发点。”④在《思维和言语》一书中，我们还看到有一个以强调对立关系互相排斥的矛盾来确定对立的例子：“我们认为，应当区别心理学中运用的两种不同分析。研究任何心理形成物必须先作分析，但是这种分析可能有两种根本不同的形式。我们以为，一种是使研究者在试图解决这个许多世纪以来的老问题上屡遭失败的分析形式，而另一种则是解决问题的唯一正确的起点。”⑤可见，两种分析形式不仅有区别，而且它们是对立的：一个基本上是正确的，另一个则不是，即一个排斥另一个。

总之，维果茨基的辩证方法的独特性就在于他提出了富有成效的思想，他每次都力求在研究问题中区分出对立性关系，好像要把所有内容的多样性都归结为两个主要的极端。

如果仅限于查明，那么确定对立关系就没有价值。维果茨基也谈到了这一点，这种程序的必要性是由产生创造性思想的方法性质要求的。在从对立性的抽象关系向它们在分析整体单元中的具体表现的转变中，包含有辩证改造的有效成分。在这种情况下，思维运动是沿着以下的路线进行的：在具体材料中分析出对立性关系，在抽象水平上引用对立性并具体说明辩证的改造。当然，我们不能纯粹地把对立性的运用看成是辩证方法的不变因素，因为对立性的运用内在地为任何辩证活动所固有。

**1. 辩证统一策略**

首先，我们讨论辩证统一策略。上文介绍了维果茨基不仅在分析诸如心理科学这样的整体性中确定对立性关系时运用了辩证统一策略，同时他

---

① 维戈茨基：《艺术心理学》，上海译文出版社 1985 年版，第 5 页。

② 维戈茨基：《艺术心理学》，上海译文出版社 1985 年版，第 10 页。

③ Выготский Л. С. Собрание сочинений в 6томах 3. Москва：Педагогика，1983. c. 9.

④ Выготский Л. С. Собрание сочинений в 6томах 3. Москва：Педагогика，1983. c. 9.

⑤ Выготский Л. С. Собрание сочинений в 6томах 2. Москва：Педагогика，1982－84. c. 13.

在分析其他层面的整体性中也使用了统一策略。比如，在分析心理现象时，他是这样论述的："应该承认，在每个年龄期开始时，儿童和他周围的现实，首先是社会现实之间就形成了完全独一无二的、该年龄阶段所特有的、唯一的和不可重复的特殊关系。我们把这种关系称为该年龄发展的社会情境。"①这个例子的特点就在于，它清晰地运用了辩证统一策略。的确，在分析发展危机这样的现象时，维果茨基区分出两种相互作用的方面：作为社会本质，即作为个体的儿童和在"个性和社会"系统中表现为对立性的社会环境。只有形而上学思维才可能会力图证明，个性和社会之间没有对立性，从而把它们看做是同类的现象，或者个性和社会没有共同的地方。维果茨基指出，存在对立的相互容纳和相互排斥的关系：一方面，这种关系的载体是儿童，但不是作为有机体，而是作为个体；另一方面，它可以作为社会关系的体现者还有儿童的环境。

在分析儿童发展时，维果茨基同样采用了辩证统一策略。他指出："……在发展的一般过程中已明显地区分出性质上特殊的两条基本路线：初级过程的生物形成路线和高级心理机能的社会文化形成路线，由于两条路线的交织便产生了儿童行为的真实历史。"②在这里他所说的不仅仅是两个方面，而且是对立性：生物的一社会的。同时，维果茨基还用专门的"统一性"术语表示它们之间的关系，来强调这是早前的心理学家未区分出的特殊关系。维果茨基指出："这两个方面，即高级心理机能及其与行为自然形态的发生遗传的关系，我们指的也正是符号的历史。"③在谈到儿童认知和情感的统一时，他认为理解儿童认知与情感本质的方法就是以采用辩证统一行动为根据。④ 不过，倘若不确定对立性的关系，统一性思想仍旧未被揭示。这是因为"统一性"术语在对立关系范围之外不具有意义。当然，也可以使用其他术语如整体性、同质性等代替统一性。所以，维果茨基所说的辩证统一策略在于把情感和认知看做是处于特殊关系即统一性关系中的对立性。

### 2. 辩证中介策略

就转换的效果来说，还可以进一步运用其他的辩证策略，在这里首先需要提到的就是辩证中介策略。这一策略与找出对象的对立性无关，而与选择具体完整的对象和现象有关。但是要找到这种存在的不依赖早些划分的

① Выготский Л. С. Собрание сочинений в 6томах 4. Москва:Педагогика, 1984. с. 258.

② Выготский Л. С. Собрание сочинений в 6томах 6. Москва:Педагогика, 1983. с. 66.

③ Выготский Л. С. Собрание сочинений в 6томах 6. Москва:Педагогика, 1983. с. 67.

④ Выготский Л. С. Собрание сочинений в 6томах 2. Москва:Педагогика, 1982. с. 22.

抽象关系，似乎用实例说明它们存在于现实中的对象永远做不到。就这个意义来说，辩证方法乃是开放的系统，为了自身的运动要求，必须首先有通向合乎其特性的具体对象的方法。在找不到对象而又要指明探索方向的情况下，维果茨基使用了“统一”、“整体”这样的术语或引入专门的术语。例如，维果茨基引入的“心理过程”概念就反映了“心理和生理”对立中介的必然性。维果茨基正是基于辩证策略而力求合理地说明中介策略的运用。

我们首先要论述维果茨基对语词意义的理解。按照他的看法，语词的意义也是具有对立存在的具体形式，如思维和言语。其全部的实质就在于，思维和言语是作为对立性发生的，而且在描述意义上维果茨基本人已十分清楚地表达了：“语词是什么？是言语还是思维？它是言语，但同时也是思维。因为它是言语思维的单元。”[①]第二个问题与理解符号的本质有关。符号是自然与文化、外部与内部、主观与客观这些对立关系的中介。维果茨基之所以赋予作为心理活动工具的符号如此巨大的意义，是因为符号是对立中介的具体的、普遍的形式。符号具有下述特征：因为其意义的客观性，它是客观的，也因为主体在符号中标出的那种意义，它又是主观的；作为自然方面，它是自然的，作为社会的方面，它又是文化的；它是外部的，因为它有外在的物质外壳；它又是内部的，因为它是通过儿童心理反映出来的。维果茨基对儿童发展所作的分析取得了非常好的效果，这在很大程度上是以采用中介活动为条件的。借助于它，维果茨基提出了符号作为高级心理机能发展的文化历史理论的原理。我们再举一个采用中介行动的例子。在心理学中“最近发展区”概念很早就占有重要的地位，“最近发展区对智力发展和学习与教学成绩的动态比现实发展水平具有更为直接的意义”[②]。发展性教学的本质是，在最近发展区下成人通过扮演儿童的“工具”帮助儿童发展。

**3. 辩证反向策略**

维果茨基在自己的研究中还积极采用了辩证反向策略。首先我们要指出的是，维果茨基把它看做是一种独特的研究方法，是“‘反向’方法的方法论原则”。在系统地采用辩证反向策略时，维果茨基明确指出：“要知道研究者不应总是走同样的路，反向的路常常更为有益。”[③]维果茨基对詹姆斯－朗格的情绪理论的评价比较具有代表性：“……问题不在于对传统的情绪过程的描述能够增加什么实质性的要素成分，而仅仅在于改变这些要素的顺序

① Выготский Л. С. Собрание сочинений в 6томах 2. Москва：Педагогика，1982－84. с. 17.

② Выготский Л. С. Собрание сочинений в 6томах 2. Москва：Педагогика，1982－84. с. 247.

③ Выготский Л. С. Собрание сочинений в 6томах 1. Москва：Педагогика，1982. с. 294.

性，确定它们之间真正的关系，将那种早先被看做是情绪的后果和结果的东西作为起源和原因。”①可见，这种评价完全是依据上述的策略作出的，采用这种策略被视为有独立的目标，即清楚地意识到目标。不错，反向分析的效果始终未加以分析研究。正是那个时候维果茨基创造的许多有效的方面是建立在反向的基础之上的。我们分析查明年龄动态的基本规律。“根据力的规律，某个年龄儿童主动的发展，不可避免地导致对整个年龄发展基础本身的否定和破坏，以内在的必然性决定发展的社会情境的废止。”②在分析儿童发展、特别是新的形成物的发生时，维果茨基采取的方向是：社会——发展的社会情境——儿童。社会创设和规定发展的社会情境，保持发展的社会情境就能保证了儿童发展的条件，导致其新的心理形成物的产生。这个关系的中间部分——发展的社会情境——在直接分析的方式下得以保持和确立。维果茨基采用反向分析如下：“假如上述研究动态的任务决定了儿童从社会存在向其意识新结构运动的直接路线，那么现在就产生了下一个任务：决定儿童从已改变了的意识结构向改变其存在的反向运动的路径。”③这句话的主要思想就在于在思维“反向”运动的情况下，在维果茨基那里，中间内容——早前理解为积极的发展的社会情境，得到了相反的评价，从而被否定。因此，“改造社会存在”是通过辩证反向策略而获得的结论。在对儿童的自我中心言语的分析中也获得了类似的结果。维果茨基以皮亚杰的心理学思想为基础认为：“从皮亚杰的理论观点看，这条儿童思维发展中的主导路线一般是从我向性到社会化言语……社会的东西处于发展的末期，甚至社会言语也不在自我中心言语之前，但在发展历史上应紧跟着自我中心言语。”④在这里也能看得见一条直线：我向性——自我中心言语——社会化的言语。在这条路线的背景下重要的是把自我中心言语理解为在外部条件影响下儿童内部物体的转变。所以，在皮亚杰看来，自我中心言语是社会化不充分的内部言语。在采用辩证反向的方式时，与辩证反向相适应，维果茨基对自我中心言语的理解正好相反——理解为不充分的内化言语：“如果我们的假设并不欺骗我们的话，那么导致研究者发现儿童自我中心言语充分发展的黄金时期的发展进程应当完全是另一种样子，而不是像上面我们叙述皮亚杰的观点时所说明的那样。不仅如此，在某种程度上，导致自我中心言

① Выготский Л. С. Собрание сочинений в 6томах 6. Москва：Педагогика，1983. с. 105.

② Выготский Л. С. Собрание сочинений в 6томах 4. Москва：Педагогика，1984. с. 260.

③ Выготский Л. С. Собрание сочинений в 6томах 4. Москва：Педагогика，1984. с. 259.

④ Выготский Л. С. Собрание сочинений в 6томах 2. Москва：Педагогика，1982－84. с. 55.

语产生的途径与皮亚杰研究中所说明的途径是直接对立的。”①在这里明显地表现出维果茨基对心理学遗产进行辩证加工创造的特点。

4．辩证转换策略

最后我们对维果茨基采用的另一个辩证策略——转换作一简短的描述。需要指出的是，维果茨基也把转换看做是改造的特殊手段。我们在以下的摘录中会遇到建立在作为特殊类型分析基础之上的方法：“因此，我们提出：不错，在否定的形式方面——有决定我们整个研究的计划和方向的主要方法论的因素，而同样的因素在其肯定的形式方面应当在研究本身中得到自己的表现”。② 在解释意志行为时，维果茨基采用了辩证转换：“较强的刺激有可能成为较弱的动机……”③在指出心理分析肯定的方面时，他写道：“生物学中生命的概念达到了异常明确的程度，科学可以解释它……但科学却不能对付死亡的概念，它被理解为非生命……但死亡也是一种具有自己积极意义的事实，它是存在的特殊形式。”④在引用的这个例子中，辩证转换在于分析作为生命特殊形式的死亡。对发展消极方面的理解正是基于这种情节：“实际的研究表明，转折时期发展的消极内容——只是相反的，或是个性积极变化的不利的一面。”⑤转换是提出研究任务的基础：“从一开始我们就说，在关于恐惧的学说中与其认为詹姆斯一朗格的理论是错的，不如认为它是真实的。这就是我们事先说出的研究的基本思想，整个本章的主要论题。”⑥关于超代偿的原理正是以辩证转换行动为根据的：“使疾病转化为超健康的异常的有机体的过程，由于免疫力中毒衰弱，就用超代偿的名称。”⑦从这些观点出发，维果茨基把“机能障碍”看做是机能完善的可能性，而把缺陷看做是“社会评价”。

总之，我们力求说明辩证方法是维果茨基研究活动进行的基础，但辩证方法不是他进行科学研究的唯一方法。维果茨基使用较多的第二种方法是单元分析的方法。在其《思维和言语》一书中讨论研究方法时，他描述了有关对单元整体的特殊分析。

---

① Выготский Л. С. Собрание сочинений в 6томах 2. Москва：Педагогика，1982. с. 55.

② Выготский Л. С. Собрание сочинений в 6томах 3. Москва：Педагогика，1983. с. 23.

③ Выготский Л. С. Собрание сочинений в 6томах 3. Москва：Педагогика，1983. с. 27.

④ Выготский Л. С. Собрание сочинений в 6томах 1. Москва：Педагогика，1982. с. 335～336.

⑤ Выготский Л. С. Собрание сочинений в 6томах 4. Москва：Педагогика，1984. с. 253.

⑥ Выготский Л. С. Собрание сочинений в 6томах 6. Москва：Педагогика，1983. с. 98.

⑦ Выготский Л. С. Собрание сочинений в 6томах 5. Москва：Педагогика，1983. с. 35.

## 三、单元分析方法

纵观西方思想的发展历史，哲学家们一直在思考与探讨如何理解复杂的整体问题。一个主要方法是将整体分解为部分，人们通常认为，部分比较易于理解与掌握，因而可以在理解这些部分的基础上理解复杂整体的本质。然而这种方法却无法避免人们对它的批评：部分不能充分揭示复杂整体的本质，部分之间的关系是重要的。例如，社会的本质不能以人类个体为基础加以解释，即使社会是由个体组成的。在现代哲学领域，分解、分析方法的追随者与整体分析方法的追随者之间的争论已经不那么激烈了，但这种讨论却从未停止过。

心理学也不能回避这样的讨论。维果茨基从“意识是统一整体”的观点出发，提出以“单元分析法”取代“成分分析法”。“单元分析法”是与“成分分析法”相对而言的，它是维果茨基在建立唯物主义的意识心理学时所采用的一种新方法。单元是一个系统最核心的内核，是一种规模最小但同时又具有全部系统特征的内核。“成分分析法”是将复杂的心理整体分解为各个成分的分解法，它试图通过对组成有机整体的各个成分进行孤立分析来取代对整体的研究，结果使整体的固有特性丧失殆尽。而“单元分析法”则是将一个复杂的整体划分为单元，“这种单元与以前的成分不同，它们是分析的产物，是不能再进一步分解的整体的活的组成部分，它们具有整体所固有的一切基本特性。”①维果茨基用水作比喻，将水分解为其组成成分来研究水的化学特征是不可能的，必须寻找一种能够保留水的整体性质的最小单位，这个最小单位就是分子。“正像一个小小的活细胞，它保留着生命的一切基本特性，是生物分析的一个真正单元。”②“心理学应该能找到这些不可能再进一步切分、保持原整体所固有的特性的单元。”③

### 1. 心理分析单元的由来

人类行为是一个复杂的现象，心理学家们一直试图通过人类行为的基本要素来理解行为。在心理学史上，联想主义把感觉当做单元，格式塔心理学派把图形－背景当做单元，反应或反射学把反应或反射当做单元，定势心理学把定势作为单元，而行为主义则把刺激—反应当做单元，新行为主义者

① 维果茨基著，余震球译：《维果茨基教育论著选》，人民教育出版社 1994 年版，第 7 页。
② 维果茨基著，余震球译：《维果茨基教育论著选》，人民教育出版社 1994 年版，第 7 页。
③ 维果茨基著，余震球译：《维果茨基教育论著选》，人民教育出版社 1994 年版，第 7 页。

托尔曼把中介变量作为中心问题来讨论。托尔曼的研究对当代认知心理学产生了重大影响，他用组成类似空间认知地图系统的中间变量图式来补充刺激—反应图式。皮亚杰对分析单元问题也有过特别详细的讨论，他把可逆性动作看做是在更广泛的运算结构意义上的分析单元。在皮亚杰看来，产生内化运算结构的根源乃是动作。与可逆运算结构相比，把记忆和运动图式作为分析单元来使用，对于巴特莱特和他在当代英美心理学的许多追随者来说乃是常事。

现代心理学对心理分析单元的划分和确定没有兴趣，甚至表现出异常的漠不关心。使用机能单元和操作概念的认知心理学尤为如此，它在解决协调单元的结构机能任务中常常求助于“小精灵”。对心理分析单元研究兴趣的减少，与对无法证明的希望、感觉、反应、反射等单元感到失望有关，其主要原因是缺乏方法论的素养。事实上，在心理学文献中，我们找不到严格的心理分析单元的定义。它或被描述为心理的组成部分，或被描述为心理的决定因素，或被描述为心理发展的根本原因。在不同的心理学派别中，心理分析单元的这三个方面是完全不同的。首先，它们的共同特点是缺乏对心理分析单元的思考；其次，更为重要的是，许多心理学家并不能对心理分析单元提出规范的要求。而维果茨基通过对不同时期的心理学进行研究，对心理分析单元提出了规范的要求。

**2. 对心理分析单元的要求**

维果茨基认为，分析不应该用与其构成要素完全无关的外在联系来代替个体的内在联系。单元作为一种分析产物，它具有整体所固有的一切属性，是整体无法进一步分解的部分，它不同于将复杂心理整体分解为失去整体固有特性的各个成分。心理学要弄清复杂的个体，就必须要对其单元进行分析，现代心理学应当用“单元分析法”代替“成分分析法”。维果茨基试图将自己提出的单元分析理论系统化。单元并不是复合的或是由要素组成的混合整体，而是与心理结构有关的一些结构性特征；单元应该具有整体应有的一切特性；具有整体结构特征的单元具有发展和自我发展的能力，也就是说，与最初的形式相比，它们应该具有一些新的特征，即具有转换的能力。把单元纳入有生命的活动过程是单元发展的必要条件，同时，单元还要与周围的环境建立联系。单元是整体无法进一步分解的活的部分，它是独立的、不可分割的，而成分则是将整体分解后使其丧失整体固有特性的各种要素。在生物学中，单元就好像是保持活的有机体所固有的生命全部基本特性的活细胞。对于维果茨基来说，既然对单元的发展、机能作用、结构以及一般动态的研究是心理学研究的基本原则，那么，我们就可以推断，维果茨基是从分类学的角度去看待心理分析单元的。维果茨基提出的把复杂的整体分解成相似单元的“单元分析法”创造了综合研究复杂单元特征的可能性，他把这种方法当做是研究复杂的动态思维形式的有效办法。这种分析表明了所谓动态思维形式就是激情和智力过程的统一。只有将智力与激情联系起来，揭示思想以及思想活动的需求、兴趣、意向等动因，心理学家才有可能打开解释思维本身原因的通道。心理分析单元不仅仅要反映心理过程的内在一致性，而且还要从整体上去研究心理过程和意识的关系。

### 3. 作为心理分析单元的工具性活动

在1925—1930年间，维果茨基将分析单元称为“工具性活动”，这是一个以符号为中介的活动单元，符号可以作为控制行为的工具。工具性活动有两种主要的形式：外部的和内部的。维果茨基理论的一个重要成就就在于一开始就意识到了外部活动与内部活动之间的整体关系，他用内化概念描述了两者之间的辩证关系。首先，内化过程主要涉及社会过程；其次，维果茨基的解释主要以符号机制的分析为基础，重点分析了实现个体与社会连接的语言。符号机制发展的总体图式是从外部的社会活动开始，以个体内部活动结束。维果茨基对符号机制的解释提供了连接外部与内部、个体与社会活动的桥梁。任何高级心理机能在发展过程中都经历了一个外部阶段，因为它最初是一种社会机能，这是关于外部和内部行为问题的核心。内化观念的含义就在于，它是个体将外部事物或他人的心智运作转变成自己内部的表征，是促使认知发展的主要机制。外在的工具性活动可以在内部心理活动中形成，它是对一个外部操作的内部重建过程，是一个连续的过程。这种转变是在一定的条件和环境系统中进行的。维果茨基和他的追随者们都对此做过研究，但需要指出的是，并不是所有的工具都具有意义。文艺理论家巴赫京（M. Бахтин）对此做过明确的描述：工具有用途，却没有意义，也就是说并不是任何工具都能发挥心理工具和行为工具的职能。维果茨基首创性地将文化符号作为一种心理工具，并提出了心理意义的概念。他认为，人的心理活动存在一个特点，它与人类在劳动过程中使用工具这一特点相似。人在生产劳动中使用物质的工具，一方面增强并改变了人类的生产劳动，另一方面也改变了人类器官的自然功能。人的高级心理机能也使用“工具”，即通过使用语言这种“思维工具”来实现，语言所起的是一种“中介”的作用。人借助这种工具，能够思维并可以随意地控制自己的行为，使低级的心理活动向高级的心理活动发展。关于内化的思想，维果茨基认为，语言这种符号的发生和发展是一种由外部转向内部的过程。因为语言是一种社会交际的手段，先是在人类共同的生活中形成，然后才变成个人的心理工具。因此,所有的高级心理机能在自己的发展过程中也必须先经过外部的阶段,然后再转化为内部的东西。个体的心理发展也要经历“内化”的过程。

维果茨基的学生和追随者继承了维果茨基的研究路线。他们首先把知觉、记忆、思维解释成知觉系统、记忆系统、智力活动系统,这种解释是从20世纪30年代开始的,并延续到了今天。在对记忆的实验研究中,研究者把心理过程当做活动来理解。津琴科认为,不应该把任何心理过程都当做形而上学的官能或意识的特征来理解,也不能把它们作为机体反应的机械总和来理解,而应把它们理解为某种心理活动。也就是说,这种活动必须要对处于某种心理状态下的行为进行预测,心理状态必须要由行为来间接表现。此外,行为本身还是一种现实过程,该过程中的物质行为在心理、行为主体的意识中发生变化。起初,“心理活动”的概念并不包括外部身体活动和内部心理活动之间的明确对立。而把“心理活动”这个概念当做工具性行为来理解与维果茨基的理论主旨是相符的,即心理活动不以它的实现方式为转移。同时,那些不仅以高经心理机能来解释行为,而且以动作技能和动作习惯来解释行为的研究,其中包括儿童利用最简单工具形成习惯的系列研究,都会导致外部行为和内部行为的明显分化,并加深外部行为和内部行为的问题。在这种情况下,把工具性行为当做心理活动的最初解释被遗忘很久。有关外部的物质活动与内在心理活动的对立观点引出了一系列的问题,其中最复杂的是要证明行为的外部活动结构与内部活动结构在原则上具有同一性的问题。

### 四、维果茨基心理学研究方法的影响

在对维果茨基的心理学遗产进行研究过程中,无论是苏俄学者还是西方学者都清楚地意识到,维果茨基之所以能在心理学研究中取得如此大的成就,是因为他有意识地将辩证方法应用于人的心理与意识发展研究之中,并在此基础上革新了心理学研究的具体方法。正因为如此,维果茨基所遵循的辩证唯物主义的历史方法受到西方心理学界的推崇。

在维果茨基学派研究方法的影响下,西方形成了以克劳斯(F. Klaus)和里格尔(Riegel)为代表的辩证法心理学派。里格尔是美国发展心理学家,他在美国积极倡导辩证法心理学,为西方心理学家打开了一扇了解维果茨基、列昂节夫和鲁利亚等苏俄心理学家思想的窗口。里格尔和他的同事认为,辩证唯物主义构成了一种方法论模式,在此方法论的指导下,里格尔对皮亚

杰的认知理论进行了修正。他认为，在形式运算之后还有一个开放的认知阶段即辩证思维阶段出现。另外，受维果茨基的历史方法影响，西方心理学家对智力发展现象进行了再思考，认为人类智力是基于生物学基础，在获取文化意义和围绕客体的群体活动过程中发展的。

维果茨基的研究方法对西方生态化运动（The ecological movement）的兴起起到了推动作用。生态化运动是20世纪70年代末在西方发展心理学研究领域中出现的新趋势。所谓生态化运动是强调在活生生的自然和社会文化背景下研究儿童心理的一般倾向，而传统西方心理学研究的一个根本弊端则是脱离具体环境单纯研究人的心理。到了20世纪80年代，美国康奈尔大学的布朗芬布伦纳（U. Bronfenbrenner）提出了儿童发展的生态系统理论。在构建其生态学研究范式时，他公开承认，在丰富多彩的方法论宝库中，他首选的是维果茨基的方法论。他认为，人的心理也是处在生态环境中的，人的发展离不开人与环境的相互作用。布朗芬布伦纳所确定的人的发展公式"D＝F（PE）"（发展是人与环境的函数），以及他的同事里奇（Rich）和坎菲尔德（Canfield）等人的大量研究都是建立在维果茨基的研究方法和理论基础之上的，他们的研究对维果茨基的"心理发展是社会历史进程的产物"观点给予了强有力的支持，并认为维果茨基的研究方法和理论不仅适用于认知发展领域也适用于其他研究领域。

另外，维果茨基的单元分析法也为西方心理学界的认知研究提供了新的视角。传统发展心理学常常把单独个体或单一环境作为基本单元，即使同时考虑个体和环境，也常常将二者视为互不关联的实体，而非相互确证、彼此依赖的整体。维果茨基重视个体和环境的交互作用，认为社会历史实践赋予了对象以文化意义。西方研究者没有把一个事件或对象分解成不具生命意义的元素，而是发现并保留了事件的内在运动和意义的分析单元即活动，这一单元负载着个体与社会背景交互作用的变化过程。从过去把认知视为心理变化的静态结果（如思想、图式、记忆、计划等）推至今天把认知视为问题解决的动态过程（思维、叙述、识记、回忆、策略选择等），维果茨基的单元分析法为这一重要转变奠定了基础。

总之，在心理学的多种多样的方法论宝库中，维果茨基的方法论堪称无价之宝。他为揭示人类心理发展的奥秘所奉献的方法论体系，已成为心理学史上的一座不朽丰碑，必将继续指导并永远激励后人不断前进！

# 第三章

## 维果茨基:学派的奠基人(中)

### 第一节 维果茨基的发展心理学思想

发展心理学研究在维果茨基的科学创造中占有重要的地位。他认为,研究儿童心理的发展具有重大的意义。通过对儿童心理的研究,他找到了通向认识成人心理过程和品质特性的主要途径。维果茨基和他的助手以大量的实证资料论证了心理的文化历史发展理论,他们所进行的所有实验研究的目的都在于,探索儿童是如何通过掌握固定在人类文化中的心理工具(符号)从而形成心理的,以便解决儿童教育教学实践中的重要问题。

#### 一、社会文化的发展观

在当代发展心理学领域,皮亚杰和维果茨基是两位最杰出的心理学家,尽管他们各自具有不同的世界观,代表不同的民族文化、社会制度和科学学派,但他们都特别关注人类心理发展问题,并且围绕儿童发展的途径和内部机制问题有过激烈的争论,从而形成了发展心理学史上两种截然不同的发展观,即自然主义的发展观和社会文化的发展观。如果说前者曾在发展心理学中长期居统治地位的话,那么后者已越来越受到当代发展心理学家的重视。

20 世纪初,整个心理学和儿童心理学都经历着严重的危机。用詹姆斯

（William James，1824—1910）的话说，心理学不是科学，充其量只是“准科学”。维果茨基特别敏锐地意识到，科学心理学存在的可能性首先与其方法论问题的解决有关。在考察心理学危机的原因时，维果茨基发现，与他同时代的学者所采用的发展心理学的方法论都是错误的，他称之为“企图”使动物心理发展和儿童心理发展并为同一系列的“自然主义”和“遗传决定论”的方法。维果茨基以自己的文化历史发展理论来对抗这种方法，为此他将历史主义原则引入到儿童心理学领域。他写道：“至今还有许多人喜欢在虚幻世界中提出历史心理学研究的思想。他们把历史和过去混为一谈，对他们来说，研究历史上的某件事必定意味着研究某一个过去的事实。这种幼稚的看法只看到了研究历史形态和研究现实形态之间难以逾越的界限。其实，历史研究不过是将发展的范畴应用于现象的研究，无论研究历史上的什么都意味着在运动中研究，这也是辩证方法的基本要求”。[①] 由于每一种文化发展的形态都是人类历史发展的产物，因此，维果茨基提出发展过程要经过从社会到个体的途径，即高级心理机能最初是以集体行为的形式，以与他人合作的形式产生的，它们只是后来才变为儿童个体的机能。正如他所说的：“在儿童文化发展中任何机能都会出现两次，并表现在两个方面，首先是社会的，然后是心理的。起初在人与人之间作为心理之间的机能，以后在儿童内部则会作为心理内部的机能。”[②]此外，维果茨基还把新的实验发生法引入到心理现象的研究中，提出了有关年龄的学说，同时他还对儿童心理发展的进程、条件、源泉、形式、特征和动力提出了新的看法。

### 1. 年龄的分期问题

年龄问题是儿童心理学的主要问题。维果茨基在心理发展的研究中提出了作为儿童心理发展的分析单元的年龄学说，并对当时已有的各种年龄分期以及这些分期的基础进行了批判。一方面，在分析分期基础的标准方面，维果茨基反对以征状作为标准的做法。他指出，当时心理学的主要任务还是研究综合特征，即能够区分儿童发展的不同时期、阶段、亚阶段的外部综合特征。维果茨基认为，心理学的“真正任务是研究这些特征背后的又能制约这些特征的东西，即研究儿童发展过程本身及其内部规律。在儿童发展分期问题上，这意味着，我们应拒绝年龄的征候分类法，像其他科学当时

① Выготский Л. С. Собрание сочинений в 6томах 1. Москва：Педагогика，1982. с. 62.
② Выготский Л. С. Собрание сочинений в 6томах 1. Москва：Педагогика，1982. с. 62.

已做的，转到以研究过程的内部本质为依据的分类法”。[①] 因此，维果茨基提出，应该以新的心理形成物，即在发展的某个时期产生的，或者是在一定阶段的意识结构中出现的新东西作为年龄分期的标准。

另一方面，维果茨基还专门分析了心理发展过程的连续性和间断性问题。在对纯粹是对心理发展量的认识和来自“经验主义进化论”的认识的连续性理论加以批判的同时，维果茨基从唯物辩证法的立场出发，把心理发展的一般进程看做是一系列连续的质变过程。他提出，要区分出年龄的稳定时期与危机时期或过渡时期。在稳定时期儿童心理发展相对缓慢、平稳。与稳定时期的特点相反，在危机时期儿童心理在很短的时间内会发生重要的变化。发展有时是急风暴雨式的，有时是灾难性的。危机年龄发展的最重要内容在于，产生新的心理形成物，如具体研究表明的，它们是高度独特的，它们与稳定年龄的新的心理形成物的主要区别是，前者具有过渡的性质。换言之，危机时期就是从一个稳定期向另一个稳定期过渡的转折期。在危机时期儿童通常变得难以教育。维果茨基认为，这是由于儿童教育系统的变化跟不上儿童个性的迅速变化，更为主要的还是在危机时期儿童与周围世界的整个关系系统发生了改变。

维果茨基认为，在儿童心理发展过程中发生的危机主要有：新生儿危机、1 岁危机、3 岁危机、7 岁危机、13 岁危机。新生儿时期的危机把发展的胚胎期和婴儿年龄分隔开；1 岁危机把婴儿期和童年早期分隔开；3 岁危机是从童年早期向学龄前年龄的过渡时期；7 岁危机是学前年龄和学校年龄之间的连接环节；最后，13 岁危机和从学校年龄向青春期年龄过渡时的发展转折点相一致。这样，维果茨基就在我们面前展现出一幅有规律的图像，即危机时期和稳定时期的交替发展。他指出：“在儿童发展中，这种周期性原则可以称为儿童发展的辩证原则，因为儿童发展不是按照缓慢的、逐步的变化方式进行的，而是在某些关键点上通过跳跃式的方式进行的，量变突然地转化成质变……换句话说，儿童发展过程如同自然界中的一切发展一样，是通过矛盾的发展和从量变到质变的转化而辩证地完成的。”[②]维果茨基把儿童心理发展的过程比喻为幼虫变为蝴蝶，蝴蝶再变为蛹的过程。

维果茨基还研究了年龄的实践问题，他认为年龄问题不仅仅是儿童心理学的主要问题，而且也是解决所有教育实践问题的钥匙。这个问题与儿

① 维果茨基著，潘绍典、陈新宇等译：《维果茨基儿童心理学论著选》，全国维果茨基研究会丛书之二，1999 年，第 4 页。

② 列夫·谢苗诺维奇· 维果茨基著，龚浩然等译：《教育心理学》，浙江教育出版社 2003 年版，第 287 页。

童年龄发展的诊断有直接而紧密的联系。维果茨基对传统的诊断方法进行了批判，并提出了“最近发展区”的诊断问题，“最近发展区”的诊断可以预测有科学根据的实践任务。

**2. 心理发展的条件**

心理发展的条件是儿童心理学要解决的主要问题之一。在苏俄心理学界中，维果茨基第一个对儿童心理发展的生物因素和社会因素的相互关系问题进行了研究，创立了人的高级心理机能的社会历史起源理论。他指出，只有在交往中，在一定的社会生活条件下，人特有的心理特征（随意记忆、逻辑思维、言语）才有可能得到发展；在人的高级心理机能的形成中，言语的发展起着特殊作用。维果茨基提出的儿童心理发展中的社会因素与生物因素之间的关系理论是其最重要的理论之一。

维果茨基认为，人的心理是由社会文化特征决定的，其中最重要的是语言和言词。他强调指出，在语言和社会生活条件的影响下，心理“被人化”，并且会使具有本能、欲望和感觉的生物个体变为有理智、有意志的人。在个性的个别形成中，人的特性发展是在社会内容的基础上并在其监督下得以实现的。在这个发展过程中，这些特性的生物基础也得到了改变和人化。

维果茨基认为，有意识的个性发展及其心理的完善发展，取决于“言语符号”的使用性能，这种言语符号的发展是根据与他人交往、合作和共同活动过程中的社会规律进行的。维果茨基的思想旨在反对那种唯心主义，即认为高级心理机能的发展是以遗传因素为条件的观点。

在承认遗传和社会环境作用的同时，还应该指出，无论是遗传还是环境，都不能排除个体本身的积极作用对个性产生的影响。生活条件固然重要，但它不能直接地决定儿童的心理发展。因为“人对于环境的态度总是带有主动的性质，而不是简单的依存关系”，①所以在一些相同的环境中可以形成不同的心理特征。“对整个环境不能理解为一种静态的、原始的和稳定的要素系统，它是一个辩证发展的动态过程”。② 心理的发展首先取决于儿童本人与环境处于怎样的相互关系之中。维果茨基说过，环境对儿童的影响作用是不一样的，为了理解环境的影响，不仅应考虑在环境中发生的那些变化，还要考虑儿童自身出现的变化。这样理解环境在儿童心理发展中的作

① 列夫·谢苗诺维奇· 维果茨基著，龚浩然等译：《教育心理学》，浙江教育出版社 2003 年版，第 277 页。

② 列夫·谢苗诺维奇· 维果茨基著，龚浩然等译：《教育心理学》，浙江教育出版社 2003 年版，第 277 页。

用，使维果茨基提出了发展性社会情境概念。其涵义是指每个年龄期所特有的一套主体在社会现实中的关系系统，这些关系反映在主体的体验中，并由主体在与其他人的共同活动中实现。维果茨基用这一概念来说明儿童发展的动力，即决定儿童在各年龄阶段的个性结构的产生和改变的全部规律的分析单元。发展性社会情境制约着儿童的生活方式和“社会存在”，而在“社会存在”的过程中，儿童逐渐获得新的个性特性和新的心理形成物。新的心理形成物作为年龄发展的产物，出现在年龄期的末尾，它们使儿童的整个意识结构得到改造，使他对世界、对其他人和对自己的态度发展产生变化。新的形成物的出现是旧的发展性社会情境解体和新的发展性社会情境形成的独特标志，与此同时出现年龄发展的危机。维果茨基引入发展性社会情境这一概念旨在克服把环境视为机械地决定个性发展因素的观点，后来 Б. Г. 阿纳尼耶夫和 Л. И. 博若维奇对这一概念作了深入的研究。Б. Г. 阿纳尼耶夫从马克思主义心理学的角度对这个概念进行了全面详尽的分析；Л. И. 博若维奇用这一概念来阐述儿童个性的个体发展。发展性社会情境是主体的生命活动的历史文化方面，这些方面包括以下几个部分：个体发生和社会发生的客观条件（个性发展的社会、政治、经济、法律和其他的前提条件）、童年期的社会地位（童年期在社会中的历史文化特征和年代特征）、体现儿童的总的社会立场（儿童对条件、地位、角色的态度，这种态度由其定势和准备接受其参照群体的价值和期待表现出来）的社会角色。研究童年期的发展性社会情境概念有可能把个性的个体发展和社会历史环境的影响有机地协调起来。

### 3. 发展的过程与动力

在发展的过程问题上，自然主义的发展观将发展过程理解为儿童对他周围环境的适应或顺应。但维果茨基不同意这种观点，他认为，儿童心理发展是通过占有历史上已确定的活动形式和方式而进行的。与在适应环境过程中产生的生物发展的类型不同，儿童心理发展是通过种的特性的继承或者是借助于个体经验的积累进行的。儿童心理发展的特征在于它不服从动物界中生物规律的作用，而服从社会历史规律的作用。儿童心理发展的内容和儿童期的持续时间取决于社会发展的水平。

在心理发展的动力问题上，维果茨基认为教育和教学是心理发展的决定性力量。他特别指出，发展和教学是两种不同的过程。发展过程有自我运动的内部规律，而教学在儿童心理发展中则是必要的和普遍的因素。但教学不等于发展，教学应该“走在发展的前面并且要紧紧地带动发展，而不是要当发展的尾巴"[①]。维果茨基关于儿童心理发展的两种水平思想对于控制发展的实践具有重要意义。这两种水平是现实发展水平和最近发展区。现实发展水平是当前形成的，其特征是儿童现有的心理机能的特点。维果茨基写道："今天儿童靠成人帮助完成的事情，明天他便能自己独立地完成。这样，最近发展区将帮助我们确定儿童的明天，确定他发展的动态，不但可以查明发展中已经达到的状态，而且能发现他正在成熟的状态……这样，儿童智力发展的状态至少可以借助他的两个发展水平——现实发展水平与最近发展区来加以确定。"[②]

维果茨基提出的这个观点强调，在教育和教学时，一方面不可以向儿童提出不符合其现有发展水平和最近可能性力所不及的要求。然而，知道了儿童在成人的帮助下，借助于成人的启发性问题、范例和演示，今天能够完成的而明天能独立完成的东西，教师就可以有目的地根据社会的要求来提高儿童的发展水平。维果茨基的这个观点在教育心理学领域得到了很好的应用。

可以说，维果茨基在儿童心理发展问题上所做的努力，为儿童心理学成为具有自己真正的对象、方法和规律的完全合格的科学作出了重要贡献。他在这个领域所从事的一切都是为了使这门科学能够解决儿童教育和教学中最重要的实践问题，按照新的方式看待心理发展的年龄标准和诊断问题。

## 二、语言和思维的发展

### 1. 儿童语言的发展

在维果茨基看来，语言对认知发展是极为重要的，语言似乎构成了一套专门的能力。事实上，无论处在什么样的环境中，人人都能学会语言，除非处于极端的刺激剥夺环境中。

（1）语言发展的阶段。

维果茨基认为儿童语言经过了四个发展时期：

第一个时期，从出生到 2 岁，儿童处在所谓语言的原始自然时期。原始语言时期的基本特征是没有智力活动，即不动脑子。语言开始于情感的释放，例如哭喊或发出咕咕的叫声。接下来发生的是能够产生社会反应的声

① Л. С. Выготский. Избранные психические исследования. Москва: Издательство АПНРСФСР, 1956. с. 449.

② 维果茨基著，余震球译：《维果茨基教育论著选》，人民教育出版社 1994 年版，第 402 页。

音，譬如笑声。原始自然时期最早出现的词汇是对某些物体或需求的替代品。譬如，当儿童看到他们的母亲走进房间时会说“妈妈”，而当他们饥饿时看到牛奶就会说“牛奶”，这些词仅仅是条件反射。儿童记住了他们喝的白色液体与“牛奶”这个声音有关的事实，但这个词在他们脑中还没有什么意义——如果不先看到牛奶，他们就不知道牛奶是什么。

第二个时期，大约开始于 2 岁，维果茨基称为“朴素心理学”时期。使用“朴素心理学”一词是用来表明儿童在自己的身体、周围物品、客体、工具的物理特性方面的朴素经验。这一时期儿童发展的特点是：对语法结构和形式的掌握领先于对相应形式的逻辑结构和操作的掌握。如儿童掌握从属副句、掌握像“因为”、“由于”、“如果”、“当”、“相反地”或者“但是”等形式比掌握因果、时间、条件关系、对比关系要早得多。之后，随着朴素的心理经验的逐渐增长，进入了外部符号和外部操作的阶段，儿童利用这些外部符号和操作解决内部心理任务。这就是我们很熟悉的儿童数学发展中的掰着手指计算时期。

第三个时期，出现于 4 岁左右，称为自我中心语言阶段。人们所以称之为自我中心阶段，是因为这个阶段的儿童大都不是在跟他人说话。相反，他们是在自言自语，尤其是在游戏中。游戏中的孩子在“表演”不同的想法时，常常会使用不同的语气。对维果茨基而言，这种说话的形式标志着一种新的重要心智工具即语言思维的出现，语言影响儿童的思维，思维又反过来影响儿童的语言。语言和思维之间的互动，标志着语言思维的出现。语言思维的优势在于，它能使儿童在解决问题过程中设计出解决这一问题的方案。儿童在做一些需要技巧的事情时，譬如在系鞋带时，你会听到他们使用语言思维。甚至成年人在面临棘手的问题时有时也会回到“大声思考”的阶段。

第四个时期，也是最后一个语言时期叫做内部成长时期。这个时期我们可以形象地称为“转化”时期，因为这个时期最大的特点是外部操作进入内部，由此经受深刻的变化。这是儿童发展中的心算或者无声算术时期。

(2) 语言在发展中的作用。

① 语言充当发展的媒介与思维的工具。

维果茨基相信，拥有高度发展的语言的人，可以完成那些动物所不能完成的复杂任务，这是因为人们在学习语言时，不仅仅在学习语词，同时还在学习与这些语词相连的思想。因此，语言是儿童用来认识与理解世界的一种中介工具，也即一种思维工具。

语言使得人们能够向其他人学习，并提供了获取其他人已有知识的途径。所以，语言为学习者提供了认知工具，使得他们能够对世界进行思考并解决问题。同时，语言作为一种中介物，不仅能促进儿童认知的发展，还能帮助儿童建构自己有关世界的知识，并对这一知识进行检验、精炼和反思。此外，语言还提供了分享观念、精炼想法的机会。

② 语言充当社会交往与活动的工具。

语言在发展中还有另外一种功能，即使儿童能与他人进行交往，从而开始人与人之间的文化交流或观念交换。维果茨基认为，文化在发展过程中起着重要的作用，而社会交往则是文化得以分享并传递的主要途径。

成年人尤其是父母和其他照顾孩子的人以及同伴，在文化的传递过程中均起着重要作用。成年人进行解释，给予指导，提供反馈并引导交流，而同伴则在游戏与课堂情境中，通过对话来促进儿童之间的合作。所以，社会交往一方面可交换信息，另一方面也提供了关于各种有关观念的有效反馈。

"活动"这一概念也是维果茨基理论的一个重要概念。儿童在"做"中学，即通过与更有能力的人一起进行有意义的活动来学习。活动提供了使对话可能发生的情境。通过活动来进行对话，在个体之间相互交流思想，个体便得以发展。

③ 语言充当自我调节与思考的工具。

在维果茨基看来，学习涉及符号的获得，这种符号是通过接受教育以及从他人那里得来的信息而获得的。发展意味着儿童将这些符号加以内化，以便在没有他人帮助时自己也能够思考并解决问题，这种能力叫自我调节（self regulation）。

儿童要形成自我调节和独立思考的能力，第一步就要能够认识到动作和声音都是有意义的。例如，婴儿了解到：朝某物伸手的过程被别人解释为他想要此物。就语言习得而言，儿童学习语言的过程就是建立特定的声音和意义之间联系的过程。婴儿练习能够获得注意的手势；学前期儿童通过与他人交谈来掌握语言。最后一步就是在没有他人帮助时，自己运用符号进行思维和解决问题。此时，儿童变得可以进行自我调节，符号系统已经内化。年幼的儿童有意识地使用"指向"的手势来引起他人的注意。在语言发展中，儿童开始产生自言自语，即所谓的自我中心言语。

（3）自我中心言语。

维果茨基强调，自我中心言语是将集体共享的知识转变为个体知识的一种机制。维果茨基认为，儿童吸收他人的言语之后，就用这些言语来帮助自己解决问题。自言自语的现象在儿童身上很普遍，他们经常自言自语，面临困难的任务时表现得尤为明显。此后，自言自语变为不出声的言语，但仍然非常重要。研究发现，大量地使用自言自语的儿童比其他儿童能更有效地学习复杂的任务。

2. **儿童思维的发展**

维果茨基认为思维的发展要经历三个不同的阶段：

第一个阶段的特点是形成混合性的观念。儿童用于思考的分类范畴还是无组织的。儿童最初形成的表征是通过试误法分类得到的，物体和事件是随意结合起来的。儿童渐渐地开始注意到某些事情是与另外一些事情同时发生的，开始把父母的出现和被人拥抱联系起来。但到这一阶段快结束时，儿童的分类范畴仍然是没有组织的。与最初所不同的是，这时儿童会对他们的分类范畴感到不满，这种不满使儿童产生挫败感，促使他们进入下一个阶段。

第二个阶段被称为“复合思维”。对维果茨基而言，复合体是发现物体或事件之间的联系、进行归类的依据。开始时，儿童发现的事物之间的任何关系都会成为复合体建立的基础，例如颜色或形状。儿童会根据复合体之间的差异而不是共同点将其归为不同类别。譬如，如果让儿童把餐具进行归类，他们会把1个叉子、1把刀、1个勺子归为一套餐具放在桌上，而不是把所有的叉子放一起，再把所有的刀子放一起。在思维发展的第二个阶段，复合体虽然变得更为复杂，但其基础仍然建立在事物可感知的特征之上。

第三个阶段乃是概念。儿童只有在这个阶段才能概念化地思考，即用抽象属性代表物体和事件。譬如，儿童能在一连串点里识别出某种轮廓或图案，或者在毕加索的油画里识别出一张脸。维果茨基把概念区分为两类：科学概念和日常概念。日常概念是直观情景概括的高级阶段，但它不可能成为思维的高级形式，这是从具体到抽象的途径。科学概念是思维的高级形式，它的构成是按照相反的途径：从抽象到具体。

在思维发展的过程中，儿童在第一个阶段已经学会把语言和思维结合起来；在第二个阶段语言和思维被紧密地连接起来，语言可以引导并形成思维，思维的结果可以通过语言来交流和表达；在第三个阶段，儿童以更复杂的方式分析综合信息，语言在其中发挥了重要作用。

3. **语言和思维的关系**

思维和言语问题是心理学领域极为复杂的问题之一，也是哲学、逻辑学、语言学等学科领域研究的重要内容。维果茨基认为，思维和言语是高级心理机能发展中的两个主要的，又是密切相关的方面，它们构成了文化历史发展的重要组成部分。针对当时在思维和言语问题方面的不同观点，维果茨基撰写了《思维和言语》(1934)一书，在这部经典著作中，维果茨基在对皮亚杰和斯特恩，以及列维－布留尔、布洛伊尔、弗洛伊德、彪勒、阿赫、苛勒、华生、桑代克等人的理论和实验进行批评的基础上，集中探讨了思维和言语的发生、发展以及二者的关系，并提出了自己独到的见解。

（1）用单元分析法研究思维和言语的关系。

维果茨基在分析思维和言语关系时，提出以单元分析法这种崭新的研究方法来代替传统的“成分分析法”（或译成“要素分析法”、“元素分析法”）。维果茨基认为，过去研究思维与言语关系的人之所以屡遭失败的重要原因是，他们采用了“将复杂的心理整体分解为各种成分的分解法”①。他一针见血地指出：“实际上，这种分析……使我们得到的是丧失整体原有特性的结果，并不是真正的分析。”②“这种用来对完整的心理构成物的分析也不是解决问题的分析：它不能给我们阐明童年时期言语思维的发展。”③于是，他提出了被称之为“思维和语言学中具有决定性的转折点”的“单元分析法”。他认为，这种“单元”与以前的“成分”不同，它像“一个小小的活细胞”，“具有整体所固有的一切基本特性”，从而为用最简要的形式来研究心理机能系统提供了可能性。思维与言语的关系也需要有这样的单元，它本身包含着言语思维作为整体所固有的特性。在做这样的分解时，不能把言语思维分解为彼此孤立的元素——思维和言语，然后试图研究不依赖于言语的思维和不依赖于思维的言语，并把两者之间的联系视作两个不同过程之间的纯粹外部的、机械的依赖关系。这样的分解方式是把复杂的言语思维分解为失去其整体特性的思维与言语两个元素。

那么，在维果茨基看来，什么是“既不能再进一步切分，又继续保持着思维和言语作为一个整体所固有的特性”④的单元呢？他在《思维和言语》一书中指出，它就是“词语内部的意义”－词的内在方面，是对现实的概括反映。词的意义是两个彼此紧密联系的言语机能（社会交往机能和思维机能）的单元。交往必然以词的意义的概括和发展为前提，人类的交往形式只有依赖于对现实概括反映的思维才有可能表现出来。唯有承认词的意义这一单元，才能对词的声音和它的意义之间的关系有个明确的理解。也就是说，人类言语最本质的标志是声音和意义的紧密联系，因为言语的声音方面的单元不是声音本身而是有意义的声音。由此推断，思维与言语的关系是紧密联系和不可分离的，这种统一使词与其意义的联系不同于纯粹联想的联系。

① 维果茨基著，余震球译：《维果茨基教育论著选》，人民教育出版社1994年版，第5页。
② 维果茨基著，余震球译：《维果茨基教育论著选》，人民教育出版社1994年版，第6页。
③ 维果茨基著，余震球译：《维果茨基教育论著选》，人民教育出版社1994年版，第6页。
④ 维果茨基著，余震球译：《维果茨基教育论著选》，人民教育出版社1994年版，第8页。

维果茨基高度概括了这一基本观点："思想并不是表达在词语中，而是实现在词语中。"①

20世纪60年代之前，从心理学角度研究言语、语言最有影响的学派是行为主义。它们极端的经验主义和反心智论使语义问题在其研究中始终不被重视，而曾长期统治语言学界的结构主义由于把语言仅看成是一种抽象的符号系统，也同样把对意义的研究排除在外。因此，维果茨基在当时的历史条件下提出研究词的意义，并把它作为言语和思维关系的基本单元来进行分析，是具有非同寻常意义的。心理语言学作为独立的学科形成之后，一直把语义作为一个重要的方面进行研究，在苏俄心理语言学中，就有不少研究语义问题的论著，如《意义的心理学结构》、《语言意义的心理语言学方面》、《意义存在的形式》、《"意义"和"意思"两概念试释》、《心理语言学的语义学哲学问题》，等等。还有一些论文论述称名过程的实验研究与言语联想实验分析的语义研究。

在研究言语和思维关系的过程中，维果茨基还曾提出过，言语具有两个层次：即内部语义方面和外部形态方面的观点。他强调指出："言语的内部语义方面和外部形态方面虽然能形成真正的统一，但它们各有其特殊的运动规律。言语的统一是复杂的统一，而不是同质的、同类的统一。"②他还形象性地对此打了一个比方："言语就其结构而言并不是简单地像镜子一样反映思想结构的。"③他的这一观点在后来心理语言学家对深层结构的研究中得到了一定反映。心理语言学家认为，深层结构的组织与表层言语形式是不同质的，深层结构是话语的内容基础。

(2) 用发生分析法研究思维和言语的发展。

维果茨基认为，思维和言语的发展并不是并行的，两者是既相互独立又相互依赖的发展系列，思维和言语之间的关系在发展过程中是变化着的。"思维和言语的发展并不是平行等量进行的，它们的发展斜线多次相遇和岔开，多次交叉，有时又径直平行前进，在某些部分甚至重合，而后重又分开。"④它从种系发生、个体发生、自我中心言语向内部言语过渡以及概念的形成等四个方面探讨了思维和言语的发展规律。

其一，从种系发生上研究思维和言语的问题。维果茨基认为，在动物身上，思维和言语有不同的发生根源，有各不相同的发展方式。维果茨基以苛

① 维果茨基著，余震球译：《维果茨基教育论著选》，人民教育出版社1994年版，第316页。
② 维果茨基著，余震球译：《维果茨基教育论著选》，人民教育出版社1994年版，第316页。
③ 维果茨基著，余震球译：《维果茨基教育论著选》，人民教育出版社1994年版，第318页。
④ 维果茨基著，余震球译：《维果茨基教育论著选》，人民教育出版社1994年版，第86页。

勒和耶基斯(R. Yerkes)的研究为例指出，动物早期的智慧活动与言语完全没有关系。类人猿会制造和使用工具，也会通过迂回的途径找到解决问题的办法。在这个过程中，类人猿所表现出的创造力，虽然只能算作是思维的萌芽，但仍归属于思维发展的前语言阶段。

然而，这不等于说类人猿没有自己的语言。在维果茨基看来，类人猿的语言有着与众不同之处。例如，黑猩猩是高度社会性的动物，在黑猩猩之间具有极其丰富多彩的"言语交际"形式。首先，它们有一套情感－表情动作。黑猩猩有极其丰富和鲜明的情感－表情动作，包括面部表情、手势、声音反应。其次，它们能做一些社交性情感动作，包括表示问候、致意的手势。黑猩猩既能"理解"相互的表情和手势，又能通过手势和声音来"表达"与其他成员有关的欲望。如果黑猩猩要别的成员做什么动作或一起做什么动作，它通常自己先做一遍。例如，它若要"邀请"别的黑猩猩跟着它走，它就会推别的黑猩猩一下，并表演走路的起步动作；它若要从别的黑猩猩那里得到香蕉时，便作抓东西的动作，等等。所有的这一切都是直接与行动相联系的手势。维果茨基认为，这些观察完全证实了冯特的思想，就是说示意性手势是人类言语发展中最原始的阶段，类人猿的某些手势是处于理解性和示意性之间的某种形式。维果茨基称"这个过渡手势在发生方面是从单纯情感言语走向客观言语的很重要一步"①。但是，动物达不到这样的客观表述的阶段：黑猩猩能够玩弄彩色泥土"作画"，开始时，它们像用笔一样用嘴唇和舌头画，然后用真笔画，但"这些动物在作画时从来也未显露出任何创造符号的迹象"。在这个过程中，类人猿所表现出的"言语交际"，虽然只能算作原始的言语，但仍可归属于语言发展的前智力阶段。

由此，维果茨基就种系发生过程中思维与言语的发展归纳出下述几个结论：① 思维和言语有各自不同的产生与发展的根源；② 思维和言语的发展路线各不相同、互不依从；③ 思维和言语间的关系在种系发展的漫长岁月里不是一成不变的常数；④ 类人猿在某些方面（使用工具的萌芽）显示了类人的智力，同时在另一些方面（语音、情感言语和言语的社会功能萌芽）显示了类人的言语；⑤ 类人猿并不显示人所特有的关系——言语和思维的紧密联系，两者在黑猩猩身上并没有什么直接的联系；⑥ 在言语和思维的种系发生中我们可以毫不怀疑地在智力发展中确认言语前时期，在言语发展中我们则能确认智力前时期。②

---

① 维果茨基著，余震球译：《维果茨基教育论著选》，人民教育出版社 1994 年版，第 90 页。

② 维果茨基著，余震球译：《维果茨基教育论著选》，人民教育出版社 1994 年版，第 99 页。

其二，从个体发生上研究思维与言语的问题。在个体发生上，思维和言语两条发展路线的关系相当模糊和混乱。维果茨基认为，已获得的客观实验证据表明，儿童的思维在其发展中经历了前语言阶段。为此，他引用了苛勒的发现。苛勒认为儿童的行为很像黑猩猩，因此，儿童生命的这一时期可以相当成功地被称为类黑猩猩年龄；儿童这一年龄期包括10、11、12三个月……在这个类黑猩猩年龄期间儿童作出了自己的最初发明，这当然是极其粗糙原始的发明，不过在儿童的心理发展方面是极其重要的。维果茨基从有关儿童和黑猩猩的实验中得出结论认为，“智力反应的萌芽不依存言语而独立存在”①。苛勒在指明这一点时曾说：“以前说，言语出现于一个人成长初期（Menschwerden）；但在此之前可能还有个工具思维（Werkzeugdenken），也就是为了机械的最终目的理解机械的结合和发明机械的手段，或者，应该讲得更简短些，在言语之前行动成了主观上有意义的，也就是不管怎么说成了自觉的和符合目的性的。”②

在个体发生中，儿童的言语发展过程有一个前智力根源。维果茨基指出，儿童的叫喊，口齿不清的嘟哝，甚至儿童发出的头几个词是儿童言语发展中的明显时期，就是前智力时期，这些时期和思维发展是毫无共同之处的。通常认为这一阶段的儿童言语主要是行为的感情形式，除了具有发泄的功能外，还具有社会的功能。维果茨基引证说，有关儿童行为最初形式的研究，以及对儿童听到讲话的声音所作的最初反应的研究，表明了言语的社会功能在生命的第一年里就已经非常明显。“儿童在其生命的第三周便能对人的声音作出专门的单义的反应，两个月时便能第一次对人的声音作出社会反应。笑声、嘟嘟囔囔、指指点点、手势，在儿童生命的头几个月里同样是他社会接触的手段。”③这样，在1岁前儿童身上便能发现在种系发生方面明显地表现出来的言语的两种功能。

在童年早期（大约两岁时）以前一直分开发展的思维和言语的发展路线开始交叉、重合并且成为人所特有的全新的行为形式的起点。这个转折时刻，儿童的言语开始变成理智性的，而思维则开始成为言语性的。儿童的思维和言语表现出两个明显的特征：① 发生了转折后的儿童开始积极地扩大自己的词汇量，他碰到每一个新物品时都要问“这是什么”；② 儿童在积极扩大词汇的基础上极其迅速地、跳跃式地增加用语。在这个时刻来到之前，儿

① 维果茨基著，余震球译：《维果茨基教育论著选》，人民教育出版社1994年版，第100页。
② 维果茨基著，余震球译：《维果茨基教育论著选》，人民教育出版社1994年版，第100页。
③ 维果茨基著，余震球译：《维果茨基教育论著选》，人民教育出版社1994年版，第101页。

童也掌握了若干单词，这些单词对他来说更是一种条件刺激物或者是物品、人、动作、状态、愿望的替代物。但是，这一时期儿童掌握的单词数量的多少决定于他周围的人。现在情况不同了，儿童见到一个新的物品便问，这是什么？儿童自己需要单词，他积极努力地掌握属于物品的符号，掌握用作称谓事物名称和告知他人的符号。“儿童似乎发现了言语的符号功能。”儿童言语发展中的第一个时期是感情意志时期，从这一时期开始，言语便进入了自己发展的智力时期。思维和言语发展的两条曲线汇合在一起了。

由此，维果茨基就个体发生过程中思维与言语的发展归纳出下述几个结论：① 在思维和言语的个体发生中，我们找到了两个过程的不同根源；② 在儿童的言语发展中，我们能毫不怀疑地确定“智力前时期”，同样地，我们也能在思维发展中确定“言语前时期”；③ 在一定阶段前，两种发展按不同路线进行，互不依从；④ 在一定点上两条路线相交，之后，思维成为言语的，而言语则成为理智的。[①]

其三，关于内部言语的产生和机能问题。维果茨基在言语与思维关系方面影响最大的一项重要研究就是他提出的内部言语学说，尽管其中有一些论点后来引起了争议或批评。

维果茨基的内部言语学说包括以下一些重要内容：① 内部言语按其心理本质是一个特定的构成，是一种特别的言语活动形式，它有自己完全独特的性质，而且与其他的言语活动形式有着复杂的关系。② “内部言语与外部言语对立。”“外部言语是思想转变为词语的过程，是思想具体化的体现”，“是思想的物质化和客观化”。而内部言语是“由外向内，是言语化为思想的过程”。③ “内部言语毕竟还是言语，是和词联系的思想”，“在很大程度上是用纯意义所作的思维”，“内部言语是动态的、不稳定的、流动的环节”，“它间接表现了思想与词的动态关系”。④ 从发生角度看，“自我中心言语”和“内部言语”“有亲缘关系和联系”。“自我中心言语是内部言语发展之前一系列的阶段”，“是内部言语的早期形式”。自我中心言语按心机功能讲是内部言语，而按结构则是外部言语，它的必然归宿是成为内部言语[②]。⑤ 内部言语与外部言语相比，“具有不连贯性、片段性和简短性”，“声响的消失”也是内部言语与外部言语的根本区别。“谓语化是内部言语的主要的和唯一的形式”。⑥ 构成内部言语的语义特性主要有三个：“第一个特性是在内部言语里词的意思凌驾于词的意义之上”；另一个特性“是接近于粘着现象”；最后

---

① 维果茨基著，余震球译：《维果茨基教育论著选》，人民教育出版社 1994 年版，第 103 页。

② 维果茨基著，余震球译：《维果茨基教育论著选》，人民教育出版社 1994 年版，第 332 页。

一个特性是在内部语言里,“词几乎无限地扩展了自己的意义范围”,具有“成语化趋向”,“总能用一个名称来表达全部思想和感受甚至完整的深刻的推论”。

维果茨基提出的内部言语学说吸引了人们对言语发展内部过程的关注,开创了对其进行分析性研究的先河。在维果茨基之后,苏俄一些心理学家,包括心理语言学家继续从不同方面对内部言语问题进行探讨,进一步发展了他的学说。如维果茨基的合作者和朋友鲁利亚指出,内部言语是从同时综合出现的语义逐渐扩展的,有着结构的外部言语转化的过渡阶段。Б. Г. 安纳尼耶夫和 Н. И. 任金也曾先后发表论文《论心理学中的内部言语理论》和《内部言语的代码转换》,探讨内部言语问题。任金提出了与自然形式不直接相关的内部言语的特殊代码概念,他认为,内部言语不仅通过词语,而且还通过形象、直观图形和简单的象征来操作。在内部言语的结构问题上,A. A. 列昂节夫提出了“内部编序”阶段在内部言语发展中占有中心地位的观点。所谓“内部偏序”就是不自觉地构建一种图式,在此图式的基础上今后会进一步产生言语。T. Н. 乌沙柯娃针对维果茨基对言语过程的心理生理机制具体研究的不足,在《心理生理学中的内部言语问题》等论著中提出了言语机制功能模式。这一模式揭示了内部言语复杂的多层面组织,其中包括基础功能构成体、将功能构成体连结在一起的联系系统(言语网络)、语法结构网络、适应各种不同的语义和语法操作的动态过程、交往语篇组织层面等。

与内部言语的产生和机能研究相关的是概念的形成和概念在高级心理机能发展中的作用问题。

最后,关于概念的发展过程问题。维果茨基把概念的发展作为自己研究的对象,为此他提出了专门的研究方法——双重刺激法,后来称为维果茨基—萨哈罗夫法。他通过这一方法说明了词语使用过程的结果形成概括。他说:“在儿童第一次掌握一个与一定意义相联系的新词时,词的发展并未结束,而仅仅是开始。这一开始是最简单类型的概括,随着儿童的发展便从简单类型的概括转向愈来愈高级类型的概括,最终形成真正的、确定的概念,从而完成这个过程。”①

维果茨基给儿童提供了许多几何图形,其反面上写着无意义的词,根据他的假设,儿童在挑选写着相同词的图形时,就在逐渐加工概念并赋予词以

① Л. С. Выготский. Избранные психические исследования. Москва: Издательство АПНРСФСР, 1956. с. 150.

意义。维果茨基的主要结论是，准确意义上的词的概念只有 12 岁后的儿童才能形成，像决定趋势的联想、注意、表象这样一些因素都参与到抽象特征综合的概念形成过程。但是，具有重要意义的不是这些过程，而是使它们结合为具有新性质的结构整体的新因素。这个因素是“作为少年掌握自己的心理操作、控制自己的心理过程的进程、指导其活动以解决他所面临的任务的手段、符号或者词语的功能使用”①。

维果茨基把儿童概括形成过程分为三个发展阶段：含混思维、复合思维和概念思维。含混思维主要是根据主观的联系（幼儿思维知觉能力）区分一大堆物品。“在这一发展阶段，物品的始终未确定的、未定形的、混合性的结合便是词语的意义。这些物品在儿童的表象和知觉中相互连接成一个混合在一起的形象。”②儿童先掌握的词往往是儿童周围物品的名称。“儿童和成年人的同一词语的意义经常在同一个具体的物品上汇合，这就足以使儿童和成年人相互理解。”③这一阶段和儿童思维的试误时期完全一致。

复合思维是在客观的具体的联系基础上形成复合体，但缺乏特别相同的特征。在这个阶段，词类似于家族姓氏。维果茨基着重分析了复合思维的五种基本类型：联想型复合思维、集合型复合思维、链状型复合思维、弥散型复合思维和假概念。假概念是指真正能放在同一个概念之下，它是儿童在心理上基于具体联系，而不是把特别抽象的特征收集到一类事物的思维。假概念主要是在成人影响下产生的，它们实质上相当于概念，所以研究者产生了一种错误的思想，好像儿童在 3 岁的年龄已能达到逻辑思维的水平。实际上，这是“自在”的和“对他人”的概念，而不是“对自己”的概念。每一种语言中的词的意义迁移历史表明，在很多情况下成年人继续保持着复合思维。

儿童概括形成的第三个阶段是概念思维，真正的概念形成依赖于两种发生的根源——复合思维和抽象概念的能力。在它的四个时期中以习惯为基础的潜在概念时期特别重要，这也是借助于词而随意产生的抽象特征综合的概念形成的最后阶段。

在其他系列的实验中，维果茨基揭示了在学校教学情境下，儿童是借助于复杂的，在某种程度上也包括概念自发形成阶段在内的独立再加工的过程掌握传授给自己的经验。由于教学应始终走在儿童已获得的发展前面，

① 维果茨基著，余震球译：《维果茨基教育论著选》，人民教育出版社 1994 年版，第 132 页。

② 维果茨基著，余震球译：《维果茨基教育论著选》，人民教育出版社 1994 年版，第 137 页。

③ 维果茨基著，余震球译：《维果茨基教育论著选》，人民教育出版社 1994 年版，第 137 页。

所以根据维果茨基的研究，教师不仅要善于确定学生现实的发展水平，而且要确定每个学生的最近发展区。现实的发展区是借助于独立解决任务而形成的，而最近发展区不是独立的，是在与成人合作中解决任务的情况下形成的。

（3）动态地看待思维和言语的发展。

在维果茨基之前，也曾有不少研究者论述过思维与言语的关系。但传统的观点认为，思维与言语之间的联系纯粹是一种外部的和机械的联系，而且在很长一段时间内，将其归结为言语－物质、心灵－精神的两元对立。维果茨基则与之不同，他提出了“揭示思想和词之间关系说明这是一个动态的过程，是从思想到词的过程，是思想在词中的完成和体现”①。他认为，“思想对词语的关系首先不是一件物品，而是一个过程：这种关系是从思想到词语的运动，反之也是从词语到思想的运动。”②从心理学分析的角度来看，这种关系是一种不断增强的可分为几个阶段的过程，同时经历了一些可以称之为发展的变化。正是在这种意义上，他提出了广为人知的观点：“思想并不是表达在词语里，而是实现在词语里。”③思想的活动是以包含许多方面的内部运动与从思想到词以及从词到思想的过渡形式来实现的。因此，维果茨基提出，如果要把思想和词的关系当做从思想到词的运动来研究，就必须研究这一运动的不同阶段和不同方面。

维果茨基首先把言语分成内部的（即意义的和语义的方面）和外部的（即语音的或状态的方面）两种类型。虽然二者组成统一体，但各有自己的运动规律。接着他又提出了一个重要观点：“大家都知道，言语的外部方面在儿童身上先是由一个单词发展为两三个单词的组合，然后发展为简单句、若干简单句的联合，接着是发展成一系列复合句，最终发展为由一系列扩展句组成的连贯言语。儿童就是这样在掌握言语的形态方面由部分走向整体的。但是大家也知道，儿童的第一个词就其意义而言却是完全句，它是单音节句。儿童在言语的意义方面的发展上是从整体、从句子开始的，只是稍后才转而掌握细小的部分的意义单位和个别单词的意义，将单词句中表达的思想切分为一系列个别的、相互联系的词义”④。维果茨基认为，言语中的省略现象是外部方面的省略，先决条件是说话双方对某些方面有共同的认识，“否则即使在扩展的言语条件下也达不到理解”。

---

① 维果茨基著，余震球译：《维果茨基教育论著选》，人民教育出版社 1994 年版，第 373 页。
② 维果茨基著，余震球译：《维果茨基教育论著选》，人民教育出版社 1994 年版，第 316 页。
③ 维果茨基著，余震球译：《维果茨基教育论著选》，人民教育出版社 1994 年版，第 318 页。
④ 维果茨基著，余震球译：《维果茨基教育论著选》，人民教育出版社 1994 年版，第 317 页。

维果茨基很重视词的意思（смысл）和意义（значение）的区分。这一问题是法国的波朗（F. Polan，1856—1931）首先提出的，但维果茨基作了详尽的论述。他说："词的意思始终是动态的、变动的、复杂的形成物，它有若干具有不同稳定性的层面。意义只是词在言语上下文中获得的意思层面之一，而且是最稳定的、统一的和精确的层面。大家都知道，词在不同的上下文里很容易改变自己的意思；而意义则相反，是个稳定的、不变的点，即使在不同的上下文里词的意思变化时它也还仍然是稳定的。"[①]总之，维果茨基在批判继承前辈和同时代人研究成果的基础上，在处理思维和言语关系问题上提出了十分富有创造性的见解。不仅为心理学解决思维和言语这一理论难题提供了一种辩证的方法，而且对苏俄心理语言学的创立起了奠基作用。然而，尽管维果茨基在其他方面坚持鲜明的辩证唯物主义立场，但他在研究思维和言语关系方面却不提"思维和言语的生理基础"、"离开这些心理功能的物质载体去研究思维和言语"，这不能不说是他在思维和言语关系问题上的一个缺陷。

### 三、关于自我中心言语的争论

在 20 世纪 30 年代初，维果茨基在为皮亚杰《儿童的语言与思维》一书的俄文版所写的序言《批判研究：皮亚杰学说中的言语与思维问题》中，针对皮亚杰关于儿童自我中心言语问题的解释，从理论和实验上提出了异议。之后，对皮亚杰儿童语言和思维理论的批判构成了维果茨基一系列心理学研究论文的重要内容（这些批判研究成果被收录在维果茨基逝世前不久出版的专著《思维与言语》之中，该书俄文第一版出版于 1934 年维果茨基逝世数月之后）。从 20 世纪 30 年代初开始，皮亚杰就注意到了维果茨基的批判，并将自己的发展理论与维果茨基的研究联系起来，只是那时皮亚杰还并不十分清楚维果茨基与自己争论的主要思想。直到 1961 年，《思维与言语》一书英译本出版，皮亚杰才对维果茨基关于儿童思维和言语的发展理论有了一个较为深入的了解，针对维果茨基的批评，皮亚杰专门写了一本小册子——《关于维果茨基批判性述评的评论》（1962）作为应答。遗憾的是，由于维果茨基英年早逝，以致他无法再对皮亚杰的评论给予回应。维果茨基和皮亚杰在言语与思维问题上最终未能实现真正的对话，他们之间关于自我中心言语的争论也成为一场没有结局的争论。

---

① 维果茨基著，余震球译：《维果茨基教育论著选》，人民教育出版社 1994 年版，第 360 页。

皮亚杰和维果茨基在各自的理论框架内，对自我中心言语的实质、功能、特征、发展前景以及儿童言语分类等问题提出了不同的意见和看法。

皮亚杰对瑞士日内瓦“儿童之家”中的2～7岁儿童在自由活动时的具体细节以及他们的言语和谈话进行了观察、记录和整理，按照不同的语言机能将被试儿童的言语分为两大类——自我中心的(egocentric)言语和社会化的(socialized)言语，并得出这样的结论：(1) 自我中心言语是指讲话者不考虑自己在与谁讲话，也不在意对方是否在听他讲话，他或是对自己讲话，或是由于和一个偶然在身边的人共同活动感到愉快而讲话。自我中心言语不具有社交性质，言语的机能只是用来刺激、伴随、加强、补充行动，或通过言语用幻想的满足来代替行动，而不是当做一种沟通思想的手段。(2) 社会化言语是指那些具有社交性质的，即具有可沟通性、可被人理解的语言。社会化言语的机能是为了把讲话者的思想传递给别人，或通过言语影响别人，改变别人的行为或思想。但是，在儿童的社会化言语中没有因果解释性质的谈话，只有对事物的描述和对事实的陈述。(3) 在3岁之前，儿童的语言主要是自我中心的言语，它占全部言语的四分之三；3岁到6岁自我中心言语逐渐减少，占全部言语的三分之一到二分之一；7岁以后减至四分之一弱。(4) 从7、8岁起，儿童表现出想和别人共同活动的欲望并开始试图改进交流思想的方法和增进相互间的理解。正是在这个年龄，自我中心言语逐渐失去了它的重要性，随着儿童之间协调关系的发展，自我中心言语开始萎缩。

然而，维果茨基不同意皮亚杰上述的观点。维果茨基试图通过对儿童自我中心言语现象的不同实验来分析儿童自我中心言语的不同功能，从而否定皮亚杰对儿童自我中心言语的解释。维果茨基针对儿童自我中心言语问题设计了与皮亚杰不同的实验。情境是让儿童自由地画一张图画，如太阳、月亮等，但故意不给他们面前摆放绘画要用的一些工具，如纸和笔等。研究结果表明，在这种情况下，幼儿的自我中心言语的频率便急剧增长。这使维果茨基确信：“自我中心言语除了纯表达功能和缓解功能外，除了单纯伴随儿童的积极行为外，很容易成为名副其实的一种思维手段。”[①]据此，维果茨基提出了与皮亚杰不同的对儿童自我中心言语问题的解释：(1) 儿童自出生起就是一个社会实体，语言作为儿童与成人进行社会交往的工具，从一开始就具有社会性，具有交际功能；(2) 儿童自我中心言语在组织儿童的活动，形成儿童的智力行为中起着指导和调节的作用，因此它既有交际功能又有调节功能，是儿童特有的思维工具；(3) 自我中心言语是形式上的外部言

① 维果茨基著，余震球译：《维果茨基教育论著选》，人民教育出版社1994年版，第42页。

语(external speech)与功能上的内部言语(inner speech)的结合，是从社会化语言向个人的内部言语过渡的必要阶段和中间环节。随着儿童心理的成熟，它沿着上升而不是下降的曲线发展，自我中心言语最终并不是消失了，而是转化为内部言语。维果茨基十分重视研究儿童内部言语的发生，即言语如何转化为内在思维，他认为皮亚杰所说的儿童自我中心言语恰恰为研究内部言语提供了钥匙。

维果茨基和皮亚杰之所以对自我中心言语的解释南辕北辙，就在于他们的切入点不同。皮亚杰是以语言学方法作为自己分析研究的出发点，所以他没有对自己提出研究言语交际发生的任务。而维果茨基是依据符号学分析的原理，着重研究个体言语的发生问题。两位心理学大师对"自我中心言语"概念的不同解释，其背后隐含着彼此所指现象的非同一性。

一般认为，皮亚杰所揭示的自我中心言语的实质是，由于儿童尚没有理解可能与他自己的观点不同的谈话者观点的能力，所以，不可能同成人保持正常的对话，因此只有对话的假象和"集体独白"。然而，除了这种在心理学中形成的对自我中心言语的解释外，我们不妨另辟蹊径，尝试用语用学的观点去解释自我中心言语现象。

我们认为，"集体独白"不能成为适应性的言语，原因就在于儿童在其智力发展中尚不能掌握对话中只有成人才可以理解的合作行为的规则。他们从一开始起无力去中心化，无力改变适合于自己水平的认识前景，致使交往中的反省暂时还不能成为他们的语言能力。皮亚杰认为，对话是一种"交流独白"，它暂时使用合乎目的和社会化的言语：语法和词汇的"表层"，但是仅仅掌握正确的语法还不够。对于适应性的言语交际来说还需要语用学，由于儿童还没有掌握语用学的技能，所以语用学没有成为他的语言能力。要想克服自我中心主义，就必须在交际语用学基础上掌握对话中合作行为的规则。如，不说已经知道，要诚实，有人问时要回答，假若谈话者离开这个话题就不要继续说，等等。起初儿童通过模仿只是掌握言语"表面的"、明显的组成部分，并可以了解一些母语的音韵学、词汇、构词和语法规则，但此时儿童还是不善于在现实的情境中交际。这说明他们认识没有语言环境影响的语法规律和认识对话(语用学)中交往行为的规则不是同时发生的。后者形成迟缓，成人语用学的经验对儿童来说只是较晚时才成为儿童"非常明晰"的经验。在这里，儿童言语的自我中心主义是因为他不善于谈话，而成人似乎没打算影响对话人。根据多纳利德森(M. Donldson)的看法，正是在成人看来是非常简单的影响力，原来同样并不简单。这就是为什么我们认为分析皮亚杰描述的自我中心言语现象，要同言语的语用学的研究连接起来的缘由。

我们不能把皮亚杰观点中的自我中心言语现象的实质理解为有意识地指向自我行动,皮亚杰写道:"……我始终认为,儿童是对别人思考和说话,想使人们理解他。"①他没有得到那是另一回事,因为他暂时不善于做这事,维果茨基本人想证实相反观点的实验结果也说明了这一点。如果自我中心言语只是"对自己的言语",那么缺少谈话者或缺少同谈话者相接触的机会(隔离被试或使他作为外国儿童或聋哑人的谈话者)不应当影响到自我中心言语。但是,实验结果却相反,这种言语发展的水平大大下降。按照维果茨基的意见,从"皮亚杰的理论观点"中获得的结果自相矛盾:"儿童与他周围的伙伴们的心理接触表现愈是少,儿童与集体的联系愈是减弱,情境对社会化言语和使儿童将自己的思想适应别人思想提出的要求愈少,自我中心主义在儿童思维中,乃至在他的言语中应该表现得更为自由。"②这种自相矛盾可能是由于,维果茨基仅仅了解皮亚杰明显地表现出来的观点,但未发现皮亚杰观点中十分明确地表示儿童交际的实际不成熟的内隐事实。

在维果茨基那里,"对自己的言语"表现为从外部的言语向"不出声"的内部言语的过渡形式,而在皮亚杰那里,"对自己的言语"是对话行为技能客观上实际不成熟的表现,这种言语在成人眼中从一开始就使谈话具有无定向性。维果茨基关注展开的、出声的外部言语向形式上简短的内部言语的过渡,即内化过程,但这与皮亚杰的观点相比却完全是另外一回事。

皮亚杰本人是否为视儿童为成年人而不正确地解释言语去中心化提供了理由?是的,他提供过,在他对自我中心言语的描述中会发现诸如"儿童对他与谁说话和是否听他说不感兴趣"、"儿童只谈他自己"之类的表述。鉴于上述,在我们看来,显然,在这里言语首先涉及的是这种言语给成年观察者的印象。维果茨基之所以仅从字面上理解皮亚杰,既是由于他起初带有符号学方法的定势,也是由于皮亚杰观点不明确造成的,皮亚杰没有看出儿童最初的意向和获得的结果之间的差异。

由于没有弄清楚皮亚杰言语"社会化"概念的真实内涵,即他公开表达的交际中的儿童观点去中心化思想和隐藏的有关对话中掌握集体合作行为的意见,维果茨基无形中变得粗浅,既曲解了皮亚杰公开表达的观点,又曲解了皮亚杰观点中隐含着的"语用学的半成品"。他写道:"根据皮亚杰的意见,自我中心言语的产生是由于原先个人言语社会化不充分。根据我们的

---

① 皮亚杰:《教育科学与儿童心理学》,文化教育出版社 1981 年版,第 192 页。

② 维果茨基著,余震球译:《维果茨基教育论著选》,人民教育出版社 1994 年版,第 340 页。

意见，它的产生是由于原先的社会言语个性化不充分，由于它的分化和独立性不充分，最终也由于它未能独立分开。”[①]维果茨基把自己的自我中心言语理论和皮亚杰对自我中心言语的解释之间的主要矛盾简化地表述为：“在第一种情况里为自己的言语，也就是内部言语是和社会化一起由外部引入的……在第二种情况里为自己的言语是从自我中心言语，也就是内部发展而来的。”[②]这种解释不自觉地曲解了皮亚杰的真实观点。

皮亚杰的自我中心言语不是维果茨基观点中的自我中心言语，甚至也不是其他研究者观点中的内部言语。虽然“对自己的言语”具有类似的特征，如对谈话者的不可理解性、无定向性即虚幻的或者是真实的，但这并不能说明维果茨基和皮亚杰所说的是同样的。皮亚杰最初认为，伴随自我行动的重复单词和音节的言语，是由对话者在场引起的，然而并不期待对话者理解的“集体独白”属于自我中心言语。后来，皮亚杰的主要注意力正好转移到后一种现象——“集体独白”上，对他来说正是“集体独白”确定了自我中心言语的概念。对于维果茨基来说，自我中心言语在很大程度上是由伴随儿童解决问题的言语引起的。例如，在提高任务难度的情况下，他发现掌握这种言语的能力也有增长。

两位大师对“自我中心言语”概念的不同解释，说明彼此所指的现象具有非同一性，在这方面皮亚杰和维果茨基都没有可供比较的同分母。维果茨基学派的心理学家在这个问题上对皮亚杰理论发动的“论战”，主要是由于对其不了解而造成的。

### 四、游戏及成人指导的作用

游戏是维果茨基非常重视的一个领域，是学前儿童社会相互作用的最重要形式。维果茨基强调游戏、认知和情绪的关系，认为游戏是发展过程的基础，其原因在于游戏属于一种最近发展区内的活动。维果茨基认为，在学前期，儿童的游戏是其发展的最重要源泉。在游戏中，一个孩子的行为总是超越于他的实际年龄、他的日常行为；在游戏中，他的表现比他本身的实际水平要高出一点。在儿童的游戏中，儿童的言语、符号活动可以作为中介促进儿童认知水平的提高。

---

① 维果茨基著，余震球译：《维果茨基教育论著选》，人民教育出版社 1994 年版，第 337 页。
② 维果茨基著，余震球译：《维果茨基教育论著选》，人民教育出版社 1994 年版，第 337 页。

1. 游戏的分类

维果茨基指出："儿童总是要玩的，他是喜欢游戏的生物，但儿童的游戏具有很大的意义，它和儿童的年龄和兴趣完全相符，其中包括培养应有的习惯和能力。"[①]在揭示儿童游戏的心理学意义基础上，维果茨基把儿童游戏分为三类：

第一类游戏，包括儿童玩各种玩具、玩发出响声的玩具、投掷和抓取。儿童在拨弄这些玩具的时候学会了看、听、拿、推，这可以培养他们在环境中移动和定向的能力。儿童游戏中的模仿性也有重要的意义，儿童把从大人那里看到的东西加以重塑和模仿，学习同样的关系，发展自身最初的而且在未来活动中所需要的技能。所以，应该关注融入游戏的模仿性因素，这些因素促进了儿童对生活某些方面的积极掌握，并在同一方向上组织他的内部经验。

第二类游戏，是与加工材料相关的那些所谓建构性游戏，这些游戏教会孩子动作的准确性和正确性，养成上千种最宝贵的习惯，使儿童的反应多样化。因此，可以把这些游戏看做是培养儿童有计划地、合理地开展活动、协调动作、控制器官的能力的第一课。

第三类游戏，即所谓约定游戏，是从纯粹约定规则和与之相关的动作出发的一种高级游戏。这些游戏的内容是组织行为的高级形式，一般与解决相当复杂的任务相联系，要求参加者十分努力，具有灵活性和随机应变的能力，做出由各种各样的能力和力量组成的联合或合成的行为。

尽管任何一种游戏都不可能是其他游戏的重复，但每一种游戏都力图提供变化各异的新的情境，并要求有新的解决方式。可以说，"这些游戏是最伟大的训练社会经验的场所"[②]。

2. 游戏及成人指导在发展中的作用

维果茨基认为，游戏是刺激儿童发展的两种重要途径之一。儿童在游戏中运用自我中心言语，语言使儿童能够引导自己的行为，还能帮助儿童内化自己的语言，使之成为一种复杂的心智工具。对维果茨基而言，游戏发生在最近发展区，包括那些超过儿童现有发展水平、向潜在发展水平前进的行为。文化提供了其他工具，使儿童体验了新鲜的经验。儿童在游戏中学着

① 列夫·谢苗诺维奇· 维果茨基著，龚浩然等译：《教育心理学》，浙江教育出版社 2003 年版，第 151 页。

② 列夫·谢苗诺维奇· 维果茨基著，龚浩然等译：《教育心理学》，浙江教育出版社 2003 年版，第 153 页。

使用那些尚未内化的工具，这种学习促进了发展。

促进发展还有另一种重要的形式，它是通过跟发展水平更高的人，如年长的儿童或成年人一起行动来实现的。处在同样发展水平的儿童不能通过最近发展区互相刺激对方的发展，即使他们在一起玩耍可以促进发展，这也是一个试误的过程，因为他们首先必须掌握能提高他们现有发展水平的工具。

年长的儿童或者成人已经掌握和内化了处在年幼儿童最近发展区内的工具，这样他们就能更容易为年幼儿童提供某种刺激，帮助他们超过现在的发展水平，掌握并最终内化更多新的技能。

想想那些牙牙学语的孩子，他们发出含糊不清的声音，别人说话时他们都会做出反应。他们已经做好了说出第一句话的准备，但处在相同语言发展水平的孩子帮不了他们，因为这些工具也超出了他们目前的语言发展水平。已经会说话的大孩子可以给小孩子们提供适当的刺激，通过刺激年幼儿童最近发展区内的语言能力，帮助这些小孩说出第一句话。

在维果茨基之后，他的追随者 A. H. 列昂节夫，特别是 Д. Б. 艾利康宁对游戏作了进一步的研究。Д. Б. 艾利康宁把游戏和定向活动联系起来，认为游戏是形成和改进行为控制的一种活动。迅速改变的情境（在这些情境中有使用后的客体）以及行动对新情境的同样迅速的适应，是游戏展开的特征。儿童的游戏结构包括：游戏者承担的角色；作为实现这些角色的手段的游戏动作；对象在游戏中的使用，即实际的对象代之以游戏的、条件的对象；游戏者之间的实在关系。角色是游戏的单位，也是把游戏的诸方面统一起来的中心环节。游戏的情节是在游戏中再现出来的活动领域；游戏的内容是儿童再现出来的活动的主要方面以及成年人在劳动和社会生活中的相互关系。游戏的特点是它的两面性，戏剧艺术也有这种两面性，戏剧艺术的要素保留在任何一种集体游戏中。一方面，游戏者进行着实际的活动，实现这一活动需要做出与解决十分具体的、往往别出心裁的课题有关的行动；另一方面，这种活动的许多因素带有假定性，因而可以离开实际的情境。

目前关于游戏对儿童认知发展作用的研究，从理论上证明了维果茨基及苏俄发展心理学家将游戏作为学前儿童的主动活动的思想具有合理性，同时进一步证明了父母和教师在儿童游戏中的重要作用。研究者提醒教师和家长要改变传统的让孩子自己玩的观念，主动参与儿童的游戏，并在适当的时机、以适当的形式对幼儿的游戏给予恰当的指导。这一点对学前教育实践具有重要的指导意义。

# 第二节 维果茨基的教育心理学思想

维果茨基大学毕业后回到了他的故乡戈梅利市，在多所学校任教，在各类学校长期教学过程中积累了丰富的经验，并进行了大量的实验研究，撰写了40万字的《教育心理学》著作。后来，他又撰写了《学龄期儿童的教学与智力发展问题》、《学龄期的教学与发展》，以及《儿童期高级注意形式的发展》和《学生因教学而产生的智力发展的动态》等一系列有关教育心理学思想的论著，提出了很多独到的见解。

## 一、"最近发展区"概念

在教育心理学方面，维果茨基思想影响最大的是他逝世前两年，即1932—1934年间提出的最近发展区概念。这一概念一经提出就成为他整个高级心理机能的文化历史理论的一个重要部分。在维果茨基逝世后出版的《思维和言语》(1934)一书的第六章"儿童期科学概念发展的研究"和收集有系列论文和报告的《教学过程中的儿童智力发展》文集中，他对最近发展区概念作了十分明确的阐述，其中《思维和言语》一书第六章的部分内容作为维果茨基的学生 Ж. И. 希夫《学生科学概念的发展》一书的前言于1935再次刊登。这是维茨果基最后一项全面而详细的理论实验研究，但这项研究至今仍被人们所忽略。

### 1. 最近发展区概念的涵义

维果茨基在提出最近发展区观点时，首先力求克服当时广泛流行的观念，即认为儿童智力发展的标志可能不是儿童对成人的模仿，而只是儿童独立地解决某种思维任务。这种传统的观点表现于所有儿童的测验考试中，维果茨基对此进行了批判，并指出"只有那些在没有他人帮助、没有示范、没有给予启发的情况下，由儿童独立完成的测验解答，在评定智力发展时才会引起人们的注意。对动物的实验早已证明，动物所能模仿的动作局限于动物本身的可能范围之内。”[①]在维果茨基看来，儿童模仿与动物模仿的重要区别在于，儿童能模仿一系列远远超出其自身可能范围的动作，然而这些动作并不是无限的。儿童只有在成人的指导下才能实现这种模仿，因此通过模仿所取得的成果实际上比在独立完成任务的情况下要多。例如，两个智龄同样为7岁的儿童可能具有不同的智力发展水平，其中一个借助成人的帮助能解答9岁儿童的题目，另一个借助同样的帮助只能解答7岁半儿童的题目。儿童在没有成人或其他儿童帮助下，能独立完成的发展水平构成了他的现实发展区，而在成人的帮助下通过模仿达到的解决问题的水平就是他的最近发展区。

维果茨基指出，不要使儿童的智力局限于传统理论所关注的第一种发展水平，而是要特别关注第二种发展水平，即在教学、同成人（教师等）的合作中形成的决定儿童未来发展潜能的发展水平。因而维果茨基实际上推动了儿童心理学问题研究的进一步发展，他不仅揭示了学生心理的静态的发展，而且更多地关注其动态的发展。对此，维果茨基在《学生因教学而产生的智力发展动态》一文中有专门的分析。最初，他指出，儿童在学校中的学习成绩和智力发展的系数之间有直接的关系。高IQ的儿童具有最好的学习成绩，低IQ的儿童具有最差的学习成绩。后来他依据其他研究者的实际资料说明了以下有趣的情形：以高智商入学的儿童，在多数情况下，在教学过程中较之他人依然保持这个优势，但同自己相比，他们的智商（IQ）却下降了；相反，可以看到低智商儿童的智商（IQ）提高了，尽管他们和从前一样，还是赶不上好学生的水平。换言之，学校教学降低了高智商儿童智力发展速度，提高了低智商儿童智力发展的速度，并且第一类儿童保持最好的学习成绩，第二类儿童保持最差的学习成绩。

其次，维果茨基把较复杂的相对学习成绩概念引入到学生智力发展的分析中，这个概念意味着在某个时期内儿童所获得的东西。例如，有些儿童入学时每分钟能读20个单词，另一些儿童每分钟只能读5个单词。教学一年后，前一类儿童已能读30个单词，而后一类儿童能读15个单词。按照绝对学习成绩，教师认为，前一类学生是最优秀的，但后一类儿童的相对学习成绩更高，因为他们阅读的速度提高了3倍。可以看出绝对学习成绩和相对学习成绩不相等。

维果茨基认为，让教师面向相对学习成绩使他首次看到了教学过程中每个学生将获得多少，于是就可以发现在一组高智力发展和低智力发展的

① Выготский Л. С. Умственное развитие детей в процессе обучения. М. -Л., 1935. с. 13.

学生中有高相对学习成绩和低相对学习成绩的儿童，即低智商儿童可能有高相对学习成绩，相反高智商儿童可能有低相对学习成绩。在分析自己的研究结果时，维果茨基指出，就学校中智力发展动态和学生的相对学习成绩而言，更为重要的不是智力发展的现实水平，而是最近发展区的大小。

在《学生因教学而产生的智力发展的动态》一文中，维果茨基还简要论述了另一个概念即理想智力年龄概念。该概念回答下列问题：例如四年级学生要想在这个年级学习好（即成为最好的学生），最大限度地获得知识和在智力发展中取得进步，需要什么样的智力年龄呢？维果茨基写道："这就是那种儿童智力发展的程度和特征，它们若能适合该年级教学提出的要求，有可能会使儿童获得最好的成绩。"①维果茨基还提出了一个假设，即该年级理想智力年龄、儿童实际的智力发展和对他们的实际教育之间的相互关系，在学生智力发展和学习成绩一般动态中是最重要的。这就是经常处在某种界限中的最佳的相互关系。假如它向某一方面发生偏离，那么学校中相对学习成绩也就会受到影响。

正像维果茨基指出的一样，无论是理想智力年龄接近实际智力年龄，还是它们偏离很大时，儿童智力发展的动态都是不好的。儿童智力发展的最佳条件到底是什么？要使智力发展有积极的变化，上述智力发展的各特征之间的最佳分布究竟应当是什么样的？对儿童来说所能克服的学校教学困难的大小如何？对此，维果茨基是这样回答的："该儿童所在学校班级的理想年龄符合最近发展区。如果儿童的实际智力发展为 8 岁，那么他的班级理想年龄为 10 岁。当理想年龄与最近发展区出现一致时，我们就将看到儿童智力发展的最佳条件。所以，研究这些条件与研究最近发展区内部组织的形成有关。"②应当指出，根据维果茨基的看法，不同儿童的最近发展区是不一样的，所以有必要具体确定个别儿童最近发展区的大小。

维果茨基把要研究的问题直接同学校要解决的实际问题（查明学习落后的学生，充实课堂教学等）结合了起来。然而尽管这些问题具有理论意义和实践价值，但多年来苏俄心理学家，甚至维果茨基的追随者也没有进行多少深入的研究，只是最近几年苏俄心理学家才开始研究最近发展区问题，而美国心理诊断领域的专家很早就开始研究最近发展区问题了。我们认为，不使用像"实际智力年龄"、"智力发展的最近发展区"、"理想智力年龄"、"教学绝对学习成绩和相对学习成绩"这样一些复杂的概念，不揭示维果茨基提

① Л. С. Выготский Педагогическая психология. Москва：Педагогика-пресс，1996. с. 498.
② Л. С. Выготский Педагогическая психология. Москва：Педагогика-пресс，1996. с. 489.

出的它们之间的相互关系，就不可能真正研究儿童的智力发展及其同教学的内在关系。

2. **日常概念和科学概念的关系**

维果茨基和他的学生 Ж.И. 希夫所做的揭示学生发展过程中日常（自发）概念和科学（非自发）概念之间相互关系的尝试，是最近发展区理论方面最全面而详尽的理论实验研究。所以，为了正确地理解最近发展区概念，就应当分析维果茨基关于日常概念和科学概念之间相互关系的论述。

就像维果茨基着重强调的一样，自发（即尚不是“经过社会化的”，没有受到过成人影响）概念在皮亚杰的经典著作中有过研究。皮亚杰的结论是，自发概念缺乏统一系统是其主要的特点，所以 7～12 岁的儿童不能意识到那些他们正确完成的智力操作，虽然这不需要专门的意识。例如，他们甚至在简单的句子“我明天不去学校，因为我有病”中也不能理解和认识“因为”一词，在这里对“因为”意味着什么这个问题，他们的回答是“这就是说他病了”，等等，虽然在通常情况下他们常常准确地使用同样的连接词，即自发地、无意识地、不随意地使用它。所以，维果茨基指出，皮亚杰把儿童的“自发”思维描述为无意识的和不随意的，这完全属于儿童的“自发的”观念和概念，它们主要是在儿童从成人那儿掌握的知识的决定性影响下产生的。例如，在学校教学过程中形成的就是这种“非自发”的概念，维果茨基正是将此描述为科学概念并将此作为自己研究的主要对象。

根据维果茨基的假定，儿童的思维水平——科学概念（如科学或革命概念）较之日常（自发）概念（如“兄弟”概念）在发展水平上更高。他认为，Ж.И. 希夫的实验大体上验证了这个假设。儿童的科学概念发展超过自发（日常）概念发展，首先是因为在第一种情况下思维不是自发的，而是借助于成人发展的。“教师在教学生一个课题时，他要作讲解，传授知识，提问，纠正错误，要求学生解释。这一切概念工作，概念形成的全过程都是儿童在与成年人的合作中，在教学过程中完成的。”①从早期皮亚杰和维果茨基的观点看，日常（自发）概念不同于科学概念，它们至少最初不与成人的合作和教学有关，是“从儿童个人的生活经验”中得来的。

儿童个人的生活经验（日常概念）和他同成人合作（科学概念）最初如此明显的差异和对立，可以用维果茨基后来继续发展的关于儿童低级心理机能和高级心理机能有本质区别的观点来解释。在维果茨基看来，儿童的科学概念由于以教学过程中学生从老师那儿立刻得知的原初言语定义为中

① 维果茨基著，余震球译：《维果茨基教育论著选》，人民教育出版社 1994 年版，第 265 页。

介，所以它是在儿童的文化发展过程中产生的，是通过语言符号间接表现出来的高级心理机能的一个非常显著的例子。所以很明显，教学也要创立最近发展区，才能确保“处于最近发展区中的高级心理机能的发展有更好的条件”。在这样的条件下，儿童也将在形成最近发展区时引起某种新东西的科学概念。所以，正是通过所有上述的维果茨基的重要术语——文化的发展、高级（而不是低级）心理机能、以言语符号为中介、教学和儿童同成人的合作、最近发展区、科学（而不是日常）概念的形成等的统一，才可能揭示出儿童心理发展的“纯社会的”水平。

从维果茨基的观点可以得出一个结论：教学和最近发展区概念是同义词或者甚至是同义反复。按照他的意见，教学只是人所特有的，而不是通过训练才能学会的动物所特有的。“动物，即使是最聪明的动物也不能够用模仿或者教学来发展它的智力……动物是不可教的。”[①]只有人才是可教的，而且在学校中儿童首先要学习科学概念。按照维果茨基的意见，自发概念不同于科学概念，它是从儿童个人的生活经验中得来的，即最初是在教学之外，在最近发展区之外，不纯粹是社会的，不属于高级心理机能。的确，维果茨基没有把它们直接称作是自然（即低级）心理机能，而是把它们同科学概念分别作为低级和高级概念去比较。

尽管维果茨基本人努力揭示的不是儿童的两类概念的主要差别或不一致，而是它们之间的相互关系和继承性，但日常概念（现实发展区）与科学概念（最近发展区）最初如此明显地对立，以至于在学前儿童和学龄儿童的心理发展中它们之间难以消除的不一致、二元论是不可避免的。维果茨基沿着两条基本路线确定两种概念之间的关系：(1) 儿童的科学概念不同于日常概念，它具有意识性和随意性的特点；(2) 甚至在有效地教给儿童科学概念的过程中，科学概念也与日常概念不同，起初不够具体，因为原初的言语定义是科学概念形成的决定因素。根据当时流行的做法，维果茨基通常把具体的材料简单地分析为直观的、直接的和感性的材料（同样也常常同经验的材料混为一谈）。

总之，维果茨基将科学概念和日常概念的比较概括如下：“科学概念是在认识性和随意性的范围内开始并继续向下发展，在个人经验和具体性范围内向下继续生长；自发概念是在具体性和经验的范围内开始，向概念的高级属性，即认识性和随意性方向发展。”[②]所以，由科学概念的原初言语定义

---

① 维果茨基著，余震球译：《维果茨基教育论著选》，人民教育出版社 1994 年版，第 257 页。

② Выготский Л. С. Собрание сочинений в 6томах 2. Москва：Педагогика，1982. с. 263～264.

决定的儿童科学概念的发展，不是开始于直观性方面，最初也不是以个人经验为中介的(只是后来才转向个人经验)。但是，维果茨基在揭示科学概念和日常概念之间的继承性和相互关系时，试图淡化两类概念之间难以消除的不一致性。因为对于维果茨基而言，科学概念其实就是日常概念加上对其的认识。的确，维果茨基本人似乎从来没有作出这样的结论，但仔细分析他研究的所有问题便可得出这样的结论。当维果茨基把科学概念和日常概念两者的关系总结为，“科学概念所强的，恰巧是日常概念所弱的，反之，日常概念的优势却是科学概念的劣势”[①]时，他又把儿童的两类概念之间的继承性打破了。按照维果茨基的说法，相对于日常概念而言，儿童能更好地形成和确立科学概念。可见，在维果茨基的现实发展区和最近发展区以及科学概念和日常概念之间存在明显的矛盾与对立。维果茨基本人也承认，他一直坚持只有学龄期(科学概念)才有教学，而否认学龄前(日常概念)的教学。正是因为这个原因，他对儿童的两类概念，即现实发展区和最近发展区之间只进行了原则性的区分。因此他表示，今后他准备从原则上改变他以前认为的日常概念就是自发概念的所有看法，即承认日常概念在教学过程中形成的非自发性，从而重新考虑自己的理论原理。由此也可看出维果茨基追求真理的勇气。然而，维果茨基并没有来得及实现他的愿望，他因过早去世而中断了最近发展区理论的研究。在 Д. Б. 艾利康宁看来，这个问题最终要由维果茨基的学生和追随者来解决，然而令人遗憾的是，从那时起至今天虽已经过了半个多世纪，但维果茨基学派对最近发展区概念的发展并不大。

**3. 围绕“最近发展区”概念的争议**

20 世纪初，维果茨基创造性地提出的最近发展区概念在心理学和教育学中得到了广泛的传播，并对教育教学实践产生了积极而深远的影响。然而维果茨基的最近发展区概念在苏俄国内外却有不同的看法。这种争论客观上使人们对“最近发展区”概念的内涵有了更深刻的了解，进一步推动了维果茨基“最近发展区”理论的发展。

(1) 日本学者的观点。

维果茨基的心理学思想在日本有广泛影响，日本关于维果茨基的内化理论、工具理论、发展实质、最近发展区都有大量研究成果发表。日本教育家和心理学家认为，最近发展区概念在儿童的发展中必须以教学的主要作用为前提。换言之，最近发展区表明，在儿童的潜在能力范围内，儿童能够

① 维果茨基著，余震球译：《维果茨基教育论著选》，人民教育出版社 1994 年版，第 206 页。

接受成人(教学)的帮助。这个区扩展得越大,教学时成人给予帮助的有效程度就越高。可见,教学效果对儿童最近发展区的影响大小,即他的潜在能力的依存性证明,该区是间接地表现(折射出)教育影响的最重要的内部条件之一。超出儿童最近发展区范围以外的教学,对于他的认识来说是无效的、困难的;相反,在降低该区水平的情况下,教学将是枯燥的、乏味的,因为它重复儿童业已独立解决的问题。可见,教学效果依赖于这个区的大小,只有适合儿童最近发展区的教学才是有效果的。许多日本学者不仅把最近发展区理解为教学在儿童发展中具有主导作用,而且还理解为教学对儿童发展(内在条件)的依存性。这种观点同维果茨基学派关于最近发展区概念的解释有相似之处。

(2) 维果茨基学派的观点。

维果茨基学派在解释最近发展区概念时特别强调教学的主导作用。例如,从 20 世纪 50 年代后半期至 60 年代,苏联心理学界就教学和儿童心理发展之间的关系展开了争论,其中也讨论了最近发展区问题。维果茨基学派的继承者 Л. В. 赞科夫不仅承认教学在儿童心理发展中的主导作用,而且也承认儿童心理的发展有内在的规律。维果茨基学派有影响的人物之一 Д. Б. 艾利康宁在解释最近发展区概念时,主要强调了教师传授给儿童科学知识时的主导作用。维果茨基学派的主要成员 В. В. 达维多夫则认为,П. Я. 加里培林提出的智力活动按阶段形成的理论,是把教学主导作用提到首要地位的有代表性尝试。

上述维果茨基学派的思想从一开始就受到 С. Л. 鲁宾斯坦学派的尖锐批评。例如,С. Л. 鲁宾斯坦不同意维果茨基和 А. Н. 列昂节夫的内化理论所持有的原则,即外因单方面决定心理的原则;鲁宾斯坦的学生也对维果茨基的理论,包括最近发展区理论进行了批评。也许是客观上受鲁宾斯坦学派的影响,20 世纪 80 年代维果茨基学派在对最近发展区概念的解释中也出现了一些新的变化。1981 年在莫斯科举行了题为"Л. С. 维果茨基的科学创造与现代心理学"的全苏会议。这次会议的报告有几篇论及最近发展区的文章,从这些文章的观点看,最近发展区被认为是儿童内部条件的组成部分,并对最近发展区的判断有了具体的尝试。例如,Г. А. 瓦尔达尼扬指出,为了判断儿童智力的发展有必要制定评估最近发展区的标准,因此他在教学实验中试图评估儿童最近发展区的水平。同时他依据维果茨基提出的"从外部活动到内部智力活动"的著名发展公式,把学生的最近发展区分为与解答问题时完成活动的三种形式(物质的、出声言语的和头脑中完成活动的)相应的三种水平。

根据同样的思想，A. З. 扎克揭示了小学低年级学生已形成的反映水平。“反映”表示分析问题的条件，以便区分出其中重要关系的智力积极性。在诊断反映时，A. З. 扎克在设计的实验中不仅试图确定现实发展水平，而且还尝试确定反映的最近发展区。在这个实验中，他提出了有可能判定儿童解答问题所需要的成人帮助（教学）的限度和特性的方法，这种方法可以准确地评估反映的最近发展水平。①

在上述判断儿童同一能力的最近发展水平的尝试中，可以清楚地看到，研究者承认该区是决定成人帮助（教学）程度和特性的儿童内部条件。显然，他们认为，提供给儿童的教学有无成效取决于其最近发展区。

此外，1983 年由 B. B. 达维多夫、A. B. 查波罗热茨、B. П. 津琴科、A. P. 鲁利亚和 A. H. 列昂节夫等维果茨基学派主要成员参与并主编的《心理学辞典》中，有专门论述最近发展区的条目，这就是“最近发展区的存在将说明儿童心理发展中成人的主导作用”，“以儿童现有的最近发展区为根据合理组织教学，这使得这个区有可能说明发展的潜力和前景”，“确定最近发展区对儿童心理发展的诊断具有重要意义”②。

可见，那种以发展的潜力和前景，即以最近发展区为根据的教学才是合理组织的教学。在这里，最近发展区概念不仅强调儿童发展中教学的主导作用，而且还肯定了教学时考虑儿童内部条件的必要性。

对于维果茨基学派中出现的把最近发展区看做是教学应依据儿童内部条件的解释，鲁宾斯坦学派的主要成员 A. B. 布鲁什林斯基持否定态度。他认为，最近发展区概念解释中的这种变化是不正确的。他在文章中写道：“近年来一些维果茨基理论的解释者和研究者开始用 C. Л. 鲁宾斯坦提出的著名的一般决定论原则解释最近发展区这个非常乐观的概念。根据决定论原则，任何外部环境（包括教育、外界影响、外在因素等只有通过发展基础的内部条件的中介才能起作用，即外部的向来都是以内部的为中介，但是……维果茨基和鲁宾斯坦的最初理论原理有着本质的不同，甚至在很多方面是矛盾的……对于维果茨基来说重要的是以外部的（即社会的、外部的符号——首先是言语，据此儿童方可实现从低级、自然的心理机能向高级的、文化的心理机能的过渡）为中介。相反，鲁宾斯坦所说的是外部以内部（即在预定的时间方面所形成的遗传和先天素质，所有心理、整个个性等等）为

① Зак А. З. Характеристика “Зоны ближайшего развития”при диагностике рефлексии у младших школьников. Научное творчество. Л. С. Выготскго и современная психология М,1981. с. 55～59.

② B. B. Давыдов Психологический словарь М. 1983. с. 110～112.

中介。”[1]因此，按照布鲁什林斯基的看法，把最近发展区看做是间接表现教学影响的儿童内部条件的解释是不正确。他坚持认为最近发展区概念向来只包含对教学主导作用的承认，因为它正是内化理论所特有的原则，即心理是由外因单方面决定原则的具体化。

(3) 鲁宾斯坦学派的观点。

对维果茨基的最近发展区理论研究最多的当属鲁宾斯坦学派，特别是其代表人物布鲁什林斯基。他几十年来从未放弃对最近发展区理论的研究与批评，并在这方面发表了颇为可观的研究成果。以下将以相当大的篇幅重点分析鲁宾斯坦学派对最近发展区理论的批评意见。

С. Л. 鲁宾斯坦和该学派的主要成员 К. А. 阿布哈诺娃—斯拉夫斯卡娅、Л. И. 安齐费罗娃、А. В. 布鲁什林斯基、И. М. 茹科娃和 А. М. 马丘什金等人，对最近发展区理论的发展客观上起了重要的推动作用。鲁宾斯坦指出，把学生(被试)区分为“能解答问题的和没有他人帮助不能独立解答问题的”是不够的。还有必要将后者继续分为两类：这种帮助使谁有进步，使谁没有进步。鲁宾斯坦和他的同事将合作原则扩展到被试和实验者之间的相互影响，并通过规定的提示详细分析了测量思维的方法，因而鲁宾斯坦和他的同事实际上使最近发展区概念充满具体的教学内容。[2]

鲁宾斯坦学派的主要代表，曾任俄罗斯心理研究所所长的 А. В. 布鲁什林斯基从 60 年代起，始终一贯地站在对维果茨基理论进行学术批评的前列。布鲁什林斯基认为，维果茨基最近发展区理论存在两点不足：一是对现实发展区和最近发展区以及科学概念和日常概念关系的论述存在明显的矛盾与对立；二是对间接表现教育影响的儿童主体内部条件的作用缺乏考虑。既然布鲁什林斯基对最近发展区理论持异议，那么，在此我们有必要对维果茨基本人的观点和布鲁什林斯基的批评意见详加分析比较，以揭示维果茨基本人赋予最近发展区概念中的真正内容。

在维果茨基看来，儿童的科学概念和日常概念之间的主要差别在于，如果前者是在教授儿童一定科学知识的系统中形成的，那么后者则是在系统之外根据儿童自己的生活经验形成的。因为这个科学概念系统具有其重要的认识性和随意性特征，而在失去这个日常概念系统的情况下既没有认识性也缺乏随意性。如果说皮亚杰在日常概念和科学概念之间看到的只是区

① Брушлинский А. В. Зона Ближайшего развития и проблема субъекта. Доклад на международной конференции по культурно-исторической теории Л. С. Выготского. москва. 1～4 декабря 1992. с. 1～4.

② Гильбух Ю. З. Понятие зоны ближайшего развития и его роль в решении актуальных задач педагогической психологии. Вопросы психологии，1987. №3. с. 33.

别、不一致，那么维果茨基不仅是承认这两个概念之间的区别、不一致，而且还承认两种概念之间的相互联系及连续性。根据维果茨基的看法，当科学概念依据日常概念达到一定成熟水平时，它就得到了发展。可见，科学概念的发展取决于日常概念的发展。同时维果茨基断言，日常概念同样向上生长发展，并要上升到科学概念的水平，而且，通过科学知识上升到科学概念的发展依赖于科学概念的发展。因此，这两种概念之间存在相互联系和承继性。

布鲁什林斯基从两种概念的认识性和随意性观点出发，分析了维果茨基所确立的两种概念的相互联系。既然在维果茨基看来，认识性和随意性只是心理发展的高级阶段所特有的，并且产生得较晚，那么心理的无意识性和不随意性机能阶段必定应当发生在认识性和随意性之前："要想意识到，就应当有意识到的东西。"[①]因此，布鲁什林斯基认为，如果科学概念产生自日常概念，为了要意识到什么东西首先就要有某种这样的东西，那么两种概念的相互关系从其意识性观点出发可以用下列公式表示：儿童的科学概念就是他们有意识的日常概念（科学概念是日常概念加上对日常概念的认识、掌握）。[②] 基于这个结论，布鲁什林斯基指出："如果科学概念产生自日常概念，是对日常概念的认识，那么在科学概念中就应当利用和发展对于智力进一步发展来说也是非常重要的所有日常概念的积极特征，否则科学概念就会失去连续性，并且不可能产生"[③]。

而且，布鲁什林斯基从日常概念和科学概念的具体性和抽象性方面，分析了维果茨基确立的两种概念之间的相互关系。根据他的意见，按照当时的传统惯例，维果茨基把日常概念描述为具体的（直观的、感性的、具有自发特性的、经验的），而把科学概念看做是抽象的（不包含具体性以及受它们的原初言语定义制约的）。在布鲁什林斯基看来，对概念的这种分类符合人类认识的两种形式——感性认识和思维。按照感性认识和思维的相互关系的传统观点，最初思维（科学概念）是在感性认识（日常概念）基础上形成的，同样感性认识同思维一起并在思维反作用下得以继续发展。所以，从两种概念的具体性和抽象性观点可以明显看到，既然科学概念（思维）产生自日常概念（感性认识），那么，在科学概念的较高发展形式中应当包含所有日常概念的具体特征。

---

① Выготский Л. С. Собрание сочинений в6томах2. Москва：Педагогика. с. 1982—217.

② Брушлинский А. В. Культурно-историческая теория мышления. М，1968. с. 49.

③ Брушлинский А. В. Культурно-историческая теория мышления. М，1968. с. 51.

然而，正像布鲁什林斯基强调的一样，维果茨基还提出了与上述原理不相容的其他原理。维果茨基写道："'兄弟'这个概念完成了漫长的发展道路，吸取了大部分的经验内容，这个概念所强的竟然是科学概念所弱的，反之，像'阿基米德定律'和'剥削'这样的科学概念所强的恰恰也就是日常概念的薄弱方面。"①无疑，在这个原理中表现出的不是连续性，而只是日常概念和科学概念之间的对立。按照布鲁什林斯基的看法，维果茨基的两种原理的论据不相容，因为第一种原理其实是对第二种原理的否定。布鲁什林斯基写道："根据第一种原理必然得出，科学概念即'高级'概念，从'低级'概念中发展而来，通过'取景'利用和发展日常概念所有的长处，它在'日常情境'中（而不仅仅是在科学情境中）仍然是完全适合的，也是可应用的。但是第二种原理完全否决了这种问题的提法，因为它认为科学概念与日常条件是不相适应的，更准确地说，在日常概念基础上掌握了科学概念的儿童仍然不能将它们应用于'日常情境'中。"②因此，在布鲁什林斯基看来，客观上维果茨基没有克服科学概念和日常概念之间的脱离（二元论），虽然他本人提到了两种概念的相互联系和连续性。

按照维果茨基的公式，那种没有成人帮助（或其他儿童帮助）的儿童能够独立做事的情形说明了他的现实发展水平，而那种借助于成人帮助的儿童能够做事的情形则可以确定他的最近发展区。所以，使用儿童通过自己的日常经验自发掌握的日常概念适合他的现实发展水平，而使用儿童借助于教师的帮助、同教师的合作、在教学过程中掌握的科学概念符合他的最近发展区。

但是，根据上述维果茨基的两种原理，有关日常概念和科学概念之间（即现实发展水平和最近发展区之间）连续性的第一种原理否定了第二种原理。可见，在现实发展水平和最近发展区之间存在相当大的脱离。所以，如果儿童是通过同日常概念（现有发展水平）没有联系的科学概念最初的言语定义来学习科学概念的，那么，他除了简单地背诵科学概念之外，什么也不会做。布鲁什林斯基指出："的确，学生在没有使科学概念同自己独特的感性经验相结合时也能够直接背诵科学概念，即随便能应付'背诵课文'。在这种情况下，科学概念将不可避免的是言语的、形式主义的，虽然他能够给它们下正确的定义。"③

① 维果茨基著，余震球译：《维果茨基教育论著选》，人民教育出版社 1994 年版，第 268 页。

② Брушлинский А. В. Культурно-историческая теория мышления. М, 1968. с. 52.

③ Брушлинский А. В. Культурно-историческая теория мышления. М, 1968. с. 54.

维果茨基本人意识到，借助科学概念的最初言语定义不可能使科学概念由教师直接传递给学生，因为他估计日常概念和科学概念在内部也是以最深刻的形式彼此相结合的。然而，他几乎从来没有提到教学方法有可能查明日常概念和科学概念之间的这种内在关系。在这方面他仅作了如下论述："教师在教学生一个课题时，他要做讲解，传授知识，提问，纠正错误，要求学生解释。这一切概念工作、概念形成的全过程都是儿童在与成年人的合作中，在教学过程中完成的。"[①]根据这个论述，教师只要教给儿童科学概念原初的言语定义，日常概念和科学概念之间的相互关系在儿童内部好像就自发出现和成熟。维果茨基没有举出教师怎样想出合适的方法和提供独特的方法使科学概念同儿童已经掌握的日常概念结合起来的例子。尽管维果茨基肯定教学在儿童发展中的主导作用，但他还是没有论述学校中的教学如何才能实现日常概念和科学概念之间的衔接和相互联系。

可见，我们从维果茨基那儿除了获得有关教儿童科学概念是借助其原初的言语定义实现的信息外，没有获得有关他的最近发展区理论的教学意义的信息。然而，根据维果茨基的看法，甚至这种同日常概念失去联系的教学也能为处于最近发展区中的高级心理机能的发展提供最好的条件，还能够以某种形式组织它们以后的发展过程，并因此决定它们的命运。[②] 就像布鲁什林斯基所指出的，在这里"明显地表现了维果茨基在学校教学方面的教育过度乐观主义"[③]。除此之外，布鲁什林斯基强调，最近发展区概念从一开始就对儿童内部条件的作用不够重视。按照布鲁什林斯基的看法，如果从最近发展区概念出发，那么所有受教育的儿童都可分为两类，即从正在进行的教学中获得教育帮助的和未获得教育帮助的。第一类儿童需要教师的帮助，因为他们还不能独立地解答问题。既然最近发展区被描述为儿童在成人帮助下能解答问题的发展水平，那么，这个概念"暗含被给予帮助的人，一定也会有效地使用这种帮助"[④]。换言之，在这个概念中暗含有"在这个区的范围内，教师是万能的，学生按照模仿掌握教给他的一切"[⑤]。

按照布鲁什林斯基的看法，这正说明没有考虑儿童内部条件作用的教

① 维果茨基著，余震球译：《维果茨基教育论著选》，人民教育出版社 1994 年版，第 265 页。

② Выготский Л. С. Собрание сочинений в 6томах 2. Москва：Педагогика，1982. с. 254.

③ Брушлинский А. В. Зона Ближайшего развития и проблема субъекта. Доклад на международной конференции по культурно-исторической теории Л. С. Выготского. москва. 1～4 декабря. 1992.

④ Брушлинский А. В. Зона Ближайшего развития и проблема субъекта. Доклад на международной конференции по культурно-исторической теории Л. С. Выготского. москва. 1～4 декабря 1992. с. 117.

⑤ Брушлинский А. В. Зона Ближайшего развития и проблема субъекта. Доклад на международной конференции по культурно-исторической теории Л. С. Выготского. москва. 1～4 декабря 1992. с. 14.

育过度乐观主义。他指出:"儿童就是以自己的积极性间接表现任何教育影响的真正主体,因此应特别选择那些对他们来说是易接受的、开放的,但不是见一样学一样的和不加设防的东西。"[①]所以,即使教师在儿童最近发展区范围内给予教育帮助,那么这种帮助也不一定被他所利用。在这种情况下,在自我发展过程中就存在"有人愿意而且能够利用外来的帮助,相反,有人不愿意而且不能够利用外来的帮助"[②]。

布鲁什林斯基对维果茨基最近发展区理论的批评,尤其是日常概念和科学概念之间的脱离(二元论)提出的质疑,有一定的道理,但并未触及问题的本质,因为它不一定与这个理论的内涵相一致。

如果我们认为,维果茨基在分析日常概念和科学概念之间的继承性时说的是儿童起初在日常水平,然后在科学水平上可以认识同样的特定概念,那么布鲁什林斯基就是正确的。这就是说,如果维果茨基分析的是同一概念,例如,从日常水平(在那儿它具有经验的、具体的意义)向科学水平(在那儿它具有一般的、抽象的意义)发展的"兄弟"概念,那么他的论证就没有达到目的。例如,按照维果茨基的第一种原理,既然科学概念"兄弟"是在日常概念兄弟的基础上产生的,那么通过自己原有日常生活的经验自发地掌握这个概念的经验的、具体的意义的儿童就不应当失去这些意义,即使他后来在学校中学会了这个科学概念。如果儿童失去了日常概念的经验的、具体的意义,那么他的有关科学概念就不能得到发展,因为后者没能从前者获得继承性、相互关系,从而也就失去了自己发展的前提。实际上,就像维果茨基指出的一样,如果科学概念"兄弟"在其最初意义是产生自日常概念,那么,它不仅在具有一般的、抽象特点的科学情境中,而且在具有经验的、具体特点的日常情境中都应当很强,因为它继承了日常概念"兄弟"的经验的、具体的意义。所以,也许掌握了真正科学概念的儿童在日常情境中不能运用它们。

因此,在分析同一个概念(如"兄弟")日常水平和科学水平之间的相互关系、继承性时,我们可以进一步证明维果茨基论证中的明显矛盾。正像布鲁什林斯基所说的:"这个问题表现出极度不容争辩的明显性。如果以日常概念和科学概念来分析的不是两种不同现实领域中的不同概念(如就像维果茨基的'兄弟'和'剥削'),而是同一个概念,那么它们是儿童起初在日常

① Брушлинский А. В. Зона Ближайшего развития и проблема субъекта. Доклад на международной конференции по культурно-исторической теории Л. С. Выготского. москва. 1～4 декабря 1992. с. 11.

② Брушлинский А. В. Зона Ближайшего развития и проблема субъекта. Доклад на международной конференции по культурно-исторической теории Л. С. Выготского. москва. 1～4 декабря 1992. с. 11.

水平上，然后是在科学水平上认识的概念。”[①]在这方面布鲁什林斯基是完全正确的。维果茨基的论证没能克服日常概念和科学概念之间的脱离，因而未能揭示既完全适合应用于日常情境，又更完全适合应用于科学情境的真正科学概念的机制。

但是，难道维果茨基在分析日常概念和科学概念之间的相互关系、继承性时说的是同样的、特定的概念吗？我们认为，问题在于维果茨基在分析这个问题时，指的不是同一个、特定概念的日常水平和科学水平之间的相互关系，而是一般的日常概念和科学概念，即日常概念类和科学概念系统之间的相互关系（对于一般的日常概念我们想使用“它们一类”的表达代替“它们的系统”的表达，因为与科学概念不同，在日常概念中缺乏系统性）。因此，维果茨基在阐述日常概念和科学概念之间的关系时，总是使用同一个日常概念（如兄弟）作为日常概念类所有特征的典型例子，而使用同一个科学概念（例如，剥削）作为科学概念系统所有特征的典型例子。这就是说，在“兄弟”概念中可以反映出日常概念中的一切，而在“剥削”概念中则可以反映出科学概念中的一切。所以，摆在维果茨基面前的对科学概念和日常概念的区分，不是来自现实两种相同领域中的两种不同的概念（如“兄弟”和“剥削”）。在那里说的不是同一个特定概念“自下而上”和“自上而下”的变化的相互联系，而是日常概念类“自下而上”和科学概念系统“自上而下”的途径的相互联系。维果茨基要描述的是日常概念类和科学概念系统之间相互关系的一般图式。如果这样，那么我们并不认为维果茨基的论证中存在明显的矛盾。我们可以通过下列方式解释他的论证。

尽管儿童自己在进入学校前自发产生和掌握了日常概念类（准确地说是前概念），但他还不能够自觉地和随意地使用它们，因为在日常概念类中作为重要特征的只是具体性而不是“系统”。入学后由于教给儿童一定的科学知识系统，因此儿童才开始了科学概念的发展过程。因为向儿童讲授科学概念是借助于其原初的言语定义，而且起初科学概念也没有非常具体的意义，所以儿童通常只是在言语上概略地掌握它们。但同时科学概念由于其所特有的系统能使儿童的心理机能具有认识性和随意性，于是，在学校教学情境下，在儿童心理中自发掌握的日常概念类和教师讲授的科学概念系统之间发生相互的渗透（前者是自下而上的发展，后者是自上而下的发展）。正是在日常概念类和科学概念系统相互渗透的过程中，它们逐渐合并为统一特殊的新概念系统。这个新概念系统不仅具有具体性，而且还有认识性

① Брушлинский А. В. Культурно-историческая теория мышления. М，1968. с. 54.

和随意性。正是这个统一的概念系统的形成标志着真正的而不是概略的科学概念的发展。就像维果茨基所说的，真正的科学概念不会使儿童学得太累，而会使他得到发展。自然，它们不仅完全适合应用于科学情境中，而且也完全适合应用于日常情境中。根据维果茨基和 Ж. И. 希夫对因果关系范畴所做的研究，四年级前，儿童已经掌握的日常概念和借助于科学概念的原初言语定义教给儿童的科学概念之间可以彼此相互渗透，并合并为统一的概念系统。可见，就儿童真正的而不是概略的科学概念初步的形成而言，至少需要几年，在此时期日常概念和科学概念彼此相互渗透。这个时期正是科学概念教学最敏感的、"有感觉"的时期。

由于所说的不是特定的概念，而是一般的日常概念和科学概念，因此，维果茨基列出了它们相互关系的一般图式。在这种情况下，他的图式是没有矛盾的：在这里日常概念和科学概念之间发生着联合，儿童正在进行着真正的科学概念的发展过程。

同样重要的是，与儿童真正的科学概念发展相适应，所有心理机能都发生了变化，开始了对内部心理积极性形式的概括。对建立在概念层次系统性之上的科学概念的掌握将导致儿童认识概念本身，即概括并掌握它们，并有可能完全掌握自己内在的心理过程。①

至于维果茨基的教育过度乐观主义，我们基本上同意布鲁什林斯基的意见。就像已经指出的那样，在维果茨基最近发展区概念中看不到具体的教学方法同日常概念和科学概念彼此的相互联系和相互渗透。维果茨基只是谈到借助于科学概念的原初言语定义教给儿童科学概念，但他认为这种教学常常仅仅提供给儿童对科学概念的言语的、概略的认识。他认为："学校的缺陷有可能表现在儿童空中楼阁式的学习之中，因为他所学习的是科学概念，而不是始终处在同一水平上的自发概念，他常常是在言语上概略地掌握科学概念，因此增大了自发概念和科学概念之间的分歧。"②维果茨基提出了一个有趣的思想："我不把分歧本身看做缺陷，因为就这一方面而论，任何学校教学情境下的分歧都是推动儿童智力发展的动力，并给儿童的发展带来新的可能。"③但是很遗憾，维果茨基没有揭示出什么样的学校教学才能使这种分歧转变为儿童智力发展的动力。按照他的意见，任何学校教学向来都十分相同，且一定具有积极作用。这也就是维果茨基的教育过度乐观

---

① Выготский Л. С. Собрание сочинений в 6томах 2. Москва:Педагогика, 1982. с. 219～220.

② Вы готский Л. С. Умственное развитие детей в процессе обучения. М. -Л., 1935. с. 109.

③ Вы готский Л. С. Умственное развитие детей в процессе обучения. М. -Л., 1935. с. 109.

主义。

然而，难道维果茨基的理论在教育超乐观主义方面真的有问题吗？就像布鲁什林斯基指出的，其原因之一正是维果茨基提出“从社会（外部）到个体（内部）”的内化理论的公式。但是，在我们看来，还有一个原因，因为维果茨基是心理学家，而不是教育学家。所以，对于他来说，在教学和儿童心理发展之间的关系方面的主要任务不在于分析学校教学方法和材料，而在于阐明由学校教学引起的儿童内部的发展过程。维果茨基写道：“因此，在我们看来，对教育过程儿童学分析的主要任务是，阐明由学校教学过程所唤醒和引起的智力发展过程的进程。所以……就像用伦琴射线照射内部发展过程，照射那些由学校教学引起的发展过程……显然，对教育过程的教育分析的任务不是一步一步地阐明教学活动，而是分析那些由学校教学过程所唤醒和引起的，而且也是学校教学过程有效和无效所依从的内部发展过程。”①所以，对于维果茨基来说，首要的任务不在于分析教学过程，而在于揭示在教儿童科学概念时产生和发展的内部心理活动的新形式（高级心理机能）。维果茨基把分析日常概念和科学概念的相互渗透过程看做是揭示高级心理机能发展的最重要的任务，但由于他的早逝而不得不把它留给自己的学生去解决。

还要分析的问题是，最近发展区是否起着间接表现教育影响的儿童内部条件的作用。即便是在最近发展区范围内给予儿童教育帮助，儿童也不一定会有效地利用它，因为在这种情境下，就像布鲁什林斯基指出的那样，在自我发展过程中存在有人愿意而且能够利用外来的帮助，而有人不愿意也不能够利用外来的帮助。② 由此可见，作为儿童的内部条件，布鲁什林斯基说的不仅是智力的条件，而且还包括动机（情感）的条件，即指儿童、主体的整个个性。众所周知，维果茨基把最近发展区确定为儿童智力的水平。例如，他写道：“我们把最近发展区确定为这种以儿童能够在指导下做事为基础的智力指标。”③这么说，最近发展区在布鲁什林斯基赋予它的那种意义上与内部条件不相一致。所以，即使学校中的教学依据儿童的最近发展区，那么它也不是始终有效的，因为教学不仅通过儿童的智力，而且还通过他的个性起作用。儿童的统一完整的内部条件必定折射出教学的影响来，在这方面布鲁什林斯基无疑是正确的。

① Вы готский Л. С. Умственное развитие детей в процессе обучения. М. -Л., 1935. с. 132.

② Брушлинский А. В. Зона Ближайшего развития и проблема субъекта. Доклад на международной конференции по культурно-исторической теории Л. С. Выготского. москва. 1～4 декабря 1992. с. 11.

③ Выготский Л. С. Умственное развитие детей в процессе обучения. М. -Л., 1935. с. 48.

但同时不用怀疑，最近发展区也是儿童的内部条件的组成部分，尽管它还局限于智力的范围，在这方面引用维果茨基有关智力发展的动态和相对学习成绩之间关系的一个研究很能说明问题。维果茨基把学生划分为四组：(1) 高智商和最近发展区大的学生；(2) 高智商和最近发展区小的学生；(3) 低智商和最近发展区大的学生；(4) 低智商和最近发展区小的学生。维果茨基对每组中每个学生的学习成绩(学校教学效果)的增长进行了评价。依他看，这个研究结果表明，在智力发展的动态和相对学习成绩中出现的高相关不是在第一和第二组、第三和第四组之间，而是在第一和第三组、第二和第四组之间①。可见，每个学生相对学习成绩的提高(即学校教学效果)主要的不是取决于其智商(IQ)水平，而是取决于其最近发展区的大小。儿童最近发展区的大或小在相当程度上决定着学校教学的效果。因此，尽管最近发展区还局限于智力范围，但它还是儿童内部条件的组成部分，所以它在学校教学时有可能预测儿童智力发展的潜能、前景。

## 二、教学与发展的关系

维果茨基一贯主张，心理学作为一门科学不能局限于抽象地研究心理过程的一般规律，它应该是具有重大实践意义的心理生活的科学，心理科学的基本理论研究与应用研究应密切结合。为此，他认为必须改革心理科学的基础，改变对心理过程实质的理解，以便使心理学在生活的各个方面的应用能获得真正的科学依据。维果茨基对人的心理发展问题的深入探索，引导他最终进入了儿童的智力发展和学校教学的关系问题的研究领域，有关教学与发展的关系问题也因而成为维果茨基研究工作的最后一个环节。他提出的有关教学与发展问题的一系列基本原理，对现代发展性教学理论的形成与发展产生了极其深远的影响。

### 1. 教学与发展的含义

维果茨基认为，就心理学家看来，发展是指心理的发展。所谓心理的发展，是指一个人的心理(从出生到成年)在环境与教育的影响下，在低级心理机能的基础上，逐渐向高级心理机能的转化过程。心理机能由低级向高级发展的标志是什么？按照维果茨基的观点，主要表现在以下几方面：

第一，心理活动的随意机能。所谓随意机能，就是指当相应的外界刺激没有出现，或没有发生较强作用，或者是无关的刺激不断干扰的情况下，人

① Выготский Л. С. Умственное развитие детей в процессе обучения. М. -Л.，1935. с. 45.

凭自己的主观愿望和意志努力把它呈现在自己的头脑中。例如，学生在一个嘈杂的环境中注意听教师讲课、追忆某些事件，等等。随意性越强，心理水平就越高。儿童心理活动的随意性还表现在个性特点上，例如，自我意识能力的发展、认识和评价别人与自己的行为、根据社会的要求调节和控制自己的行为的能力，等等。

第二，心理活动的概括—抽象机能。儿童能够通过概括—抽象形成各种级别的概念，并且能够运用它们来进行判断和推理，以掌握各种知识体系。维果茨基指出，儿童概括—抽象水平是不断提高的，是依靠各种符号系统（主要是词）为中介实现的。随着儿童知识经验的不断增长，词的概括作用不断扩大与深入，儿童的心理机能便逐步由低级发展到高级，最后形成了最高级的意识系统。

第三，各种心理机能之间的关系发生变化并重新组合，形成高级心理结构。例如，3岁前的知觉在儿童的意识系统中、在儿童的个性系统中起着优势的中心作用。儿童大多是以再认的形式，即记忆动作与动作相结合的知觉形式来进行回忆的，而且，这时儿童的思维主要带有直接性。到了学龄前期，儿童的意识发展的主要特点是："形成了一种崭新的机能系统，记忆处于意识的中心。"由于记忆的发展，儿童的思维发生了显著的变化，儿童不像先前那样只能分析可见的联系，他还能够分析自己的一般表象。表象就是概括性的回忆，这种一般表象乃是儿童思维由直接性质向抽象概念过渡的第一步。记忆的发展也使儿童的需要和兴趣的性质得到改造。在学龄期，随着言语（特别是书面言语）的扩大和交往活动的发展，儿童各个心理机能发生更多的质变，例如学会运用思维来解决记忆任务而产生逻辑识记。这样，各个心理机能间便重新组合起来形成新质的意识系统。

第四，心理活动的个性化。维果茨基指出："儿童意识的发展中最主要的不仅是儿童意识的个别机能在由某一年龄向另一年龄的增长与发展，而且主要是儿童个性的增长与发展，整个意识的增长与发展。"①活动与交往形式不断内化的结果，使儿童的意识系统愈来愈具有自己独特的性质。后来，苏俄心理学家们发展了维果茨基这一思想，强调了个性特点对人的智力发展的影响。

由此可见，维果茨基把发展的含义限定在心理的范畴之内，也就是说心理学讲发展是指心理的发展、心理机能的发展，而不是指别的什么东西。

什么是教学？维果茨基把"教学"概念分为广义和狭义两种。广义的教

① 龚浩然、黄秀兰：《关于教学与智力发展的关系的思想》，《外国心理学》，1981年第3期，第16页。

学是指儿童通过活动和交往掌握“精神生产工具”的过程，它带有自发的性质；而狭义的教学则是有目的、有计划、有系统的交际形式，它“创造着”儿童的发展。

**2. 教学与发展的关系**

教学必须考虑学生的特点。从心理发生与发展的角度来看，维果茨基指出，教学与发展的关系“并不是在学龄期才初次相遇的，而实际上从儿童出生的第一天便互相联系着”①。儿童向成人学习说话、提问和回答问题时，就从成人那里获得一系列知识，模仿成人的动作并形成各种技能。当然，这与学龄期系统的教学过程与掌握科学知识基础有本质区别，但学龄儿童不论学什么，总是以他在学龄前期一定的直接经验为基础的。例如，儿童虽未学过除法，但他总碰到过分糖果等情况，因此，维果茨基认为，任何学习都有前史。

维果茨基把儿童不同时期的教学分成三种类型。他认为，3 岁前儿童教学的特点是“儿童是按自身的大纲来学习的”，这也称为自发型的教学。例如，儿童学习语言不是根据母亲的要求决定的，而是根据儿童从周围环境攫取什么来决定的，即儿童从与周围环境的相互关系中产生对语言的需要。到了学龄期，儿童在学校是“向教师学习的”(更明确地说，是按照社会的要求所制定的计划来学习的)，这也称为反应型的教学。而学龄前期儿童的教学，却是处于第一类与第二类之间的过渡地位，可称为自发反应型。换句话说，学前期儿童只能做那些符合他兴趣的事，学龄儿童能做教师要他做的事，而学龄前期儿童到了 3 岁，“一种新型的教学对儿童来说开始变为可能”(即按教养员的要求)，但是严格说来，这种要求必须属于儿童自己的需要才可以被接受，这就是教师最困难的任务。所以，“每一个年龄段都有自己独特的教学和发展的关系类型。不仅发展在每一年龄段改变着自己的性质，不仅教学在每一阶段有完全特别的组织、独特的内容，但是，最重要的是，教学和发展的关系对每一个年龄段都是非常特殊的”。②

维果茨基对教学的类型进行分析，是为了说明其教学与发展的关系的第一个思想，即教学必须符合儿童的年龄特征，必须以儿童的一定成熟程度作为基础。他说：“教学这样或那样地应与儿童的发展水平相一致，这乃是通过经验而确立的并多次验证过的无可争辩的事实，只有从一定的年龄开

① 维果茨基著，龚浩然等译：《维果茨基儿童心理与教育论著选》，杭州大学出版社 1999 年版，第 314 页。

② 维果茨基著，余震球译：《维果茨基教育论著选》，人民教育出版社 1994 年版，第 300 页。

始才可以教儿童识字，只有从一定的年龄起儿童才能学习代数，这未必还需要证明。"①

教学应着眼于儿童的明天。维果茨基从他关于心理发展的新观点出发，对传统的儿童智力发展的心理测试方法进行改革。他指出，当时在国外流行甚广的智力测验法，仅根据儿童能否独立完成对他提出的习题，来确定他的心理发展的可能性并以此决定他今后的整个命运。他认为，这种测试法是不科学的，它所依据的是心理自发发展的观点。因为，儿童不能独立完成习题的原因很多，既可能是发展存在的缺陷，也可能只是由于缺乏有关的知识技能。因此，儿童今天不能独立完成的事，往往有可能在成人的帮助下完成；儿童今天只能依靠别人帮助完成的事，明天他就能独立完成。由此出发，维果茨基提出了通过两次测试研究儿童智力活动的新方法：第一次测试研究独立完成习题的情况，第二次测试了解儿童在成人帮助启发下完成习题的情况，两次指标的差别标志着儿童进一步发展的前景，它是对儿童进行总体测定的重要依据。如果两个智力年龄均为七岁的儿童，一个在成人帮助下完成了 9 岁的试题，另一个只完成了 7 岁半的试题，维果茨基认为，这两个儿童在潜在发展水平上是有差异的。用两次测试法不仅看到儿童今天完成的发展情形，而且能估计他正在成熟和正在发展的过程。

由此出发，维果茨基创立了一个极其重要的新概念，他使我们看到了儿童发展的最大可能性。最近发展区说明了那些尚处于形成状态的、刚刚成熟的过程。维果茨基认为主要的不是今天为止已经完成的过程，而是那些现在仍处于形成状态的，刚刚在发展的过程，依靠这些过程，才能推动发展，因为"今天儿童靠成年人帮助完成的事情，明天他便能自己独立地完成"②。教学的着眼点不仅要看到儿童的今天，更重要的是要看到儿童的明天，不仅看到其在发展过程中已达到的程度，而且更应注意正在形成的过程。这样我们就可"判明儿童发展的动力状态"③。

**3. 教学的最佳期**

维果茨基在对传统教育进行抨击的同时，又引出另外一个重要概念，即教学最佳期。众所周知，只有当儿童在自己的发展中达到一定的成熟程度时，一定的教学方可进行。如我们不能教婴儿读书写字，教小学生高等数

---

① 维果茨基著，龚浩然译：《学龄期的教学与智力发展问题》，见《教育研究》，1983 年第 6 期，第 74 页。

② 维果茨基著，余震球译：《维果茨基教育论著选》，人民教育出版社 1994 年版，第 402 页。

③ 列夫·谢苗诺维奇·维果茨基著，龚浩然等译：《教育心理学》，浙江教育出版社 2003 年版，第 439 页。

学。换句话说，教学存在一个最低的界限，在这个界限以下的教学是无效或低效的，这在心理学家格塞尔(Arnold Lucius Gesell，1880—1961)的双生子爬楼梯实验中得到了证实。传统的教学论在承认教学最低界限的同时，却走向了另外一个极端，即认为教学不得超越这个界限，把教学仅仅定向于儿童已经成熟的特征，定向于儿童能够独立做到的一切。也就是说，教学应该面向的是儿童发展的昨天，面向已经走过的阶段。维果茨基认为，这种以已经完成的发展阶段为目标的教学是无所作为的，它不会带来新的发展过程，而只是在发展的尾巴后面爬行。他明确指出，教学除了最低界限以外，还存在着一个最高界限，这两个界限之间的期限就是“教学最佳期”。“因此，任何教学都存在最佳的，也就是最有利的时期，这是基本原理之一。对这个时期任何向上或向下的偏离，即过早或过迟实施教学的时期，从发展观点看，总是有害的，对儿童的智力发展产生不良影响。”[①]在教学最佳期限外的教学，或因超过最近发展区，或因停留于现有发展水平而不能对儿童未成熟的心理机能施加影响，从而不能有效地促进儿童心理机能的发展。

从前面的论述中可以得出一个结论，那就是从某种意义上来说，教学最佳期与最近发展区在本质上是一致的，教学的最佳期限是由最近发展区决定的；而且，最近发展区本身也是处于一个不断的动态发展过程当中，随着某一阶段教学过程的结束，最近发展区转化为现有发展水平，在此基础上又形成一个高于原来最近发展区的新的最近发展区。发展的过程总是伴随着建立最近发展区的教学。根据维果茨基心理学的动态原则，最近发展区作为一种发展的可能性是因人而异的，因而教学最佳期也是因人而异的。当然这并不排斥某一年龄阶段的儿童具有某些共同的本质的年龄特征。最佳期的教学之所以能对发展的过程施加决定性的影响，是因为在最近发展区的心理机能正处于成熟过程当中而又尚未完全成熟，教学可以通过一定的形式来组织这些机能的进一步发展，并决定其今后的发展情况。

“教学和发展”成为维果茨基的学生和追随者多年来研究的一个重要问题。然而有必要弄清什么样的教学对发展有影响，怎样才算是好的教学，教学影响发展的机制是什么?

维果茨基关于意识的系统结构和它在个体发生中发展的假说是解决教学影响心理发展问题的方式之一。在提出这一思想时，维果茨基坚决反对同时代的机能主义心理学。他认为，人类的意识不是某些过程的总和，而是它们的系统结构。任何一种机能都不是孤立发展的，每一种机能的发展都

① 维果茨基著，余震球译：《维果茨基教育论著选》，人民教育出版社 1994 年版，第 381 页。

取决于它们进入什么样的结构和在其结构中占有什么样的地位。例如，在儿童早期知觉处于意识的中心，在学前期记忆处于意识的中心，在学龄期思维处于意识的中心。每个年龄段其他的心理过程都是在意识中占优势机能的影响下得以发展的。按照维果茨基的看法，心理发展的过程就是对制约意识意义结构，即制约概括发展水平的意识系统结构的改造。只有通过言语才能进入意识，从一种意识结构向另一种意识结构的过渡是由词的意义的发展，换言之，是由于概括的发展实现的。如果教学对意识的系统结构给以直接的作用，那么它就可以控制概括的发展，并因此控制意识意义结构的变化。在教学过程中，由于概括的形成，整个意识系统便得到改造。所以，按照维果茨基的话说："儿童在教学中迈出一步，他在发展中则前进两步。"①

总之，维果茨基认为，教学与发展是两个既互相区别又互相联系的概念，它们从生命开始的第一天起便联系在一起，但它们永远不是同一的或相互平行的。这表现在以下几点：其一，教学主导着或者说决定着儿童的发展，教学在儿童发展中的这种决定作用表现在发展的方向、内容、水平和智力活动的特点以及发展的速度上。其二，教学"创造"着"最近发展区"，即儿童的第一发展水平与第二发展水平之间的动力状态是由教学决定的。维果茨基说："教学的本质特征是教学造成了最近发展区，就是说，教学引起了、唤醒了、启发了一系列内部发展过程"②，从而使儿童通过教学而掌握的全人类的历史经验转化为儿童自身的内部财富。其三，"发展过程并不是与教学过程同步的，发展过程跟在建立最近发展区的教学过程的后面。"③也就是说，教学应该以儿童的"最近发展区"为目标，以儿童发展的可能性与潜力来设计我们的教学，以促进学生最大限度地发展。由此可见，教学与发展之间的关系是极其复杂的、变动着的依赖关系，不可能用统一的、预先提出的、臆断的、思辨的公式来反映这些相互关系。维果茨基关于教学与发展关系的理论开辟了科学研究的广阔天地，为多种科学实验研究提供了用武之地，他本人也呼吁开展极其广泛的、多种形式的实验研究，来揭示教学与发展之间的特殊的、具体的关系。

不可否认，维果茨基在20世纪30年代初提出的这个具有很大潜力的假说也存在一些严重的缺陷。第一，维果茨基提出的意识图式具有唯智论的特点。在意识的结构中只分析和研究认识过程，而动机需要领域仍处在

① 维果茨基著，余震球译：《维果茨基教育论著选》，人民教育出版社1994年版，第398页。

② 维果茨基著，余震球译：《维果茨基教育论著选》，人民教育出版社1994年版，第404页。

③ 列夫·谢苗诺维奇·维果茨基著，龚浩然等译：《教育心理学》，浙江教育出版社2003年版，第444页。

研究者的视野之外。第二，维果茨基把概括发展的过程归结为人的言语相互作用的过程。他不止一次地论述了交往和概括的统一。按照他的意见，在所有与儿童思维发展有关的因素中，儿童同成人的交往，还有儿童概括的发展是最重要的因素。把心理的发展归结为意识的相互影响，难免有唯心主义之嫌。最后，维果茨基时代的儿童心理学特别缺乏一些可靠的事实，他的假说也没有得到实验证明。

为了克服这个假说的缺陷和历史条件的局限，维果茨基学派的心理学家 A. H. 列昂节夫、A. B. 查波罗热茨、П. И. 津琴科、П. Я. 加里培林以及其他一些心理学家在 20 世纪 30 年代末做出了积极的努力。他们指出，作为概括发展的基础不是言语类型的交往，而是儿童的直接的实践活动。A. B. 查波罗热茨对聋哑儿童的研究证明，概括是由于实践活动形成的；B. И. 阿斯宁在正常儿童那里也发现了同样的情况；П. Я. 加里培林在专门研究了动物和人在使用辅助性工具中的区别后，提供了从不同方面看待实际上是心理发展动力的概念的可能性，提出了儿童心理的活动意义的观点。

"教学"概念和"活动"概念之间有重要的区别。在"教学"术语中，前缀"教"具有外部强制的意义，似乎不涉及儿童本人。"活动"概念强调主体和周围现实对象的关系。不通过主体自己的活动，不可能将知识直接"移置"到主体的头脑中。就像 Д. Б. 艾利康宁所强调的："活动"概念的引入将转变整个发展的问题，使之面向主体。按照他的意见，机能系统的形成过程就是主体自身实现的过程。这些研究为心理发展的决定因素的新解释开辟了道路，有可能克服维果茨基在这个问题上存在的缺陷，在说明儿童心理发展动力的因素方法之外，找到唯一真正的出路：没有儿童本人的实际活动，成人(教育)的影响是不可能实现的；儿童心理的发展还取决于如何组织实现这个活动；发展的过程就是由主体的对象活动而实现的自我运动，而遗传和环境的因素是每个个性不重复性依赖的必要条件。

后来，A. H. 列昂节夫对维果茨基关于主要活动类型的思想进行了研究，进一步回答了儿童发展中的这种活动是否始终是相同或不同的问题。主导活动开始被看做是心理发展的标准，被视为儿童年龄的指标。研究已发现主导活动的内容和形式取决于儿童发展的具体历史条件。关于个体发生中的基本的、主导的活动，M. И. 丽西娜、B. B. 达维多夫、Д. Б. 艾利康宁等人都有过专门的研究。Д. Б. 艾利康宁在自己深入研究的基础上，提出了独特的假设。他指出，在儿童发展过程中，最初要经历激发活动动机的阶段，然后经过掌握操作技术的阶段。在发展中可以看到两类活动的互相交替：在一类活动中主要形成动机和需要，在另一类活动中主要产生确保活动实现的操作。Д. Б. 艾利康宁的理论创造性地发展了维果茨基的学说，在一定程度上克服了维果茨基意识发展学说中的唯智论倾向。

## 三、主体性教育思想

教育是培养人的活动，人的本质力量的发挥离不开主体性，所以，教育就其本质而言就是主体性教育。然而在教师与学生在教育过程中的地位与作用问题上，占统治地位的是权威教育派的观点。这种教育观点的根本弊端在于片面强调统一、集中的权威办学方针，把教育教学过程看成是主体影响客体的过程，其中教师始终是实施教育的主体，而学生则是消极地接受教育的客体，被动接受知识的对象，教师在这一过程中始终处于绝对权威的中心地位，学生则一切都听从教师的安排。因此，这种观点忽视了学生的主体性，阻碍了学生的个性与创造性的发展。早在 20 世纪初，维果茨基就对类似权威教育派的传统教育思想提出过尖锐的批评。他指出："传统的欧洲学校体制经常把教育与教学过程归结为学生被动地接受教师的意图和委托的过程。这种体制从心理学的角度来看是极其荒唐的。"①在维果茨基看来，学生的被动性、不重视学生个人的经验，从科学的角度是极其错误的。维果茨基把教育教学过程看成是一种交往活动，主客体的关系是人与物的关系，交往则是人与人的关系，是主体与主体的互动过程，交往的双方彼此都是主体。既然教育教学过程是一种交往活动。因此，倡导双主体的教育思想，从心理学的角度看是有其充分的科学根据的。

然而，在维果茨基看来，教育教学过程的顺利进行仅仅依靠发挥师生的双主体作用是远远不够的，因为它忽略了环境，特别是班集体对其成员的教育作用。他指出："教育过程实际上表现出三个方面的积极性，即学生的积极性、教师的积极性以及处于他们之间的环境的积极性。"②由此可见，维果茨基的主体性教育思想的内涵不仅在于教育过程中教师和学生的双主体的积极作用，而且还包括学生群体这一小环境的主体的积极作用。维果茨基的主体性教育思想的实质不是双主体，而是三主体，即教师⇔班级⇔学生的教育模式。

---

① 列夫·谢苗诺维奇·维果茨基著，龚浩然等译：《教育心理学》，浙江教育出版社 2003 年版，第 104 页。

② 列夫·谢苗诺维奇·维果茨基著，龚浩然等译：《教育心理学》，浙江教育出版社 2003 年版，第 111 页。

### 1. 学生在教育过程中的主体性

传统的教育理论很少注意到学生的主体地位。正像维果茨基所批评的,它所依据的是"一条错误的规则——教师就是一切,学生则什么也不是"①。在维果茨基看来,"任何学习都有它的前史"②。例如,儿童虽未学过除法,但他总碰到过分糖果等情况,这样他就有可能理解除法的含义。因此,他又说,"教育过程中,一切都是从学生的个人经验那里引申出来的"③,"受教育者个人的经验乃是教育工作的主要基础。严格说来,从科学的观点看,脱离受教育者的个人经验的教育工作是无法进行的,他人是不可能直接影响与改变他的,只有自己才能教育自己"④。"奠定教育过程的基础应当是学生的个人活动。教育者的全部艺术应当归结为只是指导与调节这种活动。"⑤维果茨基还指出动机在引发活动中的重要作用:"你想号召儿童去从事某种活动之前,你要让儿童对活动感兴趣,关心儿童对该活动所必需的全部力量,让儿童去活动,教师始终只是指导和引导他的活动。"⑥维果茨基很赞赏瑞典女作家及社会活动家凯依的说法:教育真正的秘密在于不进行教育。所以他强调"教育应当这样来组织,以至于不是他人在教育学生,而是学生自己在教育自己。"⑦换言之,学生是教育过程的主体,必须让他们在自身经验的基础上来学习。在教学过程中,学生是主体,教材、教师是客体(学生模仿的对象),学生主体性的发挥,就表现在他学习的主动性上,即主动、积极、创造性地把教师的要求内化为自己的需要、动机、信念以及知识、技能等等,才能逐步地完成社会化和个性化。而教师只有把学生看成是教育过程的主体,实现教育的民主化,才能建立与学生的合作关系,发挥学生的积极性,尊重学生,热爱学生,相信学生,使学生在教师帮助下积极主动地探

---

① 列夫·谢苗诺维奇·维果茨基著,龚浩然等译:《教育心理学》,浙江教育出版社 2003 年版,第 104 页。

② Выготский Л. С. Избранные психические исследования. Москва: Издательство АПНРСФСР, 1956. с. 453.

③ 列夫·谢苗诺维奇·维果茨基著,龚浩然等译:《教育心理学》,浙江教育出版社 2003 年版,第 104 页。

④ 列夫·谢苗诺维奇·维果茨基著,龚浩然等译:《教育心理学》,浙江教育出版社 2003 年版,第 103 页。

⑤ 列夫·谢苗诺维奇·维果茨基著,龚浩然等译:《教育心理学》,浙江教育出版社 2003 年版,第 104 页。

⑥ 列夫·谢苗诺维奇·维果茨基著,龚浩然等译:《教育心理学》,浙江教育出版社 2003 年版,第 144 页。

⑦ 列夫·谢苗诺维奇·维果茨基著,龚浩然等译:《教育心理学》,浙江教育出版社 2003 年版,第 104 页。

索，发现那些教师要学生掌握的原理和规律，成为学习的真正主人。

**2．教师在教育过程中的主体地位**

传统的教学把教师提到中心地位（课堂中心、书本中心、教师中心，其中主要是以教师为中心），好像教师从自己的教育教学目标出发，就可以直接有效地作用于学生，学生成了教师手中的“玩偶”，其结果不符合学生完成个人活动的动机、兴趣和准备性。相反，“儿童中心主义者”和“自由教育”理论则贬低教师的作用，教师成了跟着儿童尾巴走，甚至是可有可无的人物，这两种观点都是错误的。

教师在教学过程中起指导与组织作用。从教学的交往本质看，教师是教学过程的另一主体。在教学过程中，教材是客体，学生也是客体，是教的对象。维果茨基要求教师要在教学的舞台上导演学生的发展，最大限度地发挥教和学的积极性。“这就是为什么在教育过程中落在教师身上的积极作用乃是塑造、裁剪、搅乱与切削环境因素，用极为多样的方式把它们加以整合，从而实现教师所担负的任务。”①“从心理学的观点来看，教师乃是具有教育影响的社会环境的组织者，以及他与受教育者相互作用的调节者与监督者。”②

在维果茨基看来，教师工作的复杂性就在于，一方面，他应该很好地了解儿童心理活动的规律性，另一方面，还要掌握社会环境的动态特点，这样才能使儿童的活动步入合乎教育目的的轨道上来，形成他的意识和行为的新形式。维果茨基的这些思想，对于那些利用儿童心理活动规律和儿童社会环境变化的特点组织教育教学的教师来说远未过时。但这种思想应转化为教师的创造性的意向，使他们能在完全不同的、不重复的社会环境中采用新的、独特的教育策略，教育各种不同的儿童。这就是为什么一个真正的教师的劳动总是具有特别创造性的原因。显然，教师要想胜任自己的工作，创造性地完成各种复杂的教育任务，还需要有良好的专业素养。教师不但要很好地认识和了解儿童内心的细微变化，其动机和活动的内在矛盾性，而且还应具有以各种不同的方式“塑造”、“裁剪”和“整合”儿童社会环境要素的技能。这也就是说，教师需要掌握儿童心理学、教育心理学和社会心理学的基本理论和将其应用于自己实践工作的技能。

① 列夫·谢苗诺维奇·维果茨基著，龚浩然等译：《教育心理学》，浙江教育出版社 2003 年版，第 111 页。

② 列夫·谢苗诺维奇·维果茨基著，龚浩然等译：《教育心理学》，浙江教育出版社 2003 年版，第 105 页。

西方学者在将维果茨基的“最近发展区”概念用于教学时指出，教师应该完成三项任务：(1) 评估；(2) 学习活动的选择；(3) 提供教学支持以帮助学生成功地通过最近发展区。教师在进行教学时，首先应该检测学生对某一现实问题的理解能力，这包括推理能力、背景知识、认知兴趣，这一切都可能影响儿童的最近发展区。这一过程可称为动态性的评估，这是教师应完成的第一项任务。第二项任务是学习活动的选择，其目的在于使学习任务能适应学生的发展水平，而不至于过难或过易。除了选择任务外，教师还应该决定如何呈现任务。这一过程的目标是通过教师和学生对任务的共同理解而产生理解的共享。理解的共享是十分重要的，因为它标志着学生通过参加问题的解决而获得发展的起点。教师可以通过三个方面来保证理解的共享：其一是将任务镶嵌在有意义的情境之中，以取代用抽象方式提出大量问题；其二是通过对话帮助学生分析他们所面对的问题，以达到理解的共享；其三是提供教学的支持。在这里，研究人员从建筑业借用了“脚手架”这一用语，以表明在学生需要时，可通过为其搭建脚手架来支持他们的学习。[①]

受维果茨基的社会建构思想的影响，科布(Cobb，1991)等人对教师的关键作用所进行的研究表明，教师可以通过教学把教室变成儿童互相证实自己观点的场所，如坚持个人解决问题的观点、向同伴解释个人的解决方法、听取同伴的解释或感受同伴想达到一致的意图及解决的过程。戴格雷和艾里斯·西格曼(Daigre & Iris Sigman，1995)研究了教师对自主性价值的认识、教师的控制点、教师的自我效能感和教师在教室中的谈话、教学方式之间的关系。结果发现，内部控制点、高效能感的教师有一种独立的教学模式，在这种模式中，他们较少评价学生，更多地提出开放式、更高思维层次的问题，少提问已有确定答案的问题，注重以对话的形式激发学生的思维。而外部控制点的、低效能感的教师，由于他们对自主性价值认识不足，强调背诵讲授的教学方式，导致学生背诵式的参与。

由此可见，我们在承认学生教学过程的主体地位的同时，也要十分重视教师的主体积极性和指导作用，教师如何创设良好的外部条件以促进学生个性的优化发展十分重要。因此，师生应该是一种共同激励、相互促进的关系。

### 3. 社会环境在教育过程中的作用

传统的教育心理学只强调教学是师生的双边活动，而不重视甚至根本不研究师生共同活动所依赖的社会环境的作用。维果茨基向来不承认只存

① 高文：《维果茨基心理发展理论对教育教学的影响》，《外国教育资料》，1999年第5期，第47页。

在“教师一儿童”参加的特殊的、单个的现实性。前面已经提到，维果茨基认为“教育过程实际上表现出三个方面的积极性，即学生的积极性，教师的积极性以及处于他们之间的环境的积极性”①。维果茨基指出：“环境乃是个体经验形成的决定因素。恰恰是环境的结构，创造与预先决定了归根结底形成全部个体行为所依赖的条件。”②因此，他强调“学生的经验条件反射的建立完全地、毫不保留地是由社会环境来决定的。社会环境一旦变化，人的行为就随之发生变化”③。“教育者也一样，通过对周围环境的影响，通过适当方式组织环境，决定儿童行为的遗传形式和环境的冲突的性质，因此获得影响儿童性格培养的可能性。”④所以，他得出的结论是：“社会环境乃是教育过程的真正杠杆，教师的全部作用在于驾驭这一杠杆。”⑤维果茨基在这里所说的环境既包括宏观的社会环境，又包括微观的社会环境。宏观的社会环境是指人们所处的社会生活条件、文化历史背景等；而微观的社会环境则主要是指儿童所处的群体，即儿童所属的家庭、学校、班级、社区等所有与他进行互动与交往的个体与群体，也就是儿童的人际关系系统。由于维果茨基强调儿童的活动与内化，所以他的这一理论有别于机械的环境决定论。维果茨基认为：“社会环境包括许许多多不同的方面和要素。这些要素总是处于最为尖锐的矛盾和相互斗争之中，而整个环境则不能理解为一种静态的、原始的和稳定的要素系统，它是一个辩证发展的动态过程。”⑥环境改造人，人在接受环境影响的同时也在改造环境。“人身上的一切在相应的社会影响下都是可以教育和再教育的。这时个性本身不应理解为终极的形式，而是一种机体和环境互相作用的经常流动的动态形式。”⑦西方学者基于维果茨基的理论假设，在活动理论的视野中对维果茨基的学说进行了发展研究，提

---

① 列夫·谢苗诺维奇·维果茨基著，龚浩然等译：《教育心理学》，浙江教育出版社2003年版，第111页。

② 列夫·谢苗诺维奇·维果茨基著，龚浩然等译：《教育心理学》，浙江教育出版社2003年版，第79页。

③ 列夫·谢苗诺维奇·维果茨基著，龚浩然等译：《教育心理学》，浙江教育出版社2003年版，第105页。

④ 列夫·谢苗诺维奇·维果茨基著，龚浩然等译：《教育心理学》，浙江教育出版社2003年版，第395页。

⑤ 列夫·谢苗诺维奇·维果茨基著，龚浩然等译：《教育心理学》，浙江教育出版社2003年版，第105页。

⑥ 列夫·谢苗诺维奇·维果茨基著，龚浩然等译：《教育心理学》，浙江教育出版社2003年版，第277页。

⑦ 列夫·谢苗诺维奇·维果茨基著，龚浩然等译：《教育心理学》，浙江教育出版社2003年版，第282页。

出了“理解实践”的论断。在他们看来，人类的行为和社会活动是不可分割的（如 Minick，1985），在日常生活中，没有一种特殊的“学习”是远离社会文化情境的，只有根据文化背景的差异而不断变化地参与共享性的活动。他们更多地倾向于对社会实践中的人、活动和情境三者之间的关系进行分析，并将其看做一个统一的、相互依存的理论实体。

维果茨基的主体性教育思想对苏俄教育理论与实践的发展产生了重要影响。从 20 世纪 80 年代后期开始，苏俄教育理论出现了重要变化。在整个社会生活环境的总体民主化高潮中，中小学的权威统治性的教育风气开始扭转。当时形成了合作教育学，产生了教育新思维的萌芽，在教育思想中形成了强大的民主化思潮。这一思潮改变了教育的许多重要思想，特别是在组织儿童的教育和教学过程中优先考虑其主体性和个性的主张，以及关于各级各类学校教育首先以学生的智力、道德和身体发展为目的的观点。这些思想与 20 年代维果茨基提出的教育心理学观点完全一致，当然，这种一致并不表明 20 年代、80 年代和 90 年代的思想完全相同。的确，在苏俄不同时期，教育的社会经济条件和主要任务都有重大改变，同时教育心理学的理论和实践的内容也经历了很大的变化。但是，分析这些不同年代组织儿童教育教学方法的一致性，可以更好地理解苏俄教育改革的现代心理学依据的深刻根源。

苏联解体后，随着俄罗斯社会的民主化运动，以俄罗斯科学院心理研究所所长 A. B. 布鲁什林斯基为首的一班人致力于主体心理学的研究，1991 年及 1992 年连续发表了有关主体心理学问题的论著。在他看来，就全世界而言，心理学是一门以人为研究对象的最权威性的科学。他认为随着对主体心理学的许多基本问题开展深入的研究，心理科学将会有力地促进整个社会的进步。他在一次会议上的报告，即《社会变化中的主体心理》中，提出了“心理恒定”与“自我同一感”等新概念。在 A. B. 布鲁什林斯基看来，如果失去了心理恒定，就会使整个社会情况复杂化，而保持心理恒定就主体而言首先在于自我同一感。

主体心理不仅是指个体而言，同时也是指群体。1999 年 9 月 14 日至 16 日，在莫斯科举行的纪念苏联著名心理学家 C. Л. 鲁宾斯坦诞辰 110 周年的国际学术会议，就是以“社会变化中的个体与群体主体”为题的。当前俄罗斯科学院心理研究所的科研人员对心理学的各种问题进行深入的探索，从而形成心理科学的一个新的分支——主体心理学[①]。

① 龚浩然、黄秀兰著：《班集体建设与学生个性发展》，广东教育出版社 1999 年版，第 12 页。

今天，当人类迈入21世纪之时，主体性教育显得尤为重要，并成为近年来教育界的热点问题之一。从国际竞争方面来看，当今世界范围内的竞争是世界经济竞争和综合国力的竞争，实质上是科学技术和民族素质的竞争，但归根到底是教育的竞争、人才的竞争。21世纪是智能化的社会，是知识经济成为主体和主导力量的社会，这已是不争的事实。西方未来学者认为，人类经历了6000年的农业社会，300年的工业社会，现在历史的车轮将驶向"信息社会"。他们说的信息社会就是知识社会、智力社会，就是大量生产知识的社会。根据人才预测学的观点，21世纪需要素质好、有特长，并且具有个性、自主性、合作性、责任心和创造精神的人才，即人的潜能得到充分发展的主体性人才。只有人的潜能得到充分发展，才能适应参加国际经济竞争和综合国力竞争。世界教科文组织的报告即《学会生存》的作者预言："未来的学校必须把教育的对象变成自己教育自己的主体。"未来教育对学习者的要求，将从"学到什么"转变为"会学什么"和"会不会学"。由此可见，走主体性教育之路，其方向是正确的，其前景是光明的。

## 四、教学的交往本质

"教学"一词既包含了作为"教"的一方，也包括了作为"学"的一方，教学是在师生的共同活动中实现的。维果茨基非常重视教学的交往性。他指出："作为交往和它的最系统化的形式便是教学。"①可谓一语道破了教学的交往本质。教学的交往就是主体与主体之间的共同活动，也就是说，教学必须是在知识经验存在着差异的人们之间进行，亦即有某种知识经验的人（如教师）与准备学习这种知识经验的人（如学生）之间的交往。

维果茨基对教学交往的重视以及"最近发展区"的思想启发了他的追随者们，他们在实践中设计了各种各样的教学活动，创设教师与学生、学生与学生进行学习与交往的情境，促进有效的教学。按维果茨基的最近发展区理论，教师可以在教学活动中运用各种各样的教学策略来帮助学生解决问题，帮助学生通过与其他学生交往进行学习，并且控制学生的发展进程。

受维果茨基等人思想的影响而兴起的当今建构主义教学流派改变了现代教学的价值观念，真正把教学看成是"一种交往的过程"。在教学过程中，师生之间、学生与学生之间通过交往而沟通、交流、协调，从而共同完成教学

① Выготский Л. С. Избранные психические исследования. Москва: Издательство АПНРСФСР, 1956. с. 453.

目标。学生在交往中学会合作，学会共同生活，形成丰富而健康的个性。

西方一些学者在对维果茨基的社会性交往和最近发展区理论进行研究的过程中，不仅关注校内课堂教学，而且重视学生在校外的交往。他们认为，儿童在校外获得的经验与其在校内课堂教学中获得的经验是紧密相连的。像外出参观画展、新闻剪辑以及参加社会公益活动等等，如果能与班级教学活动紧紧地结合在一起，那么便能为学生提供一幅生活社区与班级教学完美结合的独特画面。

维果茨基关于"教学的交往本质"的思想无疑也为我国当前的教学改革提供了有益的借鉴。我国新语文课程标准就明确提出：教学是教师的教与学生的学的统一，这种统一的实质是交往、互动。所以，新课程把教学过程看成是师生交往、"积极互动、共同发展"①的过程。没有交往、没有互动，就不存在或未发生教学，那些只有教学的形式而无实质性交往发生的"教学"是假教学。把教学本质定位为交往，是对教学过程的正本清源，是对把教学看成是教师有目的、有计划、有组织地向学生"传授知识、训练技能、发展智力、培养能力、陶冶品德"的过程这一传统观念的重大突破。

近年来，随着计算机应用的不断普及，教学中的"人机交往"成为必然。在教学活动中，教师运用各种各样现代科技方法设计先进的计算机程序，帮助学生在最近发展区内达到他们的潜在发展。计算机同样可以运用先进的程序测试出学生各种各样的发展区。例如，通过计算机测试，可以明示出学生在单独一门学科领域中解决问题的能力与通过帮助达到的解决问题能力水平的比较；计算机还可以消除存在于成人指导者与学生之间的不平等，在问题解决中激励并帮助学生。而计算机可以提出问题并激励学生为达到他们潜在的认知发展而努力。可以预言，随着计算机技术的飞速发展，网络时代的到来，"网上交流"必将在教学中发挥重要的作用，而如何利用计算机为学生创设一个以学生为中心的发展式交往学习环境，以促进学生对知识的建构，则有待于我们去不断探讨。

### 五、维果茨基教育心理学思想的影响

维果茨基是 20 世纪最具影响力的心理学家之一，其思想自 60 年代传入西方后，备受西方学者关注，特别是维果茨基的教育心理学思想对西方教

① 钟启泉等主编：《〈基础教育课程改革纲要(试行)〉解读》，华东师范大学出版社 2001 年版，第 7 页。

育观念带来强有力的冲击。美国著名心理学家布鲁纳曾指出："在过去的四分之一世纪，从事认知过程研究的每一位心理学家都应该承认维果茨基的著作对自己的巨大影响。"①布鲁纳还根据维果茨基的教育心理学思想提出了"支架式教学"的教育模式。另外，基于维果茨基的教育心理学思想还引申出了一些新的教学观念，这些均对当代西方教育理论和实践产生了重要而深远的影响。

**1. "支架式教学"的教育模式**

布鲁纳根据维果茨基的最近发展区理论提出了"支架式(scaffolding)教学"的教育模式。Scaffolding本意是建筑行业中使用的脚手架，布鲁纳用它来形象地说明一种教学模式：教师引导着教学的进行，使学生掌握、建构和内化所学的知识技能，从而使他们进行更高水平的认知活动。布鲁纳提出的支架式教学的本质在于以最近发展区作为教师介入的空间，为儿童的学习提供支持，促使儿童主动而有效地学习。

(1)"支架式教学"的基本环节。

支架式教学首先肯定学习是一个主动的过程，儿童原有的经验和发展水平是学习的基础。同时，为了保证学习的有效性，教育者必须参与到儿童的学习中去，不断提出挑战性的任务和提供必要的支持，激发其心理机能的运作和转化。有效的支架式教学包括以下几个环节：① 预热(etudes)：这是教学的开始阶段，将学生引入一定的问题情境，并提供可能获得的工具。② 探索(exploration)：首先由教师为学生确立目标，用以引发情境的各种可能性，让学生进行探索尝试，这时的目标可能是开放的，但教师会对探索的方向有很大的影响。在此过程中教师可以给以启发引导，可以做演示，提供问题解决的原型，也可以给学生以反馈等，但要逐渐增加问题的探索性成分，逐步让学生自己去探索。③ 独立探索(excursions)：即教师放手让学生自己决定自己探索的方向和问题，选择自己的方法，独立地进行探索。这时不同的学生可能会探索不同的问题。② 可以看出，支架式教学的要点在于：强调在教师指导下学生的发现活动；其次，教师指导成分将逐渐减少，最终要使学生达到独立发现之目的，将监控学习和探索的责任由教师向学生转移。

(2)"支架式教学"的类型与实例。

在支架式教学中，教师的作用在于为学生自己完成任务提供恰到好处

---

① Брунер Дж. Психология познания. М.,1977. с. 9.

② 陈琦、刘儒德：《当代教育心理学》，北京师范大学出版1997年版，第97～105页。

的支持和帮助。教师多运用示范、提问的方式，促使儿童学习的自主性和责任性的不断增长。支架式教学大致有以下几种类型（见表3-1）：

表3-1 支架式教学类型与实例①

| 支架式教学类型 | 实例 |
|---|---|
| 1. 示范 | 美术课教师在让学生自己尝试一种新画法之前，给学生做演示性绘画。 |
| 2. 大声思维 | 物理课老师在黑板上解决力学问题时，边示范边将他的解题思路大声地说出来。 |
| 3. 提问 | 在给学生做示范并大声思维后，物理老师给学生提出几个关键性问题。 |
| 4. 调整教学材料 | 一名体育教师在教学生投篮技术时，先降低了篮球筐的高度，当学生熟练后，再将球筐高度升起。 |
| 5. 言语指点 | 当幼儿园的孩子学习系鞋带时，老师跟他们说："鞋带像个兔宝宝，现在兔宝宝来到洞口并跳了进去。" |
| 6. 提供线索 | 当学生初学写作时，语文老师给学生提供若干写作的线索，如"写谁"、"为什么写"、"写什么"、"怎样写"等等，以帮助学生组织写作思路。 |

提供教学支架的目的就是使学生最终能够独立完成任务，帮助他们顺利通过最近发展区。在操作上，教学支架应该考虑学生的需要：当学生需要更多的帮助时，教师就进一步提供"支架"；当学生需要较少的帮助时，教师就撤销"支架"，以便学生能独自完成任务。"支架"对于认知发展的意义在于：一方面，与儿童发展相适应的认知、社会情绪、行为的支架能够明显地促进随后的认知发展。另一方面，支架是进行干预（intervention）的重要部分，干预是指为促进儿童认知的、社会情绪的和行为的发展所采取的措施。所以，这种支架式教学是一种教学模式，它要求为学生提供一定的帮助，使他们能够完成不能独立完成的任务。

**2. 基于维果茨基教育心理学思想的教学观**

随着对维果茨基学说研究的不断升温，维果茨基的教育心理学思想越来越受到人们的重视，世界各国学者从不同的视角对其思想进行解读，从而进一步发展了维果茨基的学说，由此也产生了一些新的教学观念。

（1）表演式学习。

① Eggen, P. & Kauchak, D. *Educational Psychology: Windows on Classrooms* (3rd ed). Prentice-hall, Inc. 1997. p. 57.

美国当代心理学家、剧作家、表演理论的创始人夫雷德·纽曼(Fred Newman)及其同事致力于在实践中发展维果茨基的理论，从表演的维度探讨了最近发展区的概念，并以此为核心提出了表演式学习的概念。[①] 表演理论家虽然也承认获取知识、技能(即工具性学习)的重要性，但他们指出，对知识和技能的学习并不导致人的发展，只有那种既是手段又是目的的历史表演式的学习才能促进人的发展。

表演式学习最典型的例子是婴幼儿学习讲话期间与成年人之间的“共同表演”。儿童刚开始的讲话大都是不正确的、有问题的，成人首先要接受儿童文理不通的语言，并帮助他们讲下去。成人一般都是用这样的方式对待儿童，支持他们，帮助儿童完成他们所不会做的事情。人类就是这样开始学习讲话、走路、穿衣以及各种各样的事情，从而使人们参与到社会生活中来成为可能。换言之，为了适应社会，儿童首先要从非适应性的历史表演活动做起，也就是从那些还不知道怎样做的事情做起。固然，成年人有了自我意识，便构成了表演式学习的障碍，但是表演理论家相信，有了自我意识并不意味着成年人不能够进行表演式学习。成年人可以模仿儿童的做法，正像儿童模仿成年人那样。可见，表演理论在人的教育和发展方面有其独到的见解。

(2) 自我监控学习。

维果茨基认为，儿童心理机能的发展来源于早期与成人的言语互动，儿童的自我监控技能是在与其他人的多重社会交往中获得的，实际上是一个由外部言语向内部言语内化的过程。在这个内化过程中，儿童存在着一种独特的言语现象，即自我中心言语。维果茨基认为，自我中心言语是外部言语向内部言语转化的一种言语形态，是一种过渡性的言语，一旦个体的外部言语被内化，知识便具有了其能动性，即努力达到自我监控。根据维果茨基的观点，个体对行为的控制和调节，在很大程度上是一个言语过程，个体的行为最初是受他人的调节和控制的，然后受学习者自我指导的言语的控制和调节，最后在言语的内化中，实现内部言语的控制和调节。在西方，许多人接受并发展了维果茨基的观点，在理论和实践上进行了大量的研究，如迈切鲍姆(Meichenbaum)进行的关于学习缺陷儿童的自我教育的研究，帕林卡萨和布朗(Palincsar & Brown)关于阅读理解的互惠教学研究等，进一步发展了维果茨基有关在言语内化过程中儿童自我监控学习能力增长的思

① 郝琦、乐国安：《表演式学习——表演理论对“最近发展区”的发展》，《心理学探新》，1999 年第 2 期，第 9～12 页。

想。

(3) 教学的动态评价。

作为教学评量方法的动态评价同样源于维果茨基的理论。维果茨基关于最近发展区的假设,在很大程度上是基于对既有的智力测验的性质和学校教育中传统的学业成就的评价方法的不满而提出的。维果茨基认为,以前的学科测验、智力测验实际上测量的是儿童已有的发展水平,不能用它来探查他的最近发展区、他的可教性。换言之,此类测验只能测量儿童智力的实际水平,而不能测量其智力的可能发展。最近发展区概念引入教育领域后,改变了了解儿童学习准备性的观念和方法,把儿童的潜在水平和现实水平之间的距离(最近发展区的"宽度")作为评价的对象,而潜在发展水平是儿童在得到指导时的表现。因此,对儿童学习能力的充分了解必须在动态的"过程"中评价。

动态评价与教学有密切联系,不能离开教学做动态评价,因为评价的是儿童的潜能,即评价的对象是儿童的最近发展区,这需要教师用发展的观点即时进行多次评价。因此,动态评价的目的在于发现儿童的最近发展区,并实现该最近发展区,最终使儿童的认知能力得到最充分的发展。

# 第四章

## 维果茨基:学派的奠基人(下)

### 第一节　维果茨基的文艺心理学思想

维果茨基从童年时代起就对文学、戏剧、艺术有浓厚的兴趣，他最早发表的作品是文学评论方面的。1915—1917 年，维果茨基发表了第一批论文(载于高尔基的《年鉴》)，它们是关于别雷和梅列日科夫斯基等人小说的文艺短评。这一时期，他完成了第一部大型的研究著作《丹麦王子哈姆雷特的悲剧》(1916)，试图对个人与世界、人格与意识、心理与身体、思维与语言、文化与自然等困扰同时代作家、诗人、哲学家的这些问题做出科学的回答。大学毕业后，在戈梅利学校执教时期，他曾讲授过文学、美学和艺术史。1924 年，28 岁的维果茨基来到莫斯科心理学研究所，翌年，他以《艺术心理学》一书提交学位论文，并获得博士学位。之后，他的研究兴趣转向社会文化与儿童认知发展领域。由此看出，维果茨基是“从侧面”进入心理学的。

《艺术心理学》是维果茨基于 1925 年完成的一部早期著作，该书酝酿了他的新心理学思想，即从社会生活和作为社会文化历史存在物的人的生活来理解艺术功能。然而遗憾的是，本书在他生前未能出版，40 年后才于 1965 年面世。虽然问世较晚，其影响却迅速扩大，受到心理学界和艺术界的高度重视，现已译成多国文字，我国于 1985 年出版了其中译本。

## 一、艺术心理学的理论基础与方法

### 1. 艺术心理学的思想基础与原理

艺术心理学是克服心理主义及反心理主义的影响发展起来的。心理主义,如德国的冯特、俄国的 Д. Н. 奥尔夏尼科—库利科夫斯基以及 A. A. 波捷布尼亚的追随者是根据个人意识的特点来推断艺术作品的形式和内容的;而反心理主义,包括形式学派和构造主义则否认这些作品对主体心理活动的依赖性。

19 世纪的美学依据心理学分为:心理学美学和非心理学美学。德国著名心理学家费希纳将两者分别称为“自上而下的美学”和“自下而上的美学”。前者指的是康德、黑格尔所代表的,以哲学思辨方式对美学和艺术的研究;后者是费希纳所提倡的,用科学实验的手段对美学和艺术进行的研究,这种方式以心理学为代表学科,研究艺术心理经验。自上而下的美学从“心灵的本性”,从形而上学的前提或思辨的结构中汲取定律和证明。因此,它把审美的东西当做一个特殊的存在范畴来对待。而自下而上的美学则变成了一系列十分粗浅的实验,只顾埋头于说明最简单的审美关系。因此,维果茨基认为,两派进行研究的科学根据和方法都是错误的,只有改变研究的基本原则,重新提出问题和采取新的方法,才是摆脱困境的唯一出路。

在自上而下的美学那一方面,人们开始日益强烈地意识到,对于建立任何一种美学理论来说,社会学和历史学的基础都是必要的。人们开始越来越清楚地意识到,只有把艺术视作社会生活的功能之一,看到它同其他所有社会生活领域的不可分割的联系,看到它的具体历史制约性,艺术才能成为科学研究的对象。历史唯物主义试图根据社会生活的一切形态和现象的同样原则对艺术进行科学的考察。从这个观点出发,艺术通常被看做意识形态的形式之一,它同所有其他形式一样,是以经济关系和生产关系为基础的上层建筑产生的。因此完全可以理解,正如自下而上的美学始终是经验的和实证的美学一样,马克思主义的艺术理论也显示出把理论美学的问题归结为心理学的倾向。然而,如果认为美学没有自己的发展规律,那将是肤浅的。

基于这一认识,在区分自上而下的美学和自下而上的美学的基础上,普列汉诺夫非常明确地区分出艺术社会学和艺术心理学两种视角。他指出,决定人的审美行为的心理机制作用总是决定于社会学方面的原因。由此十分清楚,研究这些机制的作用便构成心理学的对象,而研究这些机制的制约性便构成社会学研究的对象。心理学规律在一定程度上能成为解释一般的意识形态史和特殊的艺术史的钥匙。“为什么这个社会人正是有这样的趣味，而不是有别样的趣味；为什么他喜欢的正是这些东西，而不是另一种东西这取决于周围的条件。”[①]“谁也没有像普列汉诺夫这样清晰地解释过心理学研究对于马克思主义文艺理论在理论上和方法论上的必要性。”[②]按照普列汉诺夫的说法，“所有的意识形态都有一个共同的根源：这个时代的心理”[③]。因此，维果茨基提出对艺术进行社会历史心理的考察，这是一种全新的研究。肯定艺术作为意识形态之一的特性，但又不使它脱离社会现实和社会心理基础。这样，维果茨基把意识形态的内容与形式相结合，创立了艺术心理学。维果茨基理论的核心观念是从社会和特定历史时代的心理去研究文艺，在阐明这一中心观念时，他又必须先行解决一对矛盾，即集体心理与个体心理之间的差异。在当时心理学界，一些颇有影响的心理学权威，如B. 别赫捷列夫、麦独孤、弗洛伊德等反对以个体心理学来说明社会现象。在此观念影响下，Г. И. 切尔潘诺夫（Г. И. Челпанов，1986—1925）等人认为，马克思主义心理学只是研究意识形态起源的，那么，只能是对经济的研究，而不能是对个体心理的研究。维果茨基的看法正好相反，“只有个体的（即经验的和实验的）心理学才能成为马克思主义的心理学”[④]。无疑，他的看法是符合马克思主义基本观点的。个人心理与社会心理是不能截然分开的，没有个体心理研究的手段，如实验等，也就不可能建立社会心理学。维果茨基这一大胆看法，反对把心理学看做社会意识形态和经济研究的附庸，对艺术心理学的创立起了关键作用。

维果茨基的理论在哲学上对马克思主义上层建筑与意识形态理论进行了新的诠释，这个理论的依据是Г. В. 普列汉诺夫的著名的“上层建筑五分法”。普列汉诺夫认为上层建筑是由以下部分构成的：(1) 生产力状况；(2) 经济关系；(3) 社会政治制度；(4) 社会人的心理；(5) 反映这种心理特征的各种不同意识形态。其中“社会人的心理”尤其重要，普列汉诺夫把它作为从上层建筑向意识形态领域的过渡，也是联系两者的中介。它一方面有社会政体等方面所造成的影响，另一方面又与人的情感、思维、观念相联系，文学艺术等也必然与其直接相关。所以，维果茨基将其视为自己理论的思想基础：“因此，社会人的心理被视为该时代的包括艺术在内的一切意识

---

① 普列汉诺夫：《艺术论文集》，新莫斯科出版社 1922 年俄文版，第 46 页。

② 维戈茨基：《艺术心理学》，上海译文出版社 1985 年版，第 9 页。

③ 普列汉诺夫：《马克思主义的基本问题》，莫斯科工人出版社 1922 年俄文版，第 76 页。

④ 维戈茨基：《艺术心理学》，上海译文出版社 1985 年版，第 13 页。

形态的共同底土。这也就是承认,艺术最直接地受社会人的心理的制约和决定。”①

基于这一基础,维果茨基可以自由地联系社会经济,也可以独立地对心理和艺术的关系作出解释。

**2. 关于艺术心理学的研究方法**

维果茨基认为,现代心理学所面临的危机首先表现为心理学家分裂为两大阵营:一方面是以柏格森等直觉主义为代表的主观主义心理学;另一方面则是客观心理学,其中包括美国的行为主义、德国格式塔心理学、反射学、马克思主义心理学等,这都是由现代心理学走向客观主义的共同趋势所引起的尝试。很明显,在对从前美学的全部方法论进行彻底审查的同时,这种走向客观主义的趋势也波及了美学心理学。因此,建立艺术心理学的客观方法和体系便成为美学心理学的最大课题。为了着手解决这个问题,必须准确地指出,到底什么是艺术的心理学问题,然后才能考察它的方法。

维果茨基所要建立的是以对艺术品形式分析为中心的文艺心理学,对此,维果茨基本人并不隐瞒,“我们试图研究与作者和读者无关的纯粹的和无个性的艺术心理学,我们只探讨艺术的形式和材料”②。要建立这种客观的艺术心理学,必须对其研究方法作出具体规定。

首先,维果茨基对当时艺术心理学中流行的审美体验方法、实验美学方法和反射学艺术研究的方法均采取否定的态度。因为审美体验就其本性来说是不可理解的,它的本质和过程是主体所不易觉察的。我们决不会知道,也决不会理解,为什么我们喜爱这部或那部作品,在解释作品的作用方面,我们所设想出来的一切都不过是后来的臆断,是无意识过程的十分明显的理性化;而体验的实质本身对于我们始终是难以猜测的。就像法国谚语所说的,艺术就在于遮掩艺术。因此,心理学便试图从实验上着手解决问题。

然而,实验美学的研究方法在发展中也不令人满意。因为实验美学也存在明显的错误:(1) 它从终点开始,从审美快感和审美评价开始,忽视了过程本身,忘记了快感和评价经常是审美行为的偶然、派生甚至是附带的因素。(2) 实验美学不善于发现使审美体验区别于一般体验的那种特殊的东西。实质上,它注定要永远留在美学的大门之外,因为它所提出的评价对象只是一些最简单的颜色、声音和线条等的组合,忘记了这些因素根本不能说明审美知觉本身。(3) 实验美学最大的错误是,它提出了一个虚假的前提,

① 维戈茨基:《艺术心理学》,上海译文出版社 1985 年版,第 9～10 页。

② 维戈茨基:《艺术心理学》,上海译文出版社 1985 年版,第 17 页。

即仿佛复杂的审美体验是作为一些小小的审美、快感的总和而产生的。

当然，反射学艺术研究方法也高明不了多少，它用类似下面的测验来研究艺术家的个性。“假如你的心上人对你变了心，你会怎么办？”在这种情况下，即使把呼吸和脉搏记录下来，即使让艺术家用春、夏、秋、冬的题目做文章，我们还是超不出幼稚可笑的和完全无能为力的研究范围。

那么，艺术心理学研究究竟采用什么方法才算合理呢？在维果茨基看来，对艺术的心理学研究总不外乎两条途径，或者根据作品中表现出来的心理研究创作者的心理，或者研究领会这部作品的观众、读者的体验。这两种方法显然都是很不完善和毫无结果的。如果注意到创作过程的异常复杂性，以及根本不存在指导创作者在作品中的心理表现的任何规律，那么显然就不能从作品上溯到创作者的心理。

分析观众的体验同样是毫无结果的，因为这种分析也隐藏在无意识的心理范围内。因此，维果茨基认为应该提出艺术心理学的新方法。这种方法在弥勒一佛拉因斐尔斯的方法分类里称做“客观分析法”，即“不应该把作者和观众，而应该把作品本身当做根本来抓”①。诚然，作品本身绝非心理学的对象，作品本身也没有提供心理这种东西。但是，如果我们想起历史学家和地质学家的情况，我们就能看到，许多科学都必须运用间接的即分析的方法先把研究对象设想出来。在这些科学中探索真理，往往很像在审理某个犯罪案件中查明真相的过程，这时犯罪事实本身已成为过去，而法官手中只有间接的证据：罪迹、物证和供词。如果法官根据被告或受害者的陈词就进行裁决的话，他就不是一个好法官。心理学如果只倾听读者或观众的陈述，也是如此。但是决不能由此得出结论，说法官应该完全拒绝倾听有关各方的陈述，即使他事先就不信任他们。同样，心理学也决不可以拒绝使用这样或那样的材料，即使事先就认定该材料是不可靠的。只有把许多情况加以对比，用客观的罪证、物证等进行检验后，法官才能弄清真相。

心理学家也应该先研究物证，即艺术作品本身，并根据这些艺术作品设想出与之相应的心理学，以便有可能研究这种心理学及其主导规律。在这种情况下，任何艺术作品自然都要被心理学家看做是有意识地和故意地组织起来以引起审美反应的刺激因素系统。这时，在分析刺激因素的结构时，我们就能设想出反应结构。这可以用一个最简单的例子来说明。譬如，我们研究某文学作品片段的韵律结构，我们接触的始终不是心理事实，然而，由于我们所分析的这一语言韵律结构是旨在以多种多样方式引起相应的功

① 维戈茨基：《艺术心理学》，上海译文出版社1985年版，第25～26页。

能反应的，所以通过这一分析，根据完全客观的材料，我们就能设想出审美反应的某些特点。同时非常清楚，这样设想出来的审美反应将是完全无个性的，也就是说，它将不属于任何个别人，不具体地反映任何个人的心理过程，但这恰恰是它的优点。这一情况有助于我们明确纯形态的审美反应的本性，不把它同它在个体心理中出现的许多偶然的过程混淆起来。

这一方法也可以保证我们所取得的结果和整个研究系统具有充分的客观性，因为它每次都是从研究切实的、客观存在的和估计到的事实出发的。可以从艺术作品的形式出发，通过对形式的要素和结构的功能分析，说明审美反应和确立它的一般规律。

由于这是一种新的方法，所以，维果茨基本人也承认，他撰写《艺术心理学》这本书的任务和计划只能是力求比较详细地和有计划地实现这一方法。因此，维果茨基首先对寓言、小说和悲剧进行个别的研究，以便非常清晰地说明他所采用的这种方法的具体做法和性质。

## 二、审美反应的心理机制——净化

为了揭示艺术作用于人的机制，按照维果茨基的设想，心理学应该成为纯粹的、无个性的，能将自己的研究对象包括来自作者的，也包括来自读者的美学反应加以抽象化的科学。[①] 根据维果茨基的观点，表现这种反应依据的应当是另一种类型的感觉反应和运动反应，研究这些反应的成就取决于它们是取之于"纯粹的形态"，没有任何强制的做法和复杂的情况。但是，上述反应形式被视为由外部的、物理的刺激因素所引起的，而美学的反应则是由特殊的决定因素——艺术文本——符号系统所激发起来的，而这种符号系统，用现代语言来说，可以被看作是一种特殊的"控制论系统"。

与此同时，维果茨基的出发点是：艺术文本的构成旨在引起一定的心理效应，这就是说在个人情感方面产生爆炸力。因此，在这里情感是一个至关重要的概念。那么，作为神经过程的情感是什么？这些过程具有哪些客观的特性？对此学者们提出了不同的看法。

不少人认为，从神经机制的角度看，应该把情感归于神经能量的消耗、耗费和疏泄的过程。弗洛伊德也是这样主张的，他说，"激情和情感与能量

① Л. С. 维果茨基：《艺术心理学》，莫斯科 1968 年版，第 17 页。

消耗过程相应，其最终表现为感觉而被知觉”①。许多艺术心理学家包括奥夫夏尼科—库利科夫斯基都采纳了这一观点。他说：“与其说情感是积累心灵的力量，不如说它们是消耗心灵的力量。情感生活是心灵的消耗。”②的确，这是艺术心理学的一个基本问题：我们到底如何看待情感，是仅仅把它看做心理能量的消耗呢，抑或它在节约心理生活方面有储存的作用？维果茨基之所以把这个问题称作心理学的一个中心的、重要的问题，是因为对心理学美学的另一个中心问题，即节约力量原则问题的回答将取决于对它的解答。从斯宾塞时代以来，人们都已习惯于把根据节约心灵力量的规律所作的解释当做艺术的基础，斯宾塞几乎把这一规律看做心灵的万能原则。艺术家们借用了这一原则，例如，维谢洛夫斯基最充分地表述了这一原则：“风格的优点就在于用尽可能少的词构成尽可能多的思想。”对此维果茨基认为，在艺术的初生和直接的效果中，同非艺术活动相比，更多指的是困难，因此，如果运用节约力量原则，想必只能把它运用于艺术的派生效果，运用于艺术的后效，而决不能运用于对艺术作品的审美反应。

弗洛伊德就是在这个意义上解释节约力量原则的。他说：“对这种节约，我们早就摆脱了那种直接的同时也是幼稚的理解，即希望完全避免心理消耗，而且是以尽量限制用词和尽量限制建立思维联系来取得节约。”③由此看来，斯宾塞所说的那种意义上的节约力量原则是不适用于艺术形式的。至于艺术，这里占优势的恰恰是相反的原则，即神经能量的疏泄的消耗和耗费。这种疏泄的消耗越多，艺术就越使人感到惊心动魄。艺术在其直接作用上是违反节约力量原则的，在艺术形式的构成上正好是服从相反的原则的。我们的审美反应，首先是作为破坏而非保存我们的神经能量的反应向我们显示出来的，它像爆炸，而不像斤斤计较的节约。

然而，节约力量原则或许也适用于艺术，但应用的方式完全不同，为了弄清这一点，必须对审美反应的本性有一个确切的认识。维果茨基尝试撇开系统的分析和审美反应的各个组成部分，单指出其中最主要的和最中心的东西。如果探讨一下这种综合的情感理论，可以把有关这一问题的研究归为两种理论。

第一种理论的观点是，审美反应很像弹钢琴：作为艺术作品成分的每一

---

① 弗洛伊德：《心理分析学的基本心理学理论》，见《艺术心理学》，上海译文出版社 1985 年版，第 263 页。

② 奥夫夏尼科—库利科夫斯基：《奥夫夏尼科—库利科夫斯基文集》，见《艺术心理学》，上海译文出版社 1985 年版，第 263～264 页。

③ 弗洛伊德：《机智及其对无意识的关系》，见《艺术心理学》，上海译文出版社 1985 年版，第 266 页。

个要素仿佛是我们机体的相应的感情之键，整个审美反应就是这种回应击键的情绪印象。这样，在艺术作品中竟没有一个要素本身是重要的，这些要素只是键。重要的是要素在我们身上所引起的反应。这种十分机械的概念当然根本无力解决艺术反映的问题。

因此，另一种正好相反的理论要深刻和有力得多，这一理论在心理学中以“移情说”之名而著称。它来源于赫尔德，并在立普斯的著作中得到高度的发展；它恰恰是从相反的情感概念出发的。按照这一理论，情感不像钢琴的键产生音那样由艺术作品引起，艺术的每一个要素并不把它的情绪色调灌注于我们，情况正好相反。我们把自身的东西灌注于艺术作品，把这样或那样的情感移入艺术作品，这些情感是从我们内心深处升起的，它们当然不在我们感受器的表面上，而是同我们的机体的最复杂活动联系在一起。如果抛弃掉立普斯的理论所常有的那些纯形而上学的观点和原则，只保留他所揭示的那些经验事实，那么这一理论无疑是很有效的，它的某些方面一定能成为未来的客观美学心理学理论的组成部分。从客观的观点来说，移情就是反应，就是对刺激的回答。然而，这一理论的缺点并不比前一种理论少。其主要缺陷是，它实质上没有提出一个区分审美反应和无关艺术的一般知觉的标准。

因此，维果茨基认为，这两种审美情感理论都不能解释情感同我们的知觉所面临的客体之间的内在的联系。要做到这一点，就必须依靠着重说明幻想和情感联系的心理学体系。梅依学派和策烈尔、梅耶等心理学家的研究表明，我们的一切情绪不仅在肉体上表现出来，而且在心灵上表现出来。因此，情绪不单纯从我们机体的面部表情、体态表情、分泌和身体的反应中表现出来，而且需要借助幻想来实现。情感和幻想不是两个互相分离的过程，它们其实是同一个过程，幻想可以看做情绪反应在中枢的表现。这种作用过程表现为，“随着作为反应中枢因素的幻想的加强，情绪反应的外围方面也会在时间上延迟下来，在强度上减弱下来”①。这便是所谓“能量单极消耗规律”。因此，艺术情感是由幻想引起的，它在情绪中枢或大脑皮层得到缓解。

在维果茨基看来，也只有根据这一观点才能研究艺术。艺术能在我们身上引起异常强烈的情感，但这些情感同时又不会在其他地方表现出来。维果茨基认为，艺术情感和一般情感的区别，应该这样去理解：这是同一种情感，但已被大大加强的幻想活动所缓解。这样，我们便找到了一切艺术反

① 维戈茨基：《艺术心理学》，上海译文出版社1985年版，第276页。

应由之构成的各个分散的要素之间的统一。

因此，正是外部表现的阻滞，才是艺术情绪保有其非凡力量的突出特征。艺术情绪本质上是一种智慧的情绪，它并不表现在紧握拳头和颤抖上，而主要是通过幻想的映象得以缓解。正如狄德罗所说，演员留的是真眼泪，但他的眼泪是从大脑里流出来的。这句话道出了一般艺术反应的实质。然而仅仅发现这一点，问题还远远没有解决，因为在一般情感中一定还存在着混合情感的活动，如往往在愉快中含有痛苦，兴奋中又有压抑。与艺术相关的恰恰是混合情感。弥勒－佛拉因斐尔在分析悲剧情感时说，两重性是悲剧情感的基础。虽然悲剧印象有压抑的性质，“但整个说来，悲剧印象是人的本性所能产生的最高昂的情绪之一，因为至深的痛苦被心灵克服后，会产生一种无与伦比的胜利感”①。

普列汉诺夫曾引用达尔文关于人类表情运动的对立定理的看法，并试图用它来说明艺术。达尔文说：“有些心情会引起……一定的习惯性动作，这些习惯性动作在最初出现时乃至在现在也是有用的动作；我们会看到，如果有一种直接相反的思想情绪，就会有一种强烈的、不由自主的意向要做出那些直接相反性质的动作，即使这些动作从来不会带来丝毫好处。”“所以，当某一类动作同某些感觉或情感活动联想起来的时候，自然就可以假设，在直接相反的感觉或情感活动的影响下，由于习惯性联想的作用，完全相反性质的动作便会不由自主地发生。”②

达尔文发现的这一奇妙的规律，同样也适用于艺术。这样，下面的情况对我们来说再也不会是个谜了：同时引起我们相反性质的激情的悲剧，大概就是按照对立的定律发生作用的，它把相反的冲动送到相反的各组肌肉上去。悲剧仿佛迫使我们同时向右、向左转，同时把重物举起和放下，它同时刺激肌肉及其对抗体。正因为如此，我们在艺术中看到的激情的外部表现的阻滞又一次得到了说明。审美反应的特殊差异就在于此。

由此可见，任何艺术作品，包括寓言、短篇小说、悲剧等都包含有激情的矛盾，引起互相对立的情感系列，并使这些对立的情感系列发生“短路”而归于消灭。这也可以叫做艺术作品的真正效果，因此，我们也就完全接近于净化这个概念了。

亚里士多德在谈论艺术时不止一次地提到净化的概念，他把这一概念作为解释悲剧的基础。亚里士多德在《诗学》中写道：“悲剧是对于严肃、完

① 弥勒－佛拉因斐尔：《艺术心理学》，见《艺术心理学》，上海译文出版社 1985 年版，第 280 页。
② 达尔文：《人类和动物的表情》，见《艺术心理学》，上海译文出版社 1985 年版，第 280 页。

整、有一定规模的动作的一种模仿；它的媒介是语言，是具有各种不同修饰的语言，用在悲剧的不同部分；方式是通过动作，而不是通过叙述；借引起怜悯和恐惧以导致这些激情的净化。”①文艺复兴以后，历代文艺理论家和文艺心理学家对亚里士多德的“净化”概念作了无数种解释，但都不是很完善的。虽然净化这个词的内容很不明确，但维果茨基还是认为，“心理学迄今所使用的任何其他术语都不能如此完满地、清晰地表达审美反应这一主要事实，即痛苦的和不愉快的激情得到一定的疏泄、消灭，转化为相反的激情，审美反应本身实质上就可归结为这种净化，亦即复杂的情感转化。”②因此，维果茨基认为“净化”最实质的东西是：“作为任何情感的本质的神经能量的疏泄，在这一过程里是在和通常相反的方向中发生的，而艺术便因此而成为神经能量最适当和最重要的疏泄的最强大手段。我们认为，一切艺术作品结构含有的那种矛盾性就是这一过程的基础。”③这样维果茨基便把净化概念与艺术情感的本质分析联系了起来，使亚里士多德这个悲剧理论的特殊概念有了普遍意义。在这种认识的基础上，维果茨基把审美经验和反应、艺术情感联通起来，作出以下判断：“审美反应包含着向两个相反的方向发展的激情，这种激情消失在一个终点上，好像消失在‘短路’中一样。”④

维果茨基想用净化这个词来表示这一过程。他认为，完全可以说明这一点，即艺术家总是用形式克服自己的内容，这在寓言的编排和悲剧的编排上都能找到生动的证明。例如，冯特指出，节奏本身只表示“情感表现的时间方式”，个别的节奏形式是对情感过程的描绘，但因为情感进行的时间方式是激情本身的一部分，所以节奏对这一方式的描绘也能引起激情本身。冯特归纳说：“总之，节奏的审美意义就在于，它能引起它描绘其过程的那些激情，或者，换句话说，由于情绪过程的心理规律，节奏成为激情的组成部分，它又反过来引起这种激情。”⑤

维果茨基认为内容与形式引起两种相反情感。在诗歌里，“诗人所选择的节奏（韵律）其效果同内容本身的效果相反”。他以俄国小说家、诺贝尔文学奖得主布宁的作品《轻轻的呼吸》为例，布宁是用淡漠平静的节奏叙述凶杀、枪声和情欲的。他的节奏所引起的效果与他小说的对象（实际指内容）所引起的效果完全相反，结果，审美反应便成为净化。读者经历了复杂的情

① 亚里士多德：《论诗艺》，见《艺术心理学》，莫斯科 1968 年俄文版，第 281 页。
② 维戈茨基：《艺术心理学》，上海译文出版社 1985 年版，第 282 页。
③ 维戈茨基：《艺术心理学》，上海译文出版社 1985 年版，第 282 页。
④ 维戈茨基：《艺术心理学》，上海译文出版社 1985 年版，第 282 页。
⑤ 冯特：《生理心理学基础》，见《艺术心理学》，上海译文出版社 1985 年版，第 283 页。

感疏泄、相互转化，产生的是高尚的、清醒的、轻轻的呼吸的感觉，而不是小说内容引起的痛苦情感。这种在艺术形式和内容结构上的对立，正是审美反应的净化作用的基础。席勒关于悲剧形式的作用观点很好地解释了这一点："大师的真正的艺术奥秘就在于用形式消灭内容；内容本身越雄伟，越有吸引力，越引人入胜，内容及其作用越突出，或者观众越乐意听任内容的摆布，推开内容和控制内容的艺术成功也就越大。"①所以，维果茨基对审美规律的形式表现做出这样的结论：因为任何艺术品都有内容与形式的内部不一致，"艺术家正是用形式达到消灭内容的效果"②。

维果茨基最后总结说，艺术所引起的激情是审美反应的基础，我们完全现实和强烈地体验到这些激情，但它们在艺术欣赏所必然要求于我们的幻想活动中得到疏泄。由于这种中枢的疏泄，激情的外部运动方面受到极大的阻滞和抑制，于是我们就认为，我们体验到的只是幻想的情感。实际上任何艺术都是以情感和幻想的这种统一为根据的。所以，维果茨基认为："艺术的最直接的特点是：它在我们身上引起相反方向的激情，只是由于对立定律而阻滞情绪的运动表现；它使相反的冲动发生冲突，消灭内容的激情和形式的激情，导致神经能量的爆炸和疏泄。"③

审美反应的净化作用就在于激情的这一转化，就在于激情的自然，就在于导致此刻被唤起的情绪得到疏泄的爆炸式反应。

## 第二节　对维果茨基的评价

20 世纪 50 年代以来，维果茨基在心理学界的知名度日益提高，他不仅被认为是 20 世纪苏俄心理学的一位关键人物，而且被选为 20 世纪世界范围内最有影响的 100 位心理学家之一。然而，这样一位声名显赫的心理学家，38 岁就英年早逝，从事心理学研究不过短短的 10 年。以他思想与成果的丰富性、独到性、广泛性以及其生命的短暂性而论，他创造了心理学史上

① 席勒：《席勒选集》，见《艺术心理学》，上海译文出版社 1985 年版，第 284 页。

② 维戈茨基：《艺术心理学》，上海译文出版社 1985 年版，第 284 页。

③ 维戈茨基：《艺术心理学》，上海译文出版社 1985 年版，第 284 页。

的一个奇迹,被后人誉为“心理学的莫扎特”。

维果茨基的一生短暂而辉煌,奋斗不止,创造不息。虽历经沧桑,依然矢志不渝。由于出身与种族的原因,求学期间饱尝辛酸;由于身体的原因,屡受疾病的困扰,几度起死回生;由于政治的原因,饱受冷遇与旁落。所有这些坎坷与不幸,都被维果茨基化为科学探索的不竭动力。维果茨基的研究涉及到了哲学、历史、文学评论、艺术、心理学、教育学、语言学、符号学、缺陷学等领域,他为世人留下了一笔不可估量的精神财富,为现代心理科学的发展作出了重要的贡献。

## 一、维果茨基对心理科学的主要贡献

### 1. 首创高级心理机能历史起源的理论

1930—1931 年,维果茨基撰写了《高级心理机能的发展》一书,这是他创立文化历史理论的代表作,在苏俄心理学中首次提出了“文化历史理论”。维果茨基将人的心理机能区分为既有联系又有区别的两种形式:一种是自然的、直接的低级心理机能;另一种是社会的、间接的高级心理机能。作为心理学研究对象的人的各种高级心理机能,就像人的实践活动以劳动工具为中介一样,是以社会文化的产物——符号为中介。人正是借助于符号,特别是语词系统的中介,从根本上改变着一切心理活动,从而形成了人类特有的、被中介的心理机能。然而人所特有的被中介的心理机能最初并不是从内部自发产生的,而是在人们的协同活动和人与人的交往中形成的。所以,人所特有的心理过程结构最初必须在人的外部活动中形成,然后才能转至内部,成为人的内部心理过程的结构。这就是维果茨基的“中介”和“内化”说,它们是高级心理机能产生与发展极为重要的机制。可见,在维果茨基那里,社会文化决定个体心理含有下列图式:集体(社会)活动—文化—符号—个体活动。研究个体心理的形成须先探索这个图式各个环节的转化。

维果茨基的高级心理机能历史起源理论,力图证明人的心理发展的源泉和决定因素是人类历史过程中不断发展的文化,这对消除把心理过程理解为精神的内部固有属性的唯心主义观点的影响,克服无视动物行为与人的心理活动的本质差异的自然主义倾向起了积极的作用。

### 2. 最早将历史主义原则引入心理学

众所周知,将心理学理解为历史的科学、发展的科学是 20 世纪心理学的特点之一。为了理解人类心理的发展,描述心理学的创始人 W. 狄尔泰及其追随者曾试图把历史主义的原则引入心理学，然而他们是站在唯心主义立场上把心理生活解释为纯精神的属性。同样他们所谈的历史，也仅限于人的精神活动。法国学派虽然把历史主义同心理的社会制约性联系起来，但他们对历史主义的解释却失之偏颇，如 E. 杜尔克姆把社会视为集体观念的总和，P. 让内则认为协作关系是主要的社会关系。与上述所谓的历史主义不同，维果茨基的历史主义是将马克思主义的历史方法运用于心理学的一种尝试。他写道："其实，历史的研究只是意味着将发展的范畴应用于现象的研究。不论研究历史上的什么，都意味着在运动中研究，这也是辩证方法的基本要求。"①因此，维果茨基认为，人的高级心理机能是在低级心理机能基础上产生和发展起来的，高级心理机能是历史的形成物。"行为只有作为行为的历史才有可能被理解。"可见，历史主义的原则就是要求从历史的观点，不是从抽象的观点，在社会环境之中，而不是在社会环境之外去研究意识和心理的发展。据此，维果茨基看到了研究高级心理机能历史的三种可能的途径：种系发生的、个体发生的和病理学中的（跟踪研究高级心理机能解体的病理过程）。以上就是维果茨基所创立的心理发展观的主要的、基本的和作为出发点的观点。正如 A. A. 斯米尔诺夫所指出的："正是历史主义原则构成了他的全部理论的核心，作为苏联心理学家的维果茨基的主要的功绩和他在苏联心理学发展中所作的巨大贡献，也就在于此。"②

### 3. 创造性地提出"最近发展区"概念

"最近发展区"（Зонаб лижейшего развития，Zone of Proximate Development，简称 zpd）是维果茨基在 20 世纪初创立的一个重要概念。"最近发展区"概念的提出，使处理教学与发展关系问题获得重大突破。维果茨基对当时在教学与发展关系问题上占统治地位的两种主要观点进行了尖锐的批评：一是以皮亚杰为代表的把教学与发展看做是两个互不依赖的过程，教学似乎只是附加在成熟之上的观点；二是以詹姆斯和桑代克为代表的把教学与发展两种过程等同起来的观点。他依据自己对高级心理机能的研究，对解决教育教学策略及其内容和方法问题所依据的教学和发展的相互关系问题进行了深刻的分析。维果茨基认为，教学的本质特征不在于训练和强化儿童已经形成的内部机能，而在于激发、形成正处于成熟过程中而又不完全成熟的心理机能。因此，既要确定儿童现有的发展水平，还要确定通过教师

① Выготский Л. С. Собрание сочинений в6томах1. Москва：Педагогика，1982. с. 145.

② A. A. 斯米尔诺夫著，李沂等译：《苏联心理科学的发展与现状》，人民教育出版社 1984 年版，第 312 页。

的指导，儿童发展可能达到的结果及由此而形成的潜在发展水平。维果茨基认为“最近发展区”是教学的最佳期：超出“最近发展区”之外的教学对于儿童来说是无效的、困难的；降低“最近发展区”水平的教学将是枯燥的、乏味的，因为它重复儿童业已独立解决的问题。只有适合儿童“最近发展区”的教学才是有效的良好的。

“最近发展区”概念的引入，强调了教学在发展中的主导性、决定性的作用，为最大限度地发挥教育和教学的影响提供了科学依据。同时，确定“最近发展区”对儿童心理发展的诊断具有重要的实践价值，即根据“最近发展区”的大小，有可能预测儿童智力发展的前景。

4. **力倡辩证唯物主义心理学方法论**

维果茨基不仅是一位卓越的心理学理论家和实验者，而且还是一位出色的心理学方法学家。他不仅致力于解决心理学发展中出现的具体问题，而且更为关注对心理学具有重大意义的哲学方法论问题，并将后者视为未来心理科学大厦的基石。

在维果茨基看来，20世纪初心理学所面临的危机主要是方法论的危机。他认为心理学只有建立在辩证唯物主义哲学基础上才能克服这种危机，因此，他毕生都在为建立马克思主义心理学而不懈地奋斗，正如S.托尔明所说的：“维果茨基为把自己称之为马克思主义者而感到荣幸，历史唯物主义方法使他的科学探索获得了成就，就是这个武装他的哲学为他提供了整合像发展心理学、临床神经学、文化人类学、艺术心理学这样一些学科的依据。这正是现在我们西方心理学家应当认真研究的东西。”[①]当然，对于维果茨基来说，马克思主义的哲学并不是教条的或者是从中可以找到心理科学所有具体答案的学说，这些答案只有在对人的活动和意识进行细致的科学研究的基础上方可获得。因此，心理学者在掌握马克思主义的同时，还应该掌握科学研究的一般方法。维果茨基与格式塔心理学家及皮亚杰一样，都是心理学中系统方法的倡导者。在他的许多著作中都明确阐明了分析人的意识的整体的（系统的、结构的）方法。20世纪70年代中期，苏联著名心理学家洛莫夫倡导的系统方法在某种程度上就是对维果茨基系统结构方法的进一步发展。

科学在追求真理的进程中，需要方法上的求异。维果茨基大力倡导的唯物辩证法，使心理学家在心理学传统方法之外，找到了另一条研究人类心理的有效途径。

---

① Ст. Тулмин. Моцарт в психологии. Вопросы философии, 1981. №10. с. 1.

5. 创立了苏俄心理学史上的最大心理学流派

在维果茨基走上职业心理学家道路后不久，他很快就团结了一批年富力强、充满创造活力的学者，从而形成了苏俄心理学史上人数最多、影响最大的学派——维果茨基学派，又称社会文化历史学派。苏俄不少成就卓著的心理学家，如 A. H. 列昂节夫、A. P. 鲁利亚、Л. И. 包若维奇、A. B. 查波罗热茨、П. И. 津琴科、П. Я. 加里培林、B. B. 达维多夫、Л. B. 赞科夫、Д. Б. 艾利康宁等都是这个学派的主要成员。他们在维果茨基的领导下，以莫斯科心理研究所和维果茨基所创立的儿童缺陷研究所为基地，各自从不同的角度来研究高级心理机能的社会历史发生问题。近半个多世纪以来，文化历史学派不仅对苏俄心理学发生了深远的影响，而且还获得国际心理学界的承认，成为当代一个有重要影响的心理学派。

## 二、维果茨基心理学理论的主要局限

尽管维果茨基对心理科学做出了不可磨灭的贡献，其理论在国际学术界已得到普遍的承认和高度的评价，但这并非说明维果茨基理论就是尽善尽美的。由于维果茨基不断提出新的思想，忙于构建自己的理论，更由于他英年早逝，因此，维果茨基的理论不可避免地存在一些缺点，其表现主要有：

(1) 文化历史理论狭隘地理解历史主义原则，带有抽象社会学色彩。在人的心理的历史发展当中，这种观点只看到了一个因素，即内部工具、符号是实现某种心理机能的手段。其实，人的心理生活和意识的历史发展是复杂多样的，它随着社会发展的整个进程而发展，依存于社会关系的具体内容、一定时代的物质生活。对于历史发展的这种复杂多样性，文化历史理论既没有阐明，也没有把它作为自己的研究对象，甚至都不把它当做一个研究课题，因而它对历史主义原则的理解是狭隘的。

(2) 文化历史理论在阐述人的个体心理机能发生的自然发展和文化发展时论据与论点相反。维果茨基认为，儿童心理发展过程沿着自然发展和文化发展两条路径行进，它们在个体发生中是紧密联系在一起的。但在具体论述时，却认为这两种过程的相互融合是在儿童发展的较晚时期(学龄时期)才实现的。这实质上背离了对人们的心理发展的理解，即人从出生最初几天就是受社会制约的。

(3) 维果茨基把符号说成是使自然的心理机能形成为文化的心理机能的工具的观点有悖反映论。不过，对此批评有不同看法。反面意见认为，文化历史理论只是在心理学水平上，把符号看成是实现高级心理机能的中介环节。此外，维果茨基的其他一些观点，如关于概念发展阶段的观点、儿童心理阶段的划分等也受到不同程度的批评。

## 第三节 “维果茨基研究热”的理论透视

维果茨基为心理科学的发展做出了巨大贡献，因此受到全世界心理学家的高度评价，被誉为20世纪最有影响的心理学家之一。特别是近年来，国际学术界出现了“维果茨基研究热”，又称“维果茨基现象”。

### 一、“维果茨基研究热”的表现

第一，维果茨基在国际上的影响与声誉日渐盛隆。维果茨基的名字已列入心理学史上十大心理学家的名单。① 他的心理学思想不仅在苏俄、东欧有巨大影响，而且在西欧、北美、亚洲，甚至南非也有广泛影响。近年来，维果茨基的许多著作被译成中、英、法、德、意、日和西班牙等多种文字。美国学者S.托尔明于1978年9月在《纽约评论》上发表《心理学中的莫扎特》一文盛赞维果茨基。美国著名教育心理学家J.布鲁纳在为其专著《认识心理学》俄文版所撰写的前言中，真诚地指出：“在过去四分之一世纪中从事认识过程及其发展研究的每一位心理学家，都应该承认维果茨基的著作对自己的巨大影响。”②

第二，有关维果茨基的国际学术会议的规模和影响不断扩大。自20世纪80年代以来，纪念维果茨基的国际学术会议的规模和影响越来越大。1992年，俄罗斯心理学界在莫斯科召开了题为“维果茨基文化一历史理论：过去、现在和将来”的国际学术会议，除独联体各国外，还有20多个国家的200多位代表参加。1996年，纪念维果茨基诞辰100周年的国际学术会议更多达500余人出席。这次会议决定在维果茨基曾经工作过的白俄罗斯戈梅利市建立维果茨基国际研究中心。在维果茨基心理学会成立10周年之

① Стеценко А. П. Заметки о популярности Л. С. Выготского на западе. Вопросы психологии, 1997. №1. с. 107.

② Брунер Дж. Психология познания. М., 1977. с. 9.

际，2006年11月，俄罗斯联邦教育部、俄罗斯国立人文大学维果茨基学院、维果茨基心理学会、维果茨基国际学会和维果茨基基金会在莫斯科联合举办第六届纪念维果茨基国际会议，会议主题是“世纪之交的文化历史心理学研究成果与前景展望”。

第三，维果茨基著作的引用率呈逐渐上升的趋势。从文献的引用率来看，维果茨基完全可以与皮亚杰、埃里克森、弗洛伊德等心理学家相媲美，特别是在发展与教育心理学文献中，维果茨基著作引用率越来越高。维果茨基的文化历史理论已列入有关发展和教育心理学的教学大纲，成为该领域教科书和教学参考资料必不可少的内容。如今，维果茨基的理论同皮亚杰等人的理论一样，已被视为研究人类心理发展的经典理论。

## 二、“维果茨基研究热”的根源

正像任何一种文化现象的发生都有深刻的历史根源一样，维果茨基研究热的出现也是如此，其产生的根源可以概括为两个方面。

### 1. “维果茨基研究热”与现代心理学存在的危机有关

20世纪初，古典心理学所面临的危机至今仍未解决，现代心理学无论在研究对象还是研究方法上依然存在严重危机。对此，英国心理测量学教授保罗·凯林一针见血地指出，今日学院派的研究对象都是一些无关宏旨的课题，“学院心理学不涉及那些非心理学家认为的人类最重要的或最令人感兴趣的东西”[①]。方法上只注重实验室研究，“结果是完全脱离实际，避实就虚，无血无肉，只剩下一些干瘪瘪的渣滓，也就是完全缺乏意义的东西……结果当然会扼杀心理学的生机”[②]。

那么，如何摆脱目前心理学的危机呢？在反思中，人们意识到维果茨基的成果中蕴藏着许多有价值的思想。早在70年前，正当内省心理学在学院的堡垒中被人们津津乐道时，维果茨基就曾天才地预见到了它的危机，并提出克服危机的有益构想。他在其《心理学危机的历史内涵》这部著作中指出，古典心理学最深刻的危机在于它脱离实践。维果茨基主张心理学走向生活，通过实践来克服危机，并把心理技术学作为摆脱危机的重要出路。这种重视实践的观点，不仅从历史的眼光看是伟大的，就是从现实的眼光看，也何尝不是切中当代心理学的时弊呢！如此看来，当前研究维果茨基不仅

① 保罗·凯林著，郑伟建译：《心理学大曝光——皇帝的新装》，中国人民大学出版社1992年版，第11页。

② 陈立：《平话心理科学向何处去》，《心理科学》，1997年5期，第386页。

是研究历史人物的历史作用，而且更重要的是研究现代人对现代心理学的现实意义。

2. “维果茨基研究热”与当代心理学中人文精神的兴起有关

具体讲，维果茨基研究热与后现代主义心理学思潮和本土心理学运动有关。前者反对心理学中的机械论、还原论和实证主义，而重视经验论、整体论，注重从文化历史角度研究人的高级心理过程，探讨人的社会性。后者试图因循冯特后期开拓的文化科学传统，把具体人的心理现象看成是特定社会文化历史背景下的产物。而维果茨基提出的理解人的意识形成与心理发展的文化历史原则，正是要求从历史的观点，而不是从抽象的观点，在社会环境之中，而不是在社会环境之外去研究意识与心理的发展，这种研究的视角与后现代主义心理学和本土心理学的研究宗旨不谋而合。所以，有人把维果茨基的理论看做是对超越古典心理学的世界人学的贡献。

## 三、“维果茨基研究热”的启示

第一，心理学研究必须以科学的方法论作为指导。在苏俄心理家中，维果茨基最早将辩证方法应用于人的心理与意识发展的研究之中，然而他并不是将辩证原理简单地强加于现存的心理学理论之上，而是力求运用辩证原理科学考察和分析特定心理学研究领域中的具体问题，这对当前我国心理学的理论研究无疑有着十分重要的启示。

第二，心理学研究应当坚持面向社会生活，坚持理论与应用相结合。形成于20世纪初的维果茨基思想之所以历经50余年之久而不衰，就在于它对解决当代问题具有重要的现实意义。维果茨基一贯主张，心理学作为一门科学不能局限于抽象地研究心理过程的一般规律，它应该成为具有重大实践意义的心理生活科学。特别是他提出的“最近发展区”概念，对当代教育教学改革产生了深远的影响，而他重视实践的观点对当前我国心理学的研究更具有重要的现实意义。

第三，在心理学研究中要有直面真实性与复杂性的勇气。维果茨基的一生是在心理学领域中高举批判的大旗，开拓进取，勇于改革的一生。他的大胆探索与不断创新的人格魅力和坎坷艰辛的人生经历，以及他敢于面对研究对象的真实性和复杂性的勇气，将永远激励着后人在心理学及其相关的领域中对真理的不懈追求与探索。

总之，维果茨基的科学遗产不仅是苏俄科学的优秀成果，而且也是世界科学的共同财富。

# 第五章

## 列昂节夫:活动理论的创立者

阿列克谢·尼古拉耶维奇·列昂节夫(Алексий Николаевич Леонтьев, 1903—1979)是苏联著名心理学家、Л. С. 维果茨基的学生和追随者、哈尔科夫活动学派的领军人物。20 世纪 20 年代,他同 Л. С. 维果茨基和 A. P. 鲁利亚一起深入研究文化历史理论,进行了一系列实验研究。这些研究揭示了高级心理机能形成的机制(随意注意和记忆),即工具、中介行动的外部形式向内部心理过程的“转化”和内化过程。列昂节夫以文化历史理论为依据,提出并详细研究了普通心理学的活动概念,从而成为苏联和世界心理学的权威理论家之一。

这种活动概念的内容是同列昂节夫分析个体发生和种系发生中的心理发展密切联系着的,这种分析揭示了意识产生的机制及其对人活动的调节作用。在列昂节夫所提出的与动机作用的范围结构(动机—目的—条件)有着相互关系的活动结构图式(活动—行动—操作—心理生理机能)的基础上,他研究了范围广泛的心理现象,如知觉、思维、记忆、注意等,在这些心理现象中,他特别重视对意识(突出作为它的组成部分的意义、目的、“感性组织”)和个性(把它的基础结构解释为有动机意义的形成物的层次)的分析。列昂节夫的活动概念激起了心理学的各个分支学科,包括普通心理学、儿童心理学、教育心理学、医学心理学、社会心理学等方面的大量研究,从而以新的材料丰富了活动概念。根据列昂节夫的意见,这个概念的进一步发展,旨在创立作为“关于在活动过程中对现实的心理反映的产生、机能作用和结构的科学”的心理学的完整系统。[1]

---

① 阿·尼·列昂捷夫著,李沂等译:《活动、意识、个性》,上海译文出版社 1975 版,第 3 页。

# 第一节 列昂节夫的生平与著作

## 一、列昂节夫的生平

1903年，列昂节夫出生于莫斯科。早期就读于实科中学（主要教授自然科学、现代语言，而非古代语言），后考入莫斯科大学社会科学系，1924年大学毕业后，成为心理学研究所研究人员和莫斯科共产主义教育学院的教学人员。有段时间在A. P. 鲁利亚的领导下从事鲁利亚所提出的课题的研究。正好在这期间，有位戈梅利市的年轻学者Л. С. 维果茨基来研究所工作。维果茨基、鲁利亚、列昂节夫三人志趣相投，关系很快亲密起来。这个小组的领袖自然是维果茨基，正是维果茨基提出了那个稍后以“文化历史理论”而闻名的共同研究计划。20年代末列昂节夫作为维果茨基的助手，依据高级心理机能发展的文化历史理论进行了著名的记忆研究，列昂节夫于1931年出版的《记忆发展》一书正是对这项重要研究的总结。

A. H. Л. 列昂节夫
（1903—1979）

1931年，由于乌克兰心理研究所的成立，列昂节夫前往哈尔科夫工作。在那里他把一批年轻的研究者，包括Л. И. 包若维奇、П. Я. 加里培林、A. B. 查波罗热茨、П. И. 津琴科等团结在自己的周围，着手从理论和实验上研究活动问题，并形成了以他为首的哈尔科夫活动心理学派。

1934年，列昂节夫重返莫斯科，对人的感受性的发生问题进行了实验研究。他于1940年提交的《心理发展概论》的博士学位论文就是他所完成的对人的感受性的实验研究。卫国战争时期（1942—1945），列昂节夫领导了斯维尔德洛夫市郊实验康复医院的研究工作。通过对伤员四肢运动机能恢复问题的研究，他得出的结论是：被破坏了的运动恢复在本质上有赖于伤员活动的一般性质，有赖于这种活动的动机、目的、手段。根据这些研究，他提出了一套体育医疗、劳动医疗的有效方法，这对伤员恢复健康起了重要的作用。

1941 年，列昂节夫任莫斯科大学教授。1945 年，任莫斯科大学哲学系心理学教研室主任。1966 年起任莫斯科大学心理学系主任兼该系普通心理学教研室主任。列昂节夫首先研究最基础和最重要的心理学理论和实验问题。他提出，每一年龄阶段都有其主导活动形式，在儿童心理发展中起决定性作用，从而提出个体心理发展的年龄分期的新原则。

从 1972 年至 1974 年，列昂节夫在苏联《哲学问题》杂志上陆续发表了《心理学中的活动问题》、《活动与意识》、《活动与个性》等一系列理论文章，并于 1975 年出版了专著《活动、意识、个性》。此书一问世就在苏联学术界产生广泛反响，认为这一著作具有方法论的指导意义，是对唯物主义心理学的重大贡献。同样，该著作在国际心理学界也很受重视，先后被译成多种文字出版。我国于 1980 年翻译出版了该书的中文版。

列昂节夫在苏联心理学建设中做了大量的工作。他于 1966 年创建了苏联第一个心理学系——莫斯科大学心理系；在他的倡议下，列宁格勒大学、基辅大学、第比利斯大学相继成立了心理学系，其中列宁格勒大学心理学系后来成为苏联工程心理学研究基地；列昂节夫创立并领导了苏联第一个有关知觉的大型实验室——莫斯科大学的知觉实验室。创办了第一份心理学报——《莫斯科大学学报》(心理学版)；他还是苏联心理学权威刊物《心理学问题》的编委；他在教育科学院心理研究所组织了儿童心理学部；在他的提议下，苏联科学院设立了心理研究所，并设立了学衔，使心理学从教育科学中独立了出来。

由于列昂节夫对苏联心理学建设和对心理学理论的杰出贡献，在国内外享有很高的威望。从 1945 年起，他被选为俄罗斯联邦共和国教育科学院通讯院士，1950 年成为院士，曾任该科学院主席团委员、院士秘书和副院长。1968 年苏联教育科学院成立后，他当选为院士。他还是匈牙利科学院名誉院士，巴黎大学、布达佩斯大学名誉博士，意大利心理学会名誉会员，苏联心理学会主席，国际心理科学联合会主席兼主席团执委。

列昂节夫的学术成就表现在心理学的众多领域，如普通心理学、儿童心理学和年龄心理学、教育心理学、病理心理学、社会心理学、工程心理学、动物心理学等学科。他的理论和实验研究几乎涉及了心理科学的所有问题，例如：种系发生中的心理发生和发展以及在这个过程中动物活动的作用问题，个体发生中心理的发生和发展问题、活动和意识的结构问题、个性动机意义的范围问题、心理学的方法和历史问题，等等。他提出了感受性是因为同质环境中的生命向物的固定环境中的生命过渡而产生的假设，提出了生物进化过程中心理发展阶段的新分期理论，区分出感觉心理、知觉心理、智力行为，并对每一个阶段都给予了描述。列昂节夫认为，“生命”、“生命活动”、“活动”的概念是分析心理发展规律的关键性概念。在儿童心理学领域他提出了关于个体意识的发展是以儿童掌握（“占有”）人类在历史发展过程中所形成的并固定在文化和语言产品上的知识、技能和规范为基础的过程。他提出了关于儿童的主导活动在其心理发展过程中起决定性作用的原理。根据活动的方法，列昂节夫提出了人的意识的具体心理学理论。按照列昂节夫的观点，意识产生的必然性只有在生产活动的背景下方可形成。他对意识和活动统一的原则予以心理学的论证。当前，列昂节夫所提出的研究意识和活动的方法在教育心理学、医学心理学、年龄心理学和社会心理学等心理学领域得到了深入的研究，世界许多国家的心理学家都在研究列昂节夫及其学说。

### 二、列昂节夫的主要著作

列昂节夫毕生从事心理学实验和理论研究工作，发表论文200余篇，专著数种。主要著作有:《记忆的发展》(1931)，《受伤后动作的恢复》(1945，合著)，《心理发展概论》(1947)，《儿童心理学概论》(1950，合著)，《工程心理学》(1964，集体编著)。他关于儿童心理的研究成果于1958年获得K.Д.乌申斯基奖章，他的《心理发展问题》(1959)于1963年获列宁奖，他的《活动、意识、个性》(1973)于1976年获罗蒙诺索夫一等奖。《心理发展问题》和《活动、意识、个性》还被译成中、英、法、德、日、意、匈、芬兰等国文字出版。

## 第二节 列昂节夫的心理发展理论

1934—1940年，列昂节夫在莫斯科心理研究所工作期间，完成了其博士学位论文——《心理发展概论》。后来在莫斯科大学执教时，在以往儿童心理发展研究的基础上，列昂节夫撰写了《心理发展问题》一书，并于1959年出版，1963年获列宁奖。这本书的出版，不仅反映了列昂节夫的心理发展观，体现了他对苏联儿童心理学的贡献，而且也标志着他的"活动心理学理论"体系的形成。可见，列昂节夫早在20世纪30年代就对儿童心理学有深入的研究。之后，他的心理学生涯及其学术思想，长期地影响着苏联儿童心理学的发展。60—70年代以后，随着他的活动一个性理论的形成和发展，他的思想及其具体研究对苏联儿童心理学的影响越来越大，相应地，他的贡献也越来越显著。

## 一、种系发生中的心理发生和发展

所谓心理的种系发展，是指从动物到人类演化过程中的心理发生、发展的历史，它包括动物心理发展史和人类心理发展史两个方面。

在苏俄心理学史上，有许多学者，如H. H.拉德金娜一柯特斯、B. M.包洛夫斯基等人都对动物心理进行过研究，但是这些研究并未涉及心理发展本身的最初阶段——它的发生这一问题。他们没有追踪研究整个动物界的心理发展，没有阐述这个发展的所有基本阶段——从心理的萌芽开始到它的最发达形式，直至人的意识的产生。在苏联心理学中，试图阐明这些问题和首先解释心理发生的心理学家乃是列昂节夫。

### 1. 感受性产生的假说

列昂节夫提出的一种假说认为，感受性是判断心理表现和心理产生的标准，它"在起源上不外是对于确定有机体与其他影响的相互关系——即使有机体在环境中定向——从而实现信号机能的那种环境影响的感应性"[①]。因而感受性才不同于那种"可以叫做简单感应性的特性，这种感应性表现着有机体以特殊的过程回答这种或那种有重要意义的作用"。"回答那些本身能够决定（肯定地或否定地）维持生命过程的能力。"[②]它是有机体维持生命活动过程的机能，也就是感受性机能的中介。

这种新的、更高级形式的感应性（有机体对只具有信号意义的影响的感受性）之所以必然产生，是由于发展水平较高的有机体生活在较复杂的环境

① Леоитьев А. Н. Проблемы развития психики. Изд. 1. Москва：Издательство АПНРСФСР, 1959. c. 42.

② Леоитьев А. Н. Проблемы развития психики. Изд. 1. Москва：Издательство АПНРСФСР, 1959. c. 42.

条件下，以及因此它们在这些条件下定向的巨大复杂性。

对那种本身还不能规定生活必需过程的刺激加以回答的可能性，决定于这些刺激物客观具有的信号意义，决定于它们同环境的这些特性的客观联系。环境的这些特性对于有机体有着直接的生物意义。

列昂节夫指出，在动物界，最初的感受性是很少分化的。但是，一些影响逐渐地从其他的一些影响中分化出来，表现为有机体越来越精确地符合于它们真正的质的独特性，适应于它们的所有特征，并在此基础上产生出日益分化的感觉。

感觉的这种分化或专门化，乃是有机体的周围环境多种多样特性影响的结果，它以有机体的活动为中介。按照列昂节夫的说法，活动乃是生活过程的基本"单位"。有机界对任何事物的影响从来都不是消极的。同时，"实现着有机体对周围现实的多种多样重要关系的各种活动，实质上决定于它们的对象"，并且是"按照它们的对象的不同"而不同的。[①] 活体组织本身和它的活动，乃是对周围环境的客观特性的反映。

### 2. 动物心理发展的阶段

列昂节夫将动物心理的发展分为三个基本阶段。

第一阶段是初级感觉心理阶段，即动物只是对作用于它并对它有一定生物意义的个别特性发生反应。对现实的反映，在这一阶段是以初级感觉的形式表现出来的。[②]

第二阶段是知觉心理阶段，是由更复杂的生存环境，以及相应地由变化了的生活方式所制约着的、具有更复杂性质的动物活动，它已经不是决定于对象个别特性的影响，而是决定于整个事物。实现对现实的反映，不是以初级感觉的形式，而是以或多或少分解的映象对事物进行较复杂反映的形式。

第三阶段是智能阶段或称为思维萌芽阶段，其特征是很复杂的活动和反映现实的复杂形式。对于心理发展的这个阶段来说，非常重要的是解决两个时相的任务能力。这种任务的实现本身首先包括准备的时相，这时，推动动物活动的不是活动所指向的那个对象本身和活动本身的目的，而只是达到该动作目的的手段和方式。活动的第二时相则是该活动本身实现的时相，这时，活动已经指向那个作为它的直接推动力的对象。活动的这种二时

① Леоитьев А. Н. Проблемы развития психики. Изд. 1. Москва：Издательство АПНРСФСР, 1959. c. 38.

② Леоитьев А. Н. Проблемы развития психики. Изд. 1. Москва：Издательство АПНРСФСР, 1959. c. 162～163.

相性，从中划分出第一个时相——准备的但还不是直接导致达成目的的、自身包含着新的(比较复杂的)活动条件所引起的各种操作或行动方式（对其他活动条件是以前形成的)的尝试时相，成为智能行为的特点。在发展的这个阶段，同一任务已经可以利用不同的操作，以不同的方式来解决。在这个发展阶段，对现实的心理反映特征是，反映的客体不仅仅是现实的事物和对象本身，而且是它们之间的关系和各种情境。

## 二、人类起源中的意识发生和发展

### 1. 活动是意识产生的直接原因

恩格斯指出，心理的进一步发展是向人的意识转化的基础，是特殊的人类活动，是人们的劳动。这种劳动是他们共同的创造活动，指向于共同的目的，虽然参加于其中的单个的人所担负的职能不同，并且在本质上不同于动物的任何动作。列昂节夫在分析意识的历史发展时也指出："高级动物的复杂活动受自然物的联系和关系的支配，而变成人的活动时，则从一开始就受社会的联系和关系的支配。"[①]它"构成为借以产生人反映现实的特殊形式——人的意识的直接原因。"[②]

动物的一切活动都是直接地适应某种生物学的需要，是由对动物具有直接生物学意义的影响所激发的。人由于参加共同的活动，在进行职能分工的条件下，动作所指向的东西本身，可以有也可以没有直接的生物学意义，甚至可以与其背道而驰。列昂节夫指出，每个单独的动作，只是由于它在人们的共同活动中所占的地位并符合在完成这一活动时他们彼此间所形成的相互关系，对人们才具有意义。

由于向劳动活动的转化，人的智力活动也在变化着，产生了真正的思维，它在本质上不同于与本能紧密联系且具有本能特性的动物智慧。在直接的感性知觉不能达到的联系和关系中，实现着对现实的间接的反映。

思维活动已经不是服务于适应现有生存条件的目的，而是为人改变自然界的任务服务。动作的准备时相(思维由此发展起来)逐渐变为独立的、有目的方向的动作内容，而进一步就变成独立的活动，变成完全内部的智力

① Леоитьев А. Н. Проблемы развития психики. Изд. 1. Москва: Издательство АПНРСФСР, 1959. c. 210.

② Леоитьев А. Н. Проблемы развития психики. Изд. 1. Москва: Издательство АПНРСФСР, 1959. c. 210.

活动。人类的思维特点，是其起源和发展与社会意识发展的统一。人的思维活动的目的，其智力活动的方式和手段都是社会的。最后，现实地实现人们意识到他们周围客观世界的具体形式是语言，按照马克思的说法，语言乃是人们的“实际的意识”。

这样，人与自然界的关系就是以劳动联系为中介的，只有在这个条件下，意识才能产生。意识“一开始就是社会的产物，而且只要人们还存在着，它就仍是这种产物”①。同时，只有在社会意识存在的条件下，个体意识才是可能的。“意识是现实的反映，仿佛是通过社会形成的语言的意义、表象、概念的棱镜折射出来的。”②

**2. 意识是具体历史的心理形式**

列昂节夫指出，研究整个意识问题时，应该成为研究对象的，并不仅限于意识的产生以及它与动物界心理发展的高级阶段不同的最一般特点。意识并不是某种一成不变的东西，而是“具体的历史的心理形式”③。这种形式根据人们的具体历史社会生活条件，首先是根据他们的劳动和经济关系的发展，而具有不同的具体特点。在意识的历史发展进程中，改变着各种心理过程，如知觉、记忆、思维、言语。

在人类历史发展的过程中，人们的全部活动的结构实质上是变化着的，而与此相应，对现实的心理反映的形式也在发生变化。④ 同时与此相似，由于人们的相互劳动关系的产生，实现了向意识的转化，而意识的进一步发展，则决定于人们彼此间的生产关系变化着的特点，以及在不同的历史时代中这些关系的改变和差异。

列昂节夫把意识在人类社会历史中的主要变化表述为意识的两个基本“形成者”，即意义及涵义的相互关系的变化。

列昂节夫所理解的意义，就是“在对象或现象中客观揭示出来的”并“在语言中反映出来和固定下来的东西”。意义是现实的概括和反映，它不依从于人对现实的个人态度，而是把现实的客观稳定特性区分出来。恰恰是在这一点上，意义实质上不同于涵义。按照列昂节夫的说法，涵义“首先表现

① 《马克思恩格斯全集》第3卷，人民出版社1960年版，第24页。

② Леоитьев А. Н. Проблемы развития психики. Изд. 1. Москва：Издательство АПНРСФСР, 1959. с. 218.

③ Леоитьев А. Н. Проблемы развития психики. Изд. 1. Москва：Издательство АПНРСФСР, 1959. с. 218.

④ Леоитьев А. Н. Проблемы развития психики. Изд. 1. Москва：Издательство АПНРСФСР, 1959. с. 221.

为在生活、在主体活动中形成起来的态度"①，表现为通过明确活动动机而揭露出来的个性化。人是否掌握与现实的某些对象或现象相适合的意义，要看他究竟在何种程度上理解或没有理解它们，以及它们对于人、人的个性、人的生活和活动究竟意味什么，这都要依从于它们对这个人所具有的涵义(永远是个性化涵义)。

列昂节夫认为，意义和涵义彼此可能相符合或者不相符合，它们的这种相互关系，在人类的历史发展中是变化着的。

以上就是列昂节夫关于心理发展问题的基本观点。正如A.斯米尔诺夫所指出的，在解决心理的历史发展问题方面，列昂节夫的基本观点无疑是解决至今还很少被研究的一系列基本问题的创造性尝试。②

## 三、个体发育中的心理发生和发展

### 1. 儿童心理发展的条件

心理的个体发展问题，也就是正在成长着的人即儿童、少年和青年的心理发展问题，在心理发展问题的整个系统中占有显著的地位。这个领域中一个最重要的问题是发展的"因素"问题，或者说是关于遗传、环境和教育的作用问题。在列昂节夫等人的著作中，对这些问题都曾有过论述。

对儿童发展起决定性影响的是他周围的社会环境和他在其中生活和发展着的全部社会条件，即政治的、社会经济的、文化的、意识形态的条件。列昂节夫写道，对人而言，"有机体－环境"这个问题获得了新的内容，因为在这里关于"人－社会"的关系问题变成了主要的问题。③ 儿童个性的形成是社会所决定的，这也是苏联心理学中心理发展理论的基本论点之一。

苏联心理学家着重指出，外部影响具有头等重要的作用，同时，环境本身的易变性具有特别的意义。他们认为这种环境的易变性强有力地影响着儿童心理的发展，影响着儿童的个性形成。个体发展的社会条件总是经历着时大时小的变化，总是处于不断的运动之中。而这就意味着，社会历史观点是研究人的心理及其个性的唯一正确的观点。历史主义的原则是了解人

① Леонтьев А. Н. Проблемы развития психики. Изд. 1. Москва: Издательство АПНРСФСР, 1959. c. 225.

② A. A. 斯米尔诺夫主编，李沂、张世英等译：《苏联心理科学的发展与现状》，人民教育出版社1984年版，第469页。

③ Леонтьев А. Н. Проблемы развития психики. Изд. 1. Москва: Издательство АПНРСФСР, 1959. c. 279.

们的心理生活最重要的指导原则。

列昂节夫在阐述历史主义原则的具体内容时，提出以下的论题作为表述这个原则的基本论点："人的心理发展的主要机制就是掌握社会、历史上形成的各种各样活动的机制。"[①]作为相同原则的另一侧面，列昂节夫提出了关于心理活动是在社会历史发展的进程中被改造为内部活动的、历史形成起来的"物质生活、外部物质活动发展的产物和派生物"的论点。[②]

根据历史主义原则，应当把人的心理的个体发展看成是"在社会历史各阶段所积累起来的种的成就的实现"[③]。"人在其个体发育过程中，与其前代人所创造的周围对象和现象的世界发生特殊的、专门的关系"，其中，人可以找到自己的表现。[④] 决定着人的生活的这个最有力的世界，是由人们及其活动所改造和创造了的世界，而每一个单个的人都必须掌握这个世界，掌握人类创造的一切，以及系统发育的，或更确切地说，人类社会历史发展的成就。这就是说，单个人的心理发展是一种完全特别过程的产物，即掌握或"占有"在人类历史上所制造出来的那些东西的产物。列昂节夫写道："只是由于个体的这种永远能动的过程，才能表现出他自己的真正人的本性，即作为人类社会历史发展产物的特性和能力。"[⑤]对社会历史经验的"占有"引起了人们行为的一般结构的改变，形成了人们行为的新的方式、新的形式和类型，并产生了反映现实的新结构。[⑥]

所有这些变化的存在，就提出了一个很重要的问题：关于人在其历史发展过程中形成新的能力和机能的脑机制问题。列昂节夫指出，脑的形态学特征，在人类社会历史期间实质上并没有发生变化。因此，人的心理的上述变化的物质基质不可能是它们。实现这种作用的应该是某种其他的形成物。按照列昂节夫的说法，这就是脑过程的完整机能系统。

---

① Леоитьев А. Н. Проблемы развития психики. Изд. 1. Москва: Издательство АПНРСФСР, 1959. с. 275.

② Леоитьев А. Н. Проблемы развития психики. Изд. 1. Москва: Издательство АПНРСФСР, 1959. с. 277.

③ Леоитьев А. Н. Проблемы развития психики. Изд. 1. Москва: Издательство АПНРСФСР, 1959. с. 283.

④ Леоитьев А. Н. Проблемы развития психики. Изд. 1. Москва: Издательство АПНРСФСР, 1959. с. 285.

⑤ Леоитьев А. Н. Проблемы развития психики. Изд. 1. Москва: Издательство АПНРСФСР, 1959. с. 286.

⑥ Леоитьев А. Н. Проблемы развития психики. Изд. 1. Москва: Издательство АПНРСФСР, 1959. с. 294.

2. **儿童心理发展的动力**

儿童心理发展的动力是指在发展过程中儿童的生活和活动中所产生的矛盾。在列昂节夫看来，在儿童从一个发展阶段向另一个发展阶段过渡时起很重要作用的一个矛盾，就是当时已有的生活方式与儿童在广阔的社会环境中的地位和业已超过了某种水平、显著提高了的儿童的可能性之间的矛盾。儿童的新需要、要求和意向与他的可能的发展水平，即目前暂时还不能满足他新表现出来的需要和意向，因此必须进一步扩大他的可能性、发展必要的力量和能力、形成技能和技巧、掌握新的知识等之间的矛盾，占有显著的地位。其次，类似的矛盾还可以在儿童已有的可能性与社会环境、生活条件和周围成人向他提出的要求之间表现出来。

3. **儿童心理发展的分期**

关于发展的阶段性或发展的分期以及每一阶段具有什么特点的问题，是儿童心理发展的一个重要问题。

在苏俄心理学和教育学著作中，从不同的分期标准出发，不止一次地试图划分儿童心理发展的基本阶段。其中最有影响的是列昂节夫提出的关于分期的心理学原则。根据这个原则，"心理发展的每一阶段是以一定活动的主导类型为特征"①。因此，从一个阶段向另一个阶段过渡的标志是，儿童对现实的主导关系和主导活动形式的改变。列昂节夫把具有以下特征的活动理解为主导活动：在这种活动中，能分化出其他新的活动形式，能形成和改造局部的心理过程，以及在该发展时期所观察到的个性的基本心理变化是紧密地依从于它的。②

在先学前期，主导活动是掌握直接围绕着儿童的对象世界，在学前期是游戏，在学龄期是系统的学习，成人的基本生活内容则是劳动。

主导活动是与儿童在社会关系系统中所占的地位紧密联系在一起的，当由于儿童所达到的发展水平使这种地位变得不适应他的可能性时，那么，无论是这种地位本身，或是与其相应的儿童的主导活动，都必然发生变化。

儿童发展阶段的具体内容以及它与年龄的关系并不是一成不变的，在不同时代和不同社会条件下表现也不相同。它们紧密依从于儿童生活和活动于其中的那些社会历史条件。正是这些条件决定着每个阶段的年龄界

① Леоитьев А. Н. Проблемы развития психики. Изд. 1. Москва：Издательство АПНРСФСР, 1959. с. 411.

② Леоитьев А. Н. Проблемы развития психики. Изд. 1. Москва：Издательство АПНРСФСР, 1959. с. 412.

限。列昂节夫写道:“不是儿童年龄本身决定着发展阶段的内容,而是阶段的年龄界限本身依从于它们的内容,并随着社会历史条件的变化而变化。”①

用儿童主导活动作为儿童心理发展分期的依据,是苏俄儿童心理学的一个特点。苏俄儿童心理学家十分重视对儿童的主导活动的研究。正如维果茨基学派的另一位成员艾利康宁所指出的:“现在关注的中心是研究儿童基本、主导活动的发生、发展和解体,交往、对象活动、游戏、教学活动等说明了儿童心理学发展的现阶段的性质。”②由此可见,列昂节夫的心理发展理论的主导活动思想对当时和以后苏联儿童心理学具有广泛影响。

## 第三节 列昂节夫的活动理论

### 一、活动理论产生的背景

马克思主义奠基人把“人的活动”看做是辩证唯物主义认识社会、个性和历史的出发点和关键。

马克思在著名的《关于费尔巴哈的提纲》中指出,人的活动应是这种认识的真正对象。“从前的一切唯物主义——包括费尔巴哈的唯物主义——的主要的缺点是:对事物、现实、感性,只是从客体的或者直观的形式去理解,而不是把它们当做人的感性活动,当做实践去理解,不是从主观方面去理解。”③可见,马克思将活动概念引入认识论时,给了它一个严格的唯物主义的涵义。马克思认为,活动的起初形式和基本形式乃是实际的感性活动,在活动中,人们与周围世界对象进行实际接触,自身感到对象的阻力,并依据它们的客观属性对它们施加作用。这就是马克思主义的活动学说与唯心

① Леоитьев А. Н. Проблемы развития психики. Изд. 1. Москва: Издательство АПНРСФСР, 1959. с. 413.

② 艾利康宁:《苏联儿童心理学的成就和进一步发展的问题》,见朱智贤、林崇德:《儿童心理学史》,北京师范大学出版社 1988 年版,第 505 页。

③《马克思恩格斯全集》第 3 卷,第 3 页。

主义的活动学说——只承认抽象的、思辨形式的活动——的根本区别。

列宁强调："全部历史本来由个人活动构成，而社会科学的任务在于解释这些活动。"①因此，只有揭示出作为个体存在的活动和作为社会存在的活动之间的规律性联系，才可能科学地解释人的活动。

苏联学者在心理学史上第一次提出了这样的任务：在马克思主义基础上建立心理学，心理学必须为社会主义建设服务。活动范畴的运用正是以马克思列宁主义的方法论为基础的。

十月革命胜利之后，苏联心理学提出了改造传统心理学的任务。20 年代，K. H. 科尔尼洛夫针对内省心理学和行为心理学两派的对立情况，指出两者都是片面的，一个忽视主观方面，另一个忽视客观方面，而正确的理论则应当是把两者的观点结合起来。他从而提出了自己的反应学主张。但他的尝试并未取得成功，因为他基本上还是在行为主义的框子里实现综合，实质上是把意识的内省理解和行为的机械概念都保持了下来。

就在这一时期，维果茨基提出了他的高级心理机能发展的"文化历史理论"。这一理论是在具体的心理研究领域中，企图实现马克思主义关于个人掌握社会创造的物质文化和精神文化对其意识的发展具有决定意义的原理的一种尝试。维果茨基首先提出了两个假说：第一，关于人的高级心理机能的间接性假说；第二，关于内部智力过程起源于活动，先是外部活动后是"内部"活动的假说。这两个假说成了他以后的研究基础，从而开辟了苏联心理学关于人的心理的社会历史制约性问题研究的新阶段。

1934 年，鲁宾斯坦在《卡尔·马克思著作中的心理学问题》这篇著名的论文中，首先提出了意识和活动统一原则，批判了科尔尼洛夫的反应学和当时在苏联颇为流行的行为主义的机械唯物论立场。以列昂节夫为代表的活动理论的实验研究开始于 20 世纪 30 年代。当时，作为维果茨基学生和助手的 A. H. 列昂节夫、A. P. 鲁利亚、A. B. 查波洛热茨、Л. И. 包若维奇离开了莫斯科大学的心理学研究所前往乌克兰的哈尔科夫。在哈尔科夫，列昂节夫等人试图以马克思主义哲学理论为基础，发展维果茨基的文化历史心理学思想。这些年轻的心理学家们称自己是"维果茨基人"，与后来加入这个研究集体的 B. C. 阿斯宁、П. Я 加里培林、П. И. 津琴科、O. M. 冈采娃娅、Г. D. 鲁柯夫以及哈尔科夫的心理学家 X. B. 巴辛进行了密切的合作。他们以动作形成为中心，引入"心理动作"的概念，对儿童心理发展进行了综合性研究，在感觉动作、思维动作、智力动作、婴儿和先学前儿童的第一批工具操

① 《列宁全集》第 1 卷，第 375 页。

作以及学前儿童对图画、童话、寓言的知觉等方面做了大量的实验。

1940年,列昂节夫在列宁格勒赫尔岑师范学院的一次讲课中,系统而全面地阐述了活动问题。他指出,人的活动(首先是劳动活动)是历史、社会的产物。活动把人同自然联系起来,它是人类反映自然、改造自然的特殊形式。人的活动和动物的活动有根本的区别:动物的活动只是为了满足生物需要,而人的活动除了满足生物需要,更主要的是为了满足文化需要。动作是构成活动的单位,它是只能在人身上发生的,指向自觉目的的过程。动作可能不伴随着需要的满足,也不一定激发整个活动。同时,列昂节夫还在另一篇论述交往与活动关系的论文中首次在心理学中使用了"对象活动"的概念。他指出:"儿童的社会性并不是由于儿童要和别人交往,而是由于他们的活动(他们对自然的态度)是通过对象、社会性反映出来的。"①

活动理论得到进一步的发展是在卫国战争后,哈尔科夫学派的多数人回到了莫斯科(他们中的许多人曾参加卫国战争),艾利康宁这时也从列宁格勒来到了莫斯科,于是列昂节夫再一次领导形成新的学派,并将活动理论逐渐加以完善。

列昂节夫是一位杰出的心理学理论家,并擅长心理学实验的设计,是活动理论研究集体公认的领袖。从卫国战争战后到70年代,活动理论在知觉、记忆、思维、动机、情感、个性等更广泛的心理学领域中得到运用,并在心理学的基本理论和方法论问题,活动的自觉性和随意性,不同活动类型的形成,以及活动理论在教育心理学、艺术心理学、工程心理学等领域都获得了很大的成功。

## 二、活动理论的基本观点

### 1. 活动是心理学的研究对象

把活动范畴引入心理学是苏联许多马克思主义心理学家共同努力的结果。将活动作为心理科学的对象是鲁宾斯坦首先提出来的,列昂节夫则进一步发展了这一观点。

1922年,鲁宾斯坦在《创造性自主活动的原则(关于现代儿童学的哲学基础)》一文中,将属于哲学范畴的"活动"概念引入到心理学中,认为人的理性结构是在人的自主活动中确立的,心理的发展正是这些活动的结果之一。

列昂节夫认为,心理不是别的,而是活动的特殊形式,是物质生活和外

① 列昂节夫:《心理学文选》,第1卷,1983年俄文版,74页。

部物质活动发展的产物。因此，研究活动及其结构和活动的内化始终是心理学研究的中心环节。换句话说，活动产生心理，研究心理当然也就离不开对活动的研究。因此，列昂节夫认为，作为有机系统主体的整个活动，不论是什么形式和种类，不管它们的相互转化和变化，都是心理学的对象；同时，列昂节夫还强调，“活动成为心理学的对象，并不是由于它的特殊的‘部分’或‘要素’，而是由于它的特殊的机能。这个机能把主体纳入外界对象的现实之中，并把这种现实转化为主观的形式”①。

列昂节夫认为，活动范畴对建立马克思主义心理科学是至关重要的，并特别指出，马克思主义关于人的活动，关于人类活动的发展和形式的学说对心理学有着决定性意义。在马克思看来，最初和最基本形式的活动是感性的实践活动。因此，分析作为主体和现实世界联系中介的感性的实践活动，是研究心理反映的发生发展过程的主要方法，这种方法的运用有助于更好地解释心理学中的意识问题。

列昂节夫还认为，人是在活动中形成自己的个性的，因此，只有把活动列入心理学的范畴，才能更好地解决个性问题。②

2. **活动的心理学定义**

活动的含义很宽泛，运用也非常广泛。把活动引入心理学，需要对它加以特殊的说明，即“需要从整个活动的完整性，从它最重要的依存关系和决定，即从它的结构方面和它的特殊动态，从它的不同种类和形式来理解这个范畴”③。那么，什么是活动呢？列昂节夫把心理学中的“活动”定义为“以心理反映为中介的生活单位”④。而心理反映的现实机能则被认为是使主体在对象世界中辨识方向。换句话说，“活动不是反应，也不是反应的总和，而是具有自己的结构和转化、自己的发展系统”⑤。列昂节夫把活动看成是心理的起点和发端，认为马克思以前的心理学把活动看做是被动的主体对外部影响的回答，而这种回答又受其生来的组织和学习所制约，于是在心理学中就出现了自然科学的心理学和人文科学的心理学、行为的心理学和“心灵主义”的心理学之争。当代心理学虽然吸收了许多最新的科学成果，如神经生理学、控制论、数理逻辑等，还加强了同社会学和文化历史学科的联系，同时学派之间的争论也趋于缓和，但是争论的根本问题仍然没有解决。然而，如

① 阿·尼·列昂捷夫著，李沂等译：《活动、意识、个性》，上海译文出版社 1980 年版，第 60 页。
② 阿·尼·列昂捷夫著，李沂等译：《活动、意识、个性》，上海译文出版社 1980 年版，第 51 页。
③ 阿·尼·列昂捷夫著，李沂等译：《活动、意识、个性》，上海译文出版社 1980 年版，第 52 页。
④ 阿·尼·列昂捷夫著，李沂等译：《活动、意识、个性》，上海译文出版社 1980 年版，第 52 页。
⑤ 阿·尼·列昂捷夫著，李沂等译：《活动、意识、个性》，上海译文出版社 1980 年版，第 51 页。

果把活动的范畴引入心理学,使活动在心理学中的地位得以确立那么就会改变心理学知识的全部体系。关于人的活动的理论,是马克思主义心理学的基本原则,从某种意义上说,心理学也是研究活动的科学。

### 3. 活动的基本特征

列昂节夫认为,活动有两个基本特征,一个特征是社会性,是活动的首要特点。"人的活动无论是在什么条件和形式下进行,无论它具有什么样的结构,都不能把它看做是脱离社会关系和社会生活的。个人的活动尽管有它自己的一切特点,但总是一个包括在社会关系系统中的系统。在这些关系之外,人的活动是根本不存在的。"①活动的另一个特征是对象性。一种活动与另一种活动的区别,不在于活动的形式、实现的方法、时空的特点、生理机制等的差异,而在于活动对象的不同。"须知,正是活动的对象才使它具有一定的方向性","活动的对象是活动的真正动机。"②活动对象有两重性:第一性表现为对象的独立存在,它使主体活动服从于它;第二性表现为对象的映象——主体对对象的属性通过实践在心理上得到反映。有时活动看起来好像是无对象的,但是作为对它的科学研究,必须揭示它的对象性。活动对象的性质在活动和心理反映的萌芽中已经显露。对象世界的心理反映不是直接由外部影响所引起,而是由主体借以同对象世界进行实际接触的过程引起,所以,这些过程必须服从于对象世界的独立的属性、联系和关系。就控制活动过程的"内导者"而言,对象本身是第一性的,作为活动的主观产物的对象的映象是第二性的。外部的、感性一实践活动是这种活动的主要的和基本的形式,人类的活动经历就是从生活过程中获得对象开始的。而著名心理学家 C. Л. 鲁宾斯坦则认为,心理学要研究的"活动"只是指活动的特殊心理内容、活动的动机和调节作用。列昂节夫认为,鲁宾斯坦只说明了问题的一个方面,活动成为心理学的对象,并不是由于它的特殊的"部分"或"要素",而是由于它的特殊的机能,活动能够使客观对象世界侵入内部心理过程,把现实改变为主观性形式。

### 4. 活动的结构

列昂节夫对活动的结构进行了最为充分的研究。他指出,具体的活动是多种多样的,但不管什么活动都要符合主体的一定需要,并在活动中力求达到这一需要的对象,而活动所指向的就是活动的真正动机。列昂节夫指

① 阿·尼·列昂捷夫著,李沂等译:《活动、意识、个性》,上海译文出版社 1980 年版,第 52 页。
② 阿·尼·列昂捷夫著,李沂等译:《活动、意识、个性》,上海译文出版社 1980 年版,第 68 页。

出，活动的概念必须同动机的概念相联系，活动的标志就是具有激发它们的动机。活动的基本成分是动作，动作是服从于一定自觉目的的过程。目的是指应该达到的结果的概念，有总目的和局部目的之分。有目的的动作借以实现的方式是操作，而操作直接依从于达到目的的具体条件。因此，列昂节夫得出如下结论：任何一个活动都是符合一定需要，为一定动机所激发，由一定目的动作所组成，而动作又由达到目的的具体条件所决定的操作来完成，这就是活动的共同结构。

列昂节夫认为，需要、动机、目的、达到目的的条件和与此相关的活动、动作、操作构成了活动共同结构的“单位”。对活动的研究就是要分析出活动的这种内部系统关系。不仅要分析活动的各种形式彼此间的转化，也要特别注意它自身的这些结构的变化。例如，活动可能失掉自己的动机而变为动作，而当目的改变时，动作可能变为操作。有些活动的动机可能转化为动作目的，从而动作转化为某种完整的活动，所以活动、动作、操作以及动机、目的、条件之间相互转化是经常发生的。活动的这种互相转化之所以成为可能，是因为它们有着相同的结构。列昂节夫认为，对于外部活动和内部活动的结构上的共同发现，是现代心理科学最重要的发现之一。

**5. 活动的种类及其相互关系**

列昂节夫把活动分为外部活动和内部活动。外部活动是指人的感性的实践活动；内部活动是指人的心理反映或映象的活动，如思维、想象和记忆等。从发生上来说，外部活动是人类活动的最初的、基本的形式，它对心理学具有特殊意义。列昂节夫认为，活动是否成为心理学的对象，不取决于它的特殊功能。无论外部活动还是内部活动，它们的功能都只有一个，即把人纳入客观对象，并把对象改变为主体化形式。

在列昂节夫之前，从笛卡儿、洛克到行为主义者，对活动的探讨或多或少都有其合理的方面，但就其实质而言，都把外部活动和内部活动机械地割裂开来。皮亚杰的生物科学观和维果茨基的社会文化观都把“内化”概念作为外部活动向内部活动过渡的中介，但两者依据的规律却截然不同。皮亚杰认为，内化按照活动本身的逻辑——发生规律发展。维果茨基则认为，作为人造刺激手段产物的符号，实现着外部活动向内部活动的转化。列昂节夫则从心理学基本理论的角度把活动理论系统化：(1) 人的一切活动都来源于外部活动；(2) 人的心理反映着客观现实，活动使主客体发生相互转化；(3) 外部的物质活动在人的社会历史发展过程中变为意识的内部活动。列昂节夫认为，在科学技术高度发展的今天，外部活动和内部活动日益密切地相互交织和接近起来；对物质对象进行实际改造的体力劳动日益“智慧化”，包括完成最复杂的智慧活动;同时,现代研究人员的劳动日益被外部形式的活动的各种过程所充实。各种不同形式的活动过程的这种结合,“已经不能解释为仅仅是由于外部活动内化的术语所描述的那些转化的结果,这个结合必须要求也在相反的方向,从内部活动向外部活动实现不断的转化”①。因此,分析异常复杂的高级心理机能(活动的内部水平)相反的程序,即内部状态的外化程序(或称层层揭示心理的程序)是必需的,而对外化问题的研究则是活动理论的薄弱环节。

### 三、对活动理论的评价

列昂节夫的活动理论,在苏联及东欧各国心理学界具有极大影响,但从活动理论产生到今天,学者们始终持有不同的理解和意见,学术上的讨论与争议也从未间断。到了 20 世纪 80 年代,随着这一理论学派创建人的相继去世,莫斯科的心理学界为纪念他们对心理学的杰出贡献,先后出版了列昂节夫、查波洛热茨、艾利康宁的心理学文集,再版了维果茨基全集;并对心理学的活动理论开始了长达十年的热烈讨论。他们对活动的概念、活动理论(广义上的,不仅就心理学而言)的学科性质、活动所涉及的其他的一些人文概念,如社会关系、交往等进行了深入的探讨。1990 年,他们将讨论的成果汇集成册,出版了《活动:理论、方法论、问题》的论文集。苏联心理学界一般认为,列昂节夫的理论不但对建设苏联心理科学具有重大意义,而且影响着一系列心理学概念的形成和当时在苏联占主要地位的心理学研究的发展。例如,B. B. 达维多夫就专门撰文,对其倍加赞扬,极力推崇。他写道:“列昂节夫关于活动范畴的主要论点……在我们看来,可以清楚地看到他的关于心理学理论结构问题的观点的深刻独创性和真正地打破了传统观点”;“几乎我们科学的所有领域,都感到了列昂节夫的贡献”。②

不过,在苏俄心理学界,对活动理论也有持不同看法者,他们是马丘什金、洛莫夫、库兹明、杜什科夫等人。虽然苏联心理学界的各个学术流派对活动理论抱有不同的态度和不同的看法,但在根本问题上是一致的,这就是绝大多数人都承认列昂节夫是苏联马克思主义心理学奠基者之一,都承认他提出的活动理论对建设马克思主义心理学做出了重要贡献。

---

① 阿·尼·列昂捷夫著,李沂等译:《活动、意识、个性》,上海译文出版社 1980 年版,第 66 页。

② B. B. 达维多夫:《列昂节夫理论中的活动和心理反映的范畴》,《莫斯科大学学报》,1979 年第 4 期,第 25 页。

**1. 列昂节夫活动理论的主要贡献**

第一，列昂节夫的活动理论是对意识和活动统一原则的发展。我们知道，关于意识和活动的统一原则是指导苏联心理学研究的三大原则之一，这一原则使得苏联心理学既与在行为之外研究心理的意识心理学的各种流派对立起来，又同在心理之外研究行为的行为主义心理学的各种自然主义流派对立起来。这一原则最初只是以一种理论观点的形式提出，而列昂节夫经过多年的研究，在意识和活动的关系问题方面作了较为具体的论述，从而对意识和活动统一原则作出发展和补充。

第二，列昂节夫的活动理论具有鲜明的唯物主义性质。列昂节夫的理论强调，外部活动先于内部活动，内部心理活动是由外部活动产生的。这一观点在列昂节夫的理论中处于中心地位，带有发端的性质。列昂节夫写道："内部心理活动起源于实践活动，实践活动是由于以劳动为基础的人类社会的形成而历史地形成的，在新一代的每一个人身上，内部心理活动是在个体发展的进程中形成的。……对现实的心理反映形式本身同时也发生着变化，产生着意识即主体对现实、对自己的活动、对自己本身的反省。"①"意识不是从原始时就有的，也不是自然界产生的。意识是由社会所产生的，它是被生产出来的。因此，意识不是心理学的公设和条件，而是它的课题即具体的科学心理学研究的对象。"②列昂节夫试图以唯物主义观点来解决意识、心理的发生、发展和形成的问题，这就使他的理论带有明显的唯物主义性质。

第三，列昂节夫的活动理论贯彻了社会历史制约性原则。列昂节夫的理论阐述了这样一个思想：主体的活动决定于它所接触的对象的特点，而对象本身则蕴含着丰富的社会历史内容。所以，个体的活动也就是一种具有丰富社会历史内容的过程，活动在人的意识、心理形成中的重要作用主要就在于此。当然，这原本就是苏联心理学理论中一个比较深刻而有价值的思想，并非列昂节夫所首创。但是，列昂节夫根据苏联心理学多年来的研究工作，进行了具体阐述和一定概括，从而对把历史唯物主义观点、社会历史制约性原则贯彻于心理学中做出了重要贡献。

第四，活动理论也具有一定的实际应用价值。活动理论家一方面证明了全部心理过程的对象活动的性质，使动作成为心理学研究的对象和心理过程的分析单位，作为活动的重要组成部分的动作在具体心理学研究中得到了广泛的应用。如查波洛热茨关于感知觉、智力、情绪的研究，津琴科关

① 阿·尼·列昂捷夫著，李沂等译：《活动、意识、个性》，上海译文出版社 1980 年版，第 64 页。
② 阿·尼·列昂捷夫著，李沂等译：《活动、意识、个性》，上海译文出版社 1980 年版，第 64 页。

于记忆的研究，阿斯宁和古列维奇关于意志的研究，加里培林关于概念掌握与智力形成的研究，达维多夫关于概括发展的研究，包若维奇关于儿童个性形成的研究，塔雷金娜关于知识掌握过程的研究，等等。需要特别强调的是，查波洛热茨提出的动作的具体化和个体性以及不存在主客体活动和主客体动作的纯粹形式的观点，一直为心理学的活动理论家所坚持和发展。按照活动理论，正是新动作（或新活动）的掌握才使主体得以真正丰富，才使操作即技术和认知能力以及个性得以发展，它也是人的存在的根本力量。对动作的分析弄清了知觉、记忆、思维、情绪的许多特点，也完善了概念掌握等学校教育教学的理论，心理学的活动观还成为在 20 世纪 50 年代末发展起来的苏联工程心理学和工效学的理论基础。

**2. 列昂节夫活动理论的现代影响**

鉴于 A. H. 列昂节夫及其学派的贡献，在一些西方学者倡议下，1986 年在西柏林举办了第一届国际活动理论会议。来自欧洲、亚洲和美洲 22 个国家从事哲学、社会学、文化学、教育学、生物学等领域研究的 200 多位学者参加了会议。在这次会议上通过了关于成立联合不同国家、不同学科的学者和研究人类活动问题的专门组织的决议。这个组织称之为“国际活动理论研究常务代表会议”（ISCRAT, International Standing Conference for the Research on Activity Theory），它开始出版讨论活动理论专门的杂志。1990 年，在芬兰的拉赫辛基召开了第二届国际活动理论会议，专门讨论社会和个体的变化问题。在这次会议上有来自 24 个国家近 500 名学者出席了会议。1995 年，在莫斯科举行了题为“活动理论与社会实践”第三届国际活动理论会议，与会学者超过 100 人，包括来自 26 个国家的哲学家、心理学家、社会学家以及其他领域的专家。1998 年，在丹麦的奥胡斯举行了第四届国际活动理论研讨会议，有来自 37 个国家的 500 多位学者与会，主题为“活动理论与处理社会实践的文化历史方法”。这些会议证明了现代活动理论的生命力，在对它的研究中起主导作用的仍然是俄罗斯学者。目前在俄罗斯心理学界，活动理论仍在富有成效地发展着。心理学家们同时也承认活动“不可能成为科学心理学知识的唯一范例，也就是说，它不能以这个角色和任何别的范畴或者解释性原则自居”①。基于用来分析创造、个性等问题的根源和机制的活动方法在传播中出现了修正活动解释的倾向。俄罗斯心理学家对有关活动概念和 Л. С. 维果茨基文化历史理论的关系问题进行了讨论。多

① Ждан А. Н. История психологии от Античности до наших дней. Москва: Издательство Академический прокт :Фонд《Мир》,2005. с. 464.

数专家赞同："多学科活动理论的前景在很大程度上同活动理论与人的发展的文化历史理论内在的统一有联系。"①业已开展的这方面工作理应继续有利于两方面的发展。

在Л. С. 维果茨基、Н. А. 伯恩斯坦（1996）、П. Я. 加里培林（2002）、А. Р. 鲁利亚（2002）、А. Н. 列昂节夫（2003）、Д. Б. 艾利康宁（2004）诞辰100周年之际，俄罗斯举办了各种国际学术会议。一些学术刊物，如《心理学问题》、《莫斯科大学学报》（心理学版第14辑）、《心理学杂志》等出版专集进行专门论述。通过全面的讨论表明，他们所创立的理论绝不仅仅具有历史意义，这些理论依然是富有生命力的、正在发展的体系，其科学和实践的潜力远未用尽。蕴涵在这些经典著作中的积极思想，形成了统一的文化历史心理学，它继续推动着今天的科学探索并具有未来的希望。

### 3．列昂节夫活动理论的主要不足

活动理论最主要的问题是夸大了"活动"这一范畴在心理学中的意义，因此受到了一些苏联心理学家的批评。例如，А. М. 马丘什金认为，不应该把活动范畴绝对化。70年代后半期，活动在苏联心理学中成了一个占统治地位的范畴。游戏、学习、交往、各种心理过程、人际关系等统统被看做是活动形式，需要、动机、心理状态、个性品质、动作、行为等都归于活动范畴，甚至婴儿行为也被看成一种活动。А. М. 马丘什金认为，把活动看做马克思主义心理学的唯一范畴，其他各种范畴，如反映、交往、个性、意识、发展等都通过活动范畴而存在，这从逻辑上是允许的和令人感兴趣的。但它却使人的心理及其发展的丰富内容和教学、教育中的许多艰巨任务过于简单化了。而洛莫夫、库兹明、杜什科夫等人则不同意列昂节夫从活动这一范畴出发确定心理学的方法论基础。他们主张在马克思主义的整个范畴系统基础上奠定心理学方法论。因为每一种范畴只能反映客观现实的一个特定方面，整个范畴系统才能反映物质世界与人类社会的统一和发展。如果只把活动范畴作为心理学的基础，就会破坏各个范畴的统一，导致它们之间的矛盾。各种社会心理现象水平和层次是不同的，只有从系统化角度分析它们，才能克服人与现实的相互作用过程中产生的矛盾。著名心理学家鲁宾斯坦在生命的最后日子里曾反对把活动的观点万能化，他认为"夸大活动的作用"只能导致行为主义和实用主义的重演，使那些也是第一性的、在人的世界中本是自然的东西，全都变成被"制造"出来的、被"生产"出来的东西，好像世界真

① Ждан А. Н. История психологии от Античности до наших дней. Москва: Издательство Академический прокт ;Фонд《Мир》,2005. с. 465.

的就是生产出来的产品。①

另外，这一理论在许多方面有待进一步完善。在列昂节夫的著作中，只阐述了基本的原则性观点，如何在具体心理学中体现，还需要做许多进一步精确化的工作。列昂节夫虽然十分强调马列主义的指导作用，但有时在引用马列经典著作时寻章摘句，随意发挥，或是停留于以马克思主义已有的基本原理来对照、套用在心理学的问题上。例如，他把马克思著作中为分析社会活动所确立的一些原理搬用于个体活动，这显然是不恰当的。当然，这也是苏联心理学界普遍存在的问题。

## 四、列昂节夫晚年的学术观点

列昂节夫是个勇于开拓的学者，这种开拓精神除了表现为他对建立和完善苏联心理学体系作出的重大贡献外，还表现为积极参与开拓新的研究领域，如工程心理学的产生就和列昂节夫有关。虽然工程心理学的研究中心是 Б. Ф. 洛莫夫领导的列宁格勒大学工程心理学实验室，但从工程心理学创立之初起，列昂节夫就和洛莫夫一起奠定了这门学科的基本原则。

1957 年，列昂节夫主持召开了全苏劳动心理学会议，讨论和制定了劳动心理学的发展规划。1959 年，在全苏第一届心理学代表大会上，列昂节夫专门作了关于在自动化机器的心理学研究中运用动态原则的研究报告。此后，他又发表了一系列关于心理学和控制论的临界问题、工程心理学和人的信息加工的特殊形式等方面的实验和理论研究论文。

工程心理学说到底是人一机系统中的心理学问题。在西方，解决人一机系统各环节的协调主要通过把人的动作简化，使它们变成失去理智内容的最简单的反应系统，把人的作用降低到了机器附属品的地位。列昂节夫和洛莫夫认为，在苏联工程心理学中，劳动的人道原则是基本原则。由于人的因素居于显著的地位，关于人特别是关于人脑的最复杂的心理机能的科学知识在人一机系统中的意义也不断增长。“生产技术的发展不仅改变着人的劳动机能，它也影响到关于人脑、人的心理的科学概念。”②因此，工程心理学一方面同普通心理学关系密切，需要研究广泛的心理过程以及各种心理状态；另一方面工程心理学拥有自身特有的研究内容，即在复杂的自动化生产技术条件下，在自动化管理系统条件下，如何顺利完成劳动活动，提高整个系统的工作有效性和可靠性。列昂节夫指出，在人一机系统中，人仍然

① С. Л. Рубинштейн. Проблемы общей психологии М. 1973. с. 342～343.

② 列昂节夫：《人类心理与技术进步》，《外国自然科学哲学资料选辑》(第八辑)，第 393 页。

起着决定作用，因为即使现代化的机器，其中包括有自动控制设备的机器，从参加生产过程的人的观点来看，也只不过是一种技术手段，是实现生产活动的方式。人把大量的机能转交给机器，而这些机能就其全部复杂性来说是人所不能胜任的。同时，从另一方面看，机器似乎也把它完成的机能转交给人。这种观点不仅强调指出了机器适应人的问题的重要性，而且也强调指出了积极地形成人本身的心理能力，以适应技术进步对人提出的要求以及技术进步在人面前展示的可能性问题的重要意义。所以，必须从人的劳动能力、创造的可能性上对人进行教育，促进人的发展，消除人们过重的心理负担，保障人的生理健康和心理健康，使人成为人一机系统的主体。

A. H. 列昂节夫在文化历史理论的基础上，对心理反映进行了大量的实验和理论工作。晚年，他已不再仅仅局限于心理就是反映的观点，而把世界映象的产生问题放在了首位，活动在这时成为第二位了。他认为，心理是客观世界的主观反映过程，这个过程来自物质的实践活动，又为物质的实践活动服务，是以内部活动的形式存在着，而与外部活动有着同样的结构。心理反映的发展和形成是通过主体的对象活动的形成、发展实现出来的；反映的高级形式（意识）的产生决定于具有社会性的、应用工具的间接活动（劳动活动）的出现。在他的心理反映理论系统中所提出的“世界映象”的概念是很有创造性的见解。

斯米尔诺夫曾说：“列昂节夫在后期的文章和发言中勾勒出自己新观念的轮廓，其中占首位的是活动对映象的依赖性。”[①]而这一问题的解决，就必须改变所有的分析方向（策略），替代“活动一意识一个性”三位一体的心理学应是“映象心理学一活动心理学一个性心理学”。从某些意义上已不是活动决定着映象，而是映象决定和调节着活动。莫斯科大学心理系的学生做得更为极端，他们颠倒了列昂节夫最后一部著作的名称，将活动、意识、个性改换为个性、意识、活动。[②]

① 赵慧军：《活动理论的产生、发展及前景》，《东北师大学报》（哲社版），1997 年第 2 期。

② С.Д. 斯米尔诺夫：《映象心理学：心理反映的能动性问题》，中国人民大学出版社 1990 年版，第 236～249 页。

# 第六章

# 鲁利亚:神经心理学的开拓者

亚历山大·罗曼诺维奇·鲁利亚(Александр Романович Лурия,1902—1977)是苏联著名的心理学家、俄罗斯联邦教育科学院和苏联教育科学院院士。鲁利亚追随Л.С.维果茨基的思想,深入研究了心理发展的文化历史理论,参与了活动理论的创建。在此基础上,鲁利亚发展了高级心理机能系统结构的思想。鲁利亚在缺陷学领域发展了研究有发展障碍儿童的客观方法,他的研究成果已经成为判别各种不同形式的智力落后儿童的根据,对教育和医学实践有重要的意义。鲁利亚是神经心理学的创立者,也是20世纪最具影响力的神经心理学家。他还是许多科普读物和教学参考书的作者。鲁利亚以自己的研究、教学和社会活动赢得了广泛的声誉。在50多年的学术生涯中,鲁利亚对心理学诸多领域的发展做出了重要贡献。

## 第一节 鲁利亚的生平与著作

### 一、鲁利亚的生平

1902年7月3日,亚历山大·鲁利亚出生于喀山,尽管这是个地处偏远的古老小镇,但这座小镇却拥有一所历史较久远的大学,它就是后来鲁利亚就读的喀山大学。鲁利亚的父亲罗曼·亚历山大·鲁利亚(Роман Александр Лурия)是一位著名的内科医生,在喀山医学院从事教学工作。

A. P. 鲁利亚
(1902—1977)

之后，罗曼·鲁利亚到莫斯科的高级医学中央研究所担任副主任一职。他很快就成为苏联医学界最有影响力的人，尤其是在医生培训领域。罗曼·鲁利亚非常希望儿子能够追随自己的足迹，从事医学。鲁利亚的家庭同维果茨基一样都是犹太血统，在沙俄时代他们在生活和教育机会方面受到种种限制。革命的成功给予他们同样的高等教育机会。鲁利亚描述说，当各大学院和大学向所有阶层和信仰的人开放时，那种对于自由、社会和人性各种可能性的感觉真是非比寻常。

在那样一个充满激情的年代里，年轻的鲁利亚很快完成了他在高级中学的学习，于1918年毕业。进入大学后，鲁利亚发现校园内是一片混乱的状态：学校缺乏资源，条件较差。因此，年轻的鲁利亚从某种程度上来说是自学成才的。大学期间，鲁利亚博览群书，在广泛阅读德国实验心理学著作时，他发现德国实验心理学忽视了心理和社会生活的联系。后来他偶然接触了西格蒙德·弗洛伊德的著作。曾有一段时间，鲁利亚是弗洛伊德的狂热崇拜者，并与他的年轻朋友们一起建立了喀山弗洛伊德社团。他给弗洛伊德写了一封信，出乎预料，弗洛伊德给他写了回信，表示愿意成为该社团的资助者，这让他异常兴奋。然而，他坚信个体心理存在其社会根源，这使他最终放弃了对弗洛伊德的追随。他认为，不考虑社会因素，而从心理的生物学层次推论人类行为的做法是错误的。

1921年，鲁利亚大学毕业后开始从事实验心理学研究，侧重于语言和劳动的关系、疲劳对手工技能的影响的研究，并创办一份心理学刊物。由于鲁利亚在这方面显露出不同寻常的才能，1923年，他被新任苏联心理研究所所长科尔尼洛夫邀请去莫斯科心理研究所工作。当时科尔尼洛夫正忙于对心理学研究所进行改革。作为一个巴甫洛夫的狂热追随者，科尔尼洛夫甚至将反射学说作为研究所的招牌。这正式宣告了巴甫洛夫唯物主义对苏联心理学界长达30年影响的开始。改革后的研究所急需聪明、杰出的年轻人来补充新鲜血液，而鲁利亚正是维果茨基学派中最早来莫斯科心理研究所的研究人员。

鲁利亚对于新心理学充满了强烈的激情。在他进入莫斯科心理研究所后的第二年，列昂节夫也来到莫斯科心理研究所。鲁利亚开始与列昂节夫合作，集中研究语言、实践活动与情绪的关系。研究结果以《激情过程的心理生理学》为题发表。这个时候，他已经明确认识到个体的心理现象是一个统合体，这与同时代美国心理学的构造主义观点截然不同。构造主义认为心理现象可以分解为不同的元素，且可以独立于整体对每个元素进行研究。他与列昂节夫合作发明了“共轭运动反应”法，即通过口头指导语或暗示要求被试的身体做出运动反应，然后记录下反应时间和动态运动过程。他希望能以此从个体的主观心理中发现客观的群体心理迹象。根据心理学的真实性原则，鲁利亚开展了一项对真实生活情感的研究项目，其中他运用了共轭运动研究方法来研究罪犯被捕前后、受审时、听候判决时的情绪状态。根据“真实人物真实情景”的心理学原则，这些研究都采用了面对面的交流方式。

1924 年，鲁利亚的生活发生了改变。那年维果茨基从戈梅利来到莫斯科心理研究所，维果茨基的心理学观点正好与他的观点不谋而合。然而，与维果茨基的文化历史心理学理论相比，鲁利亚对劳动管理中的语言功能的研究便显得微不足道了。像许多人一样，鲁利亚为维果茨基的魅力所折服，并且这种影响持续终生。

鲁利亚、列昂节夫和维果茨基从此形影不离，他们的组合很快就被称作“三人小组”(Тройка)。他们一起研究人类的高级心理机能，如言语思维、逻辑记忆、随意注意等，还研究了德国的新一代心理学家，包括卢因、斯特恩以及格式塔心理学家沃尔夫冈·苛勒和考夫卡。他们提出了关于心理形成过程、个体动态特点的观点，而这些是巴甫洛夫的反射说推论不出来的，尽管反射对于高级心理过程来说必不可少。“三人小组”每周聚在一起，计划如何与学生开展实验研究。他们无不为维果茨基的文化历史理论及方法所激励和振奋，相信能在心理学真正科学化的进程中有所作为。

鲁利亚后来成为克鲁普斯卡娅(Крупская Н. К，1869—1939)共产主义教育学院心理实验室的主任，并在那里开展了另一个项目，主要是研究言语在实际行动中的调节、控制作用。再后来，他又受维果茨基的影响，开始对神经心理学产生兴趣。那时维果茨基开始进行医学研究，以探索心理作为独立科学的神经学问题。所有的人类活动和工具成分都具有其生物学基础，人类生活的文化历史方面与这些生物学基础紧密相关。

同样在维果茨基的鼓励下，鲁利亚两度走访位于中亚的乌兹别克斯坦共和国，开展扫盲项目效果的研究，该项目对文盲的认知能力进行了研究。他仍然致力于进行真实的心理学研究，因此，在鼓励乌兹别克人操作不同认知任务的同时，他还收集了大量真实的会话录音，这明显预示了 21 世纪的研究方法。结果很明确，乌兹别克的文盲拥有独特的、不同于有文化的俄罗斯人的认知风格和思维方式。由于维果茨基参与了该项目的研究，因此该研究结果并不被当局接受，这项研究也一直没有发表或被引用，直到最近情况才有改观。

20世纪30年代，巴甫洛夫的影响力足以阻碍“三人小组”和他们的学生在莫斯科建立独立的心理学研究机构。当时乌克兰的哈尔科夫是个非常偏远的地方，能给他们提供这种独立的条件。在维果茨基的推动下，鲁利亚和列昂节夫离开莫斯科，去建立一个附属于哈尔科夫精神神经病研究所的新心理研究所。维果茨基从此经常光顾这个研究所，不懈地奔波于两地。维果茨基去世后，鲁利亚和列昂节夫很快就回到了莫斯科。

1936年，鲁利亚的研究方向再次发生了重大改变。根据他的自述，他决定从事医学研究，究其原因有两个：一是与他的研究兴趣有关，二是维果茨基进行的医学研究也直接影响了他。在正式成为临床神经科医师前，他接受了必要的培训，并获得了医生证书。之后他开始在神经外科研究院工作。他后来把在那里的两年描述为一生中最令自己满意的时光。

尽管卫国战争是严酷的，却给予了鲁利亚开展神经心理学研究的机会。他开始研究控制高级心理功能解体与修复的大脑机制。1941年，苏联遭德国轰炸后不久，鲁利亚被派往乌拉尔创建一所医院，对大脑受伤士兵进行治疗。在随后三年的高强度工作中，他发明了许多诊断大脑损伤的方法，同时也开发了许多有效的治疗方法。

卫国战争结束后，鲁利亚回到莫斯科，在苏联医学科学院H. H.布尔坚科的神经外科研究所工作。他发现临床中的问题与以往的纯科学研究完全不同。在那儿，研究就是诊断，并在治疗过程中去验证该诊断。在诊断高级认知和复杂运动功能障碍的原因时，研究者必须找出是正常工作的大脑联合区的哪个连接受损，才导致了功能紊乱。由于对大脑各种损伤情况下心理过程障碍的研究，鲁利亚开创了自己的心理学方向，即具有重大理论意义和实践意义的神经心理学。他提出的高级心理机能定位的理论，同以前的理论相比，向前迈出了重要的一步。他对认识言语障碍的性质做出了重要贡献，并创立了新的失语症分类法。鲁利亚和他的助手所做的一系列专门工作均用于研究额叶在调节心理过程中的作用。他还研究了不同种类大脑局部损伤情况下各种形式的记忆障碍。在对高级心理机能的大脑相关物进行系统研究的基础上，鲁利亚制定了大脑局部损伤的神经心理学诊断方法和恢复心理过程失调的基本原则。非常值得一提的是，鲁利亚的方法学极富洞察力和逻辑缜密性，这使得他的研究结果即便与21世纪运用PET扫描和MRI技术所取得的结果相比，也并不逊色。

在苏联改革和建设时期，鲁利亚继续开展研究工作。按照维果茨基的想法，鲁利亚开始通过研究大脑综合活动中的高级认知功能来绘制大脑的重要认知区域。他沿用了19世纪神经学者保尔·布洛卡的大脑损伤即缺陷的功能推理方法。鲁利亚的独特贡献在于对大量临床案例的研究，以及对运用损伤与功能关系的三重公式的敏锐洞察。

1945年，鲁利亚前往莫斯科大学哲学系心理学教研室工作。从1968—1977年，他一直主持莫斯科大学心理学系神经心理学与病理心理学教研室工作。多年来，他讲授过普通心理学课程，开设了新的神经心理学课程以及其他许多专业课程。在鲁利亚的主持下答辩了50多篇副博士学位论文。他的学生中的许多人都已成为科学博士。

晚年时，鲁利亚把对一名记忆超常男子长达30年的研究结果整理成册，并把这本书称为“小本本”。这本书表明，超常的记忆力会在很大程度上融入并影响个体私人和社会生活的方方面面。

在鲁利亚生命中的最后十年，他发表了大量的研究成果，其中包括对双胞胎认知发展的比较研究。他还将以前对各种认知功能损伤的研究结果进行了整理，向人们详细展示了他是如何利用这些研究结果推导出大脑的功能结构的。由于鲁利亚卓有成效的研究和教学活动，他被授予列宁勋章、“荣誉勋章”以及苏维埃联盟勋章等。

鲁利亚于1977年8月14日去世，他一生都非常忠实地追随着他的朋友和导师维果茨基。

鲁利亚享有很高的国际声望。他是美国国家科学院、美国科学与艺术科学院、美国教育科学院的外籍院士，许多外国心理学团体（英国、法国、瑞士、西班牙等）的名誉会员，他还是许多外国著名的大学，如莱斯特大学（英国）、卢布林大学（波兰）、布鲁塞尔大学（比利时）、坦佩雷（芬兰）等大学的名誉博士。曾担任1967—1968年度国际心理科学联合会执委、1969年国际心理科学联合会副主席职务。鲁利亚被认为是第二次世界大战以来国际心理学领域第44位重要人物。

## 二、鲁利亚的主要著作

鲁利亚是位多产的心理学家。据统计有500余种，其中专著30多本，他的许多著作被译成中、英、德、法、波、匈、保、日多种文字。其中主要著作有：《儿童发展中的言语和智力》(1927)、《行为史的研究》(与维果茨基合作，1930)、《从大脑病理学来看有关失语症的理论》(1940)、《创伤性失语症》(1947)、《战伤后心理机能的恢复》(1948)、《常态儿童和变态儿童的高级神经活动》(两卷,1956—1958)、《智力落后的儿童》(1960)、《人的大脑皮质的功用》(1962)、《高级皮质机能及其在局部脑损伤下的障碍》(1962,1969再版)、《人脑与心理过程》(第1卷,1963;第2卷,1970)、《神经心理学原理》(1973)、《记忆神经心理学》(第1卷,1974;第2卷,1976)、《神经语言学的基本问题》(1976)、《语言和意识》(1979)等。1967年,鲁利亚因在神经心理学领域的一系列研究,包括《额叶与心理过程调节》(1966)一书,被授予罗蒙诺索夫一等奖。

## 第二节　鲁利亚的心理科学观

鲁利亚通过创立自己的学术理论从而确立了自己的心理科学观,即在自然科学和社会科学的"接合处"、"边缘上"建立"真正的科学心理学"。心理学作为关于人的意识活动,关于接收、加工和存储信息的各种形式,关于人的活动动机和心理活动调节作用的科学,始终都同在社会历史进程中形成的机能组织发生着联系。在这个意义上,可以把心理学看成是一门社会科学。但是,人的一切复杂的意识活动形式都由脑实现,从这个意义上说,它又具有自然科学的基础。任何把心理学的社会科学和自然科学基础分割开来或者机械、简单地结合起来的做法,都不能揭示心理学真正的科学规律。科学心理学是社会科学和自然科学的有机结合,这种结合以把脑看成是动物界演化的产物为中介得以实现。

### 一、关于心理学的学科性质和地位

心理学的学科性质和地位的问题,直到现在仍然是心理科学最重要的基础理论问题之一。对此,一些研究者以心理过程与之有密切联系的形态生理学特征为出发点,认为心理学应该属于自然科学之列;另一些研究者认为,人的心理机能是在社会交往过程中形成的,意识反映着客观现实,所以他们把心理学视为社会科学;还有一些学者则提出了折中的观点,把心理学看做是一门"生物社会的"科学,把一些心理特性列入生物禀赋的范围,而把另一些心理特性列入受社会制约的人的有意识的生活内容范围。

第一种观点认为，存在着人的有意识活动这样的形态，可以把它们看做是不受社会生活方式影响的纯生物过程。这未必是有根据的，接受这种概念就意味着在解释心理的本性时站在自然唯物主义的生物学化的简单化立场上。第二种观点认为，某些有意识活动的形态不依赖于在人身上完全保持其作用的一系列生理学规律，也同样是缺乏根据的。这种概念使有意识的心理过程跟大脑割裂开来，导致对心理的唯心主义理解。最后一种观点无疑包含着合理的内核，但是，通常表现出过于简单化和不完全符合事实的情况。这种观点的拥护者把心理过程中的生物东西和社会东西截然划分开来，而在心理活动的不同范围内，生物东西和社会东西的比重是不同的，在人的一些心理过程中生物因素占主要地位，而在另一些心理过程中则是社会因素占主要地位。

无可争辩的是，不能把心理学列入生物科学中。在社会历史中所产生的意识活动的最复杂形式虽然是由大脑按照高级神经活动的规律来实现的，但是它们是在社会生活的正在形成着的影响下产生出来的。在社会生活的影响下产生着新的机能系统，因此，认为意识活动的规律只是从脑的活动中产生的，而与人的社会生活条件没有关系，这种观点是不能成立的。

同时，心理学作为一门研究人的意识活动的脑组织的科学，也不可能只归于社会科学之列。把心理学同脑的活动规律的研究割裂开来所犯的错误并不小于把心理学解释为生物科学所犯的错误。

应当指出，上面提到的“折中”论或称为“二因素”论（生物因素和社会因素）机械地研究两种因素的相互作用，并认为在心理发展过程中只是用社会因素排除生物因素。这种理论不能揭示出人的活动的高级意识形式的本质。

所以，任何把心理学的社会科学和自然科学基础分割开来或者机械、简单地结合起来的做法，都不能揭示心理学真正的科学规律。科学心理学是社会科学和自然科学的有机结合，这种结合以把脑看成是动物界演化的产物为中介而得到实现的。脑活动的新特质、新机能系统“在人的社会历史过程中产生”。因此“真正的科学心理学处在自然科学和社会科学的结合处、边缘上，这是很自然的”[①]。

---

① 鲁利亚：《关于心理学的自然科学基础》，见《现代心理学发展中的几个基本理论问题》，中国社会科学出版社 1982 年版，第 319 页。

通过对心理科学的性质和地位的深入分析，鲁利亚指出："心理科学的基本任务，即认真研究那些在社会发展过程中所产生的并且是人所特有的机能系统的新的活动形式。"①

在20世纪二三十年代，维果茨基就已经指出，如随意注意、有目的指向的行动等这样复杂的过程，都不是简单成熟的结果，而是在人际的交往过程中（一生下来就在母亲和婴儿的交往的条件下）形成起来的，并且两个人之间原先被分开的、具有"心理之间"性质的机能，逐渐转向内部并成为婴儿本身活动的组织形式，同时引起新的机能系统并获得"心理之内的"性质。如果一开始婴儿执行着母亲的语言指示，那么，后来随着他本身言语的发展，就能够使自己的行为服从于自身的言语过程。正因为如此，所以就产生了随意注意、有目的指向的活动、间接记忆，归根到底就产生了复杂的有意识的自我调节过程的一切形式。正是这些在社会发展的历史中所形成的机能系统才是心理科学的基本对象。

## 二、关于心理学的自然科学基础

根据维果茨基的思想，为了解释心理现象的本质，应该超出有机体的范围，并研究人的现实活动形式及其生活的社会一历史形式，这些都是高级心理机能发展的基本条件。只有借助社会历史（创造和使用工具的事实，把劳动作为人们活动的基本形式、语言作为交往手段的出现），才可以解释高级意识活动形式的产生及其发展的历史。

使用工具的人开始创造出心理活动的新的中介的形式。人由于掌握了语言，所以能获得全人类的经验，按新的方式解释自己的个人经验，并且有可能把他所掌握的一切东西传递给后代。人的被社会中介了的经验、活动对象，都是实现其意识活动的高级机能系统产生和发展的基础。

当然，研究人们有意识的自我调节的这些高级心理活动形式，还要求新的生理学分析道路，要求新的生理学概念，这种研究需要探讨整个行为的生理学问题，这个生理学问题能够揭示作为复杂的心理活动形式基础的生理机制，并且能够用生理学概念来说明作为其神经过程基础的特殊结构。这就产生了心理学取向的生理学任务。这种生理学有可能阐明人的最复杂的意识活动形式的生理机制，不使它简单化，也不把它归结为最简单的生理学

① 鲁利亚：《关于心理学的自然科学基础》，见《现代心理学发展中的几个基本理论问题》，中国社会科学出版社1982年版，第318页。

图式。[1]

这种心理学取向的生理学基础是由俄国生理学家 И. В. 谢切诺夫（И. В. Сеченов）奠定，并由 И. П. 巴甫洛夫（И. П. Павлов）发展的。作为伟大的唯物主义哲学家、杰出的自然科学家，谢切诺夫从一开始就拒绝那些用决定论解释心理现象的任何二元论企图。他坚定地站在自然科学的立场上分析人的意识活动，同唯心主义心理学和“把心理的东西割裂开来”的观点进行了坚决的斗争。这些立场后来成为巴甫洛夫研究工作的基础。巴甫洛夫成功地继承并发挥了谢切诺夫的思想。

巴甫洛夫从一开始就给自己提出了这样的任务，即不局限于分析“伴随”心理活动的生理过程的间接指标，而要寻找直接研究心理活动的生理机制的道路。巴甫洛夫拒绝用主观的方法去研究内部世界，他给自己提出的任务是用客观的生理学研究方法来揭示心理现象的本质。正是这个任务的解决使他创立了一个新的科学领域，即高级神经活动生理学。根据巴甫洛夫的思想，这种生理学应当是一门关于动物和人的整个行为的客观科学。

探寻心理过程的生理机制，这个任务的提出本身就已经是巴甫洛夫的巨大功绩；而这个任务的解决，则使他成为真正的脑生理学家。条件反射方法的采用，首次开辟了对整体行为动作进行科学分析的道路，而他对兴奋和抑制的扩散和集中的规律、分析和综合的生理机制、暂时神经联系的接通、大脑半球的时相状态以及一系列其他生理学规律的论述，都是对科学非常宝贵的贡献，并对生理学和心理学的发展具有决定性的意义。

继巴甫洛夫之后，在探讨适合于心理科学任务的生理学特殊部门中做出巨大贡献的有许多苏联学者，其中有两位生活在同一时代而在工作上彼此独立的学者，他们分别是 П. К. 阿诺欣（П. К. Анохин，1898—1974）和 Н. А. 伯恩斯坦（Н. А. Бернштейн，1896—1966）。他们用自己的活动对复杂的自我调节的动物行为的生理基础进行了实验分析。

阿诺欣创造了机能系统理论，这种理论是真正的心理学取向的生理学的最早模式之一。这一理论早在 1935 年就提出来，但是该理论在提出的初期并没有引起当时苏联生理学和心理学界的注意，只是在控制论和系统论思想在科学界广为传播以后，它才受到普遍关注和重视。这得益于阿诺欣的机能系统理论包含了控制论和系统论的基本思想。阿诺欣通过实验提出

---

① 鲁利亚：《关于心理学的自然科学基础》，见《现代心理学发展中的几个基本理论问题》，中国社会科学出版社 1982 年版，第 327 页。

了返回传入、超前反映的概念。他认为，只有通过返回联系给大脑发出关于动作结果的信息，才能正确地说明有机体的积极行为，同时由于返回联系而产生一种信息的校对装置，把当前的信息与头脑中所保留的过去经验（个体经验与种系经验）加以校对，从而产生对活动结果的预见。这样，阿诺欣便把古典的反射弧的旧图式改造为反射环的新图式。虽然阿诺欣是用动物做的实验，可是他的工作对于揭示动物和人的心理活动的完整形成机制，却都具有极其重要的意义。

另一位著名的苏联生理学家 H. A. 伯恩斯坦所提供的对心理学取向的现代生理学的贡献，也同样具有重大的意义。他研究的出发点是，深刻地分析人的完整的主动运动，即行走、劳动活动、使用工具和作用于对象的活动。伯恩斯坦的这些研究，是他所建立的“主动性生理学”的理论基础，和阿诺欣的主张一样，伯恩斯坦的概念可以被看做是心理学取向的生理学的最早方案之一，其最大的科学价值就在这里。

鲁利亚认为，如果不涉及心理过程的脑组织问题这一心理学领域，那么，对心理学的自然科学基础的概述就是不全面的。这个领域名为神经心理学。

大家知道，一切心理过程（感受行动、主动运动、语言的和智力的活动）都是包括动机和目的成分在内的复杂机能系统，都是由复杂的成套运演（他们经常可以互换）实现的，它们所依靠的是由一定神经元群的直接神经支配所建立的“感性组织”；而且一切心理活动形式，按起源来说都是社会的，按结构来说都是被中介的，按组织方式来说是系统的。由此可以明确地得出结论，这些包括完整的组成部分群的复杂系统不可能在脑的孤立区域直接“定位”，它们多半分布在大脑皮质的一切区域和最近的皮质下区。其中每个部位在组织某种心理活动上都有自己的贡献。

对于心理学的自然科学基础问题的探讨是心理科学的最主要任务之一，为此，心理学家已经做了不少的工作。但是，正如鲁利亚指出的：“已经做过的工作只不过是摆在面前要做的很小一部分，大量未知的东西比已经了解的东西仍然是多得不可计量的。然而，在心理学的自然科学基础的研究领域中明显出现的科学技术飞速进步的场合下，毫无疑问，要做的事情还非常之多。”①

---

① 鲁利亚：《关于心理学的自然科学基础》，见《现代心理学发展中的几个基本理论问题》，中国社会科学出版社 1982 年版，第 338 页。

# 第三节　鲁利亚的神经心理学

神经心理学是神经科学的一种，它研究的是心理现象的大脑组织，是唯物主义观点和唯心主义观点进行激烈斗争的场所，通常用来解释脑和心理的相互关系。从根本上去寻找解决该问题的新方法，把该方法与其两个基本特征（狭隘的心理形态学概念和脑的机能组织概念）区别开来，是鲁利亚及其学派的功绩所在。现代神经心理学是一门关于大脑的科学，它产生于几门学科，主要是心理学、医学和生理学的交接点上。在苏联，神经心理学开始形成于20世纪20年代，当时维果茨基和鲁利亚试图研究心理活动实现过程中大脑不同部位的作用。

神经心理学的形成和发展与邻近学科即神经外科、神经病学、精神病学、生理学以及建立在精神病和神经病临床基础上的变态心理学研究成果密切相关。

## 一、鲁利亚神经心理学研究的理论基础

现代神经心理学所依据的知识的综合性特点，是由其中心问题“脑是心理活动的基础”的复杂性决定的。心理学知识本身就是这个综合体最重要的组成部分。鲁利亚神经心理学研究的基础首先是维果茨基和他的战友所建构的普通心理学理论，包括高级心理机能概念。根据后者，高级心理机能乃是具有特殊性质的复杂心理系统。普通心理学中高级心理机能系统结构的可变性、可塑性，与其说是取决于遗传因素，不如说是取决于别的因素，它们在时间和组织方式上的随意性、动态性概念正是神经心理学建立的理论基础。

鲁利亚在神经心理学研究中贯穿着相同的研究路线：从对某些心理机能脑组织的认识进而到对心理过程脑机制和整体脑工作的一般认识。鲁利亚的神经心理学的主要任务是研究被他确定为“系统动态的机能定位理论”的人的高级心理机能脑组织（定位）理论。鲁利亚的工作说明了神经心理学

能够对跨学科的“脑与心理”问题的研究做出重要贡献，对人的高级心理机能脑组织的探讨就属于这类研究的组成部分。

在解决神经心理学问题时，鲁利亚创造性地利用了邻近学科的成就。譬如，在研究各种认识过程的病理学时，他吸收了语言学、普通心理学、生物控制论、生物力学的新成果。在研究神经心理综合征以及人的高级心理机能及其破坏的生理机制时，鲁利亚使用了心理生理学的方法。

对作为各种心理过程基础的脑工作涉及到的一般理论问题的深入研究是鲁利亚的神经心理学研究最重要的成果。鲁利亚以高级心理机能是复杂的心理系统原理补充了高级心理机能是由位于不同脑结构（皮层和皮下）中大量传入和传出环节组成的机能概念。根据大量的实际材料及对众多患有局部脑损伤病人的观察，鲁利亚提出了既考虑到心理学、医学（解剖学、病理学），又考虑到生理学的脑与心理相互关系概念的一般原则。根据他深入研究的“系统动态的机能定位理论”，任何心理机能都由大量高度分化部位（即联合不同机能的区域）组成的整体脑来保证，脑的每一个部位都对机能的实现做出自己的贡献。鲁利亚将其脑与心理的相互关系概念中具有重要意义的“因素”概念引入了神经心理学。所谓因素就是脑工作结构的机能单位，它们的损伤将导致一定神经心理综合征的出现。任何一个因素（即机能系统的某个环节）的损伤都会在相应脑结构的生理规律变化中，在分析、综合等活动的破坏中表现出来，这将导致整个机能系统工作的破坏，从而使所有心理机能遭到破坏。正是在一定脑结构中进行的局部系统的生理过程被看做是引起这类心理机能破坏及其结合（神经心理综合征）出现的直接原因。把“因素”概念引入高级心理机能系统的动态定位理论，可以使现代神经心理学避免巴甫洛夫曾经警告过的那种“把心理学概念直接附加在形态学底布上”的情况。这种原理承认脑在高级心理机能保障中生理过程的原则性意义。

## 二、鲁利亚神经心理学研究的基本原则

神经心理学研究大脑的机能组织及其与心理活动的关系，探索脑一心如何对与接受、加工和存储来自外部的信息相联系的神经过程加以组织，揭示大脑怎样对人的有目的、有意图、有意识的活动进行规划、调节和审核。脑作为心理活动的器官，早已为科学所关注，但是在过去，科学只满足于把大脑当作反应器官，对它的认识仅限于回答外部世界刺激的图式。鲁利亚认为，人脑是由特殊方式组织起来的最复杂的机能体系，它依据特殊原则进

行工作，揭示这些基本原则，“可以帮助研究者建立起一些新的数学的和真正起作用的图式，这些图式使得有可能逐渐接近于建立这一完善器官的机械类似物”①。

鲁利亚确立的神经心理学基本原则有：

(1) 脑是长期历史发展的产物。鲁利亚指出：“在进化的不同阶段上，动物机体同环境的关系和它的行为都是由神经系统的不同器官来调节的，因而，人脑是长期历史发展的产物。”②他从最初级的动物，如水螅虫的神经系统开始，运用大量实验资料、数据和图表，说明神经系统逐步从低级向高级的发展。

(2) 人的各不相同的复杂行为是在神经系统的不同水平上实现的。人脑是长期历史发展的产物，但这并不意味着那些在较低级的进化阶段上曾经是行为组织的器官不再工作。鲁利亚指出：“以前的神经器官还保存在其中，但是，用黑格尔的话来说，是以解职的形式保存在那里。”③它们与其相应的行为的组织器官，是一种“保证行为背景的、积极参加机体状态调节作用的器官”，而一些高级行为，如信息的接受、加工和保存机能，新的行为程序的建立以及对意识活动的调节和控制机能等则由大脑皮质的高级器官来承担。换句话说，以前的神经器官还保存着，但是，主导地位让给了新的组织。

(3) 脑的机能体系是一种平行－垂直的结构。每一种行为方式都是由神经器官的不同水平的协同工作来保证的，而神经器官的不同水平不论是同上行的联系还是同下行的联系都相互关联，也就是说，大脑皮质的各个区域既是水平又是垂直地联系着，大脑是个自我调节系统。

鲁利亚的神经心理学就是在这些基本原则指导下得以阐述的。

## 三、鲁利亚神经心理学研究的基本方法

鲁利亚在神经心理学研究方法方面的功绩也是无可争辩的。现代神经心理学方法可分为两种：一种是应用于临床心理学工作的，主要用于诊断局部脑损伤和恢复已破坏的机能；一种是运用于专门的实验工作的，多半是为了科学研究的目的。这些冠以“鲁利亚神经心理学研究方法”名称的方法，对发现那些比任何其他大脑疾病症状发生较早而又消失较晚的神经心理症

① 鲁利亚著，汪青等译：《神经心理学原理》，科学出版社 1983 年版，第 2 页。
② 鲁利亚著，汪青等译：《神经心理学原理》，科学出版社 1983 年版，第 6 页。
③ 鲁利亚著，汪青等译：《神经心理学原理》，科学出版社 1983 年版，第 12 页。

状很有效。它们不仅能够查明大脑大块组织损伤的后果，而且还能够查明大多数现代诊断技术手段难以接近的大脑机能状态的细微变化。

鲁利亚对因局部脑损伤而受到破坏的心理机能恢复方法的研究同样重要。这些方法在苏联卫国战争年代开始大量使用，当时鲁利亚与A.B.查波罗热茨、Э.C.拜恩等一同开始广泛研究各种心理机能如言语、运动、认识、智力的恢复。恢复被破坏机能的神经心理学方法同诊断局部脑损伤病人的神经心理学方法一样，经受了长期和全面的实践检验。尤其是现在它们应用的范围更加扩大，因为这些方法对测定脑工作局部的(系统的)病理变化非常适用。

除神经心理学方法本身外，鲁利亚和他的同事广泛使用测定认知、运动和情感过程破坏的各种实验心理学和心理生理学方法(客观记录运动和言语反应的方法、脑电图、眼动活动的方法等)，它们有可能揭示出临床观察发现不了的高级心理机能被破坏的新规律。鲁利亚和他的同事借助各种方法(临床学、实验心理学、心理生理学的方法)在神经心理学的不同领域获得了丰富的实际材料。

鲁利亚在全面描述局部脑损伤下产生的主要神经心理综合征后，创立了临床神经心理学。

鲁利亚的真正贡献是在失语症研究上。鲁利亚和他的同事深入研究了像认知过程和随意运动及动作神经心理学这样一些实验神经心理学分支。根据言语活动是由大量传入和传出环节组成的复杂且统一的机能系统的认识，通过对几百名不同的大脑损伤病人的研究，鲁利亚创立了新的失语症分类方法。他对失语症的专门神经语言学分析也是广为人知的。他区分出局部脑损伤下记忆破坏的基本形式，描述了视听力破坏的各种形式，证实了言语和非言语听觉破坏的无关联性，引进了通过记录眼动研究视知觉病理学的新方法，指出了脑前后部损伤病人在解决视觉问题时眼动活动的原则性差别，划分了脑前后部损伤下智力过程破坏的不同形式，提出了建立在研究随意运动性动作结构的“要素”方法基础上的新失语症分类方法。这些要素被划分为两种新的类型：内导性运动失语症和动力失语症。根据对失语症的研究，鲁利亚分析了恢复高级心理机能的要素，他在《在战争创伤后的机能恢复》中讲述了这些要素。在鲁利亚倡导下，在实验神经心理学领域创立了心理生理学派，其目的是研究作为各种心理机能和完整神经综合征基础的生理过程。

鲁利亚和他的同事搜集、描述和系统化了众多不同认知和运动过程被破坏的现象，从而对实验神经心理学发展做出了重要贡献。

在鲁利亚的领导下，苏联神经心理学创立了康复学派，提出了高级心理机能恢复的基本原则，制定了高级心理机能修正的新教学方式，在局部脑损伤病人的机能——言语、记忆、智力以及整个个性恢复方面积累了大量的实际材料。

近年来，根据鲁利亚的创意，在神经心理学领域开始形成新的发展方向，即童年神经心理学、深部皮下结构损伤神经心理学、老年神经心理学、典型个别差异神经心理学等。同时，目前继续进行的神经心理学分化过程，证明它有较大发展的可能性。鲁利亚终生致力于研究"脑与心理"问题的各个方面。他创立了神经心理学的理论原则，提出了高级心理机能脑组织的主要原则，收集和分析了大量的临床资料，在研究局部脑损伤下各种心理机能病理学方面进行了大量的实验工作，研制了神经心理学教学仪器。我们有充分理由认为鲁利亚是以系统观，即对心理机能系统结构及其系统脑组织的认识为基础的新型神经心理学的创始人。

## 四、鲁利亚的人脑三种机能系统学说

### 1. 引言

生理心理学是苏俄心理科学传统中最具特色的一个领域。这个领域的奠基人是被尊为俄国生理学之父的 И. В. 谢切诺夫和继承其科学思想的 И. П. 巴甫洛夫。谢切诺夫奠定了这个领域的思想基础，巴甫洛夫通过数十年的实验研究论证和发展了谢切诺夫的思想，其主要思想被称之为反射论和神经论。巴甫洛夫逝世后，他的学生阿诺欣又发展其思想，提出了机能系统理论。这个理论当今被认为是巴甫洛夫高级神经活动学说发展的新阶段。

鲁利亚在心理学方面发展了阿诺欣的机能系统理论，开创了神经心理学的新领域。他从机能系统理论出发，在心理机能定位这个传统的生理心理学问题上，提出了动态的、系统的机能定位理论，反对狭隘的机能定位理论和反机能定位理论。狭隘的机能定位理论把心理机能直接定位于大脑皮层的有限部位；反机能定位理论走向另一个极端，反对脑器官高度分化的观点，而认为脑是作为一个各部分等价的不分化的整体活动着。鲁利亚遵循阿诺欣的理论，把心理机能、心理活动看做是复杂的机能系统，它依赖于大脑个别的、有时分散很远的部位的协同活动，其中每个部位执行其相对特殊的作用，对整个机能系统的实现作出特殊的贡献。大脑不同区域的这种动态结构，可能随一定心理活动的形成程度而改变。在破坏这个机能系统整体性的局部脑损伤下，这个动态结构可能改组。

鲁利亚以随意运动来加以说明。长期以来，人们认为随意运动是大脑前中央运动皮层的机能。从机能系统理论看，随意运动的机制要复杂得多。不能把随意运动定位于运动皮层这样一个狭隘的区域。从对随意运动组成成分的分析可见，随意运动包含一系列成分。第一个成分是传入感觉信号。仅仅只有从脑到肌肉的传出冲动还不能调节一个随意运动，经常的传入冲动是必要的。这些传入冲动报告关节、肌肉的状态、运动器官的节段位置。这种感觉或本体感觉的基础是大脑的另一部位即中央感觉皮层。假如这一部位受到损害，病人就不仅失去肢体感觉，而且也不能做出一个组织得很好的随意运动。随意运动的第二个成分是空间因素。运动是在空间中展开的，有一定的空间组织。负责空间分析的大脑皮层位于顶枕区。如果这个部位受到损伤，病人就不能在准确的方位上组织运动，因为他丧失了估计空间关系的能力。随意运动的第三个因素是运动节奏，把一个已经完成的运动部分停止，将冲动转移到另一个环节上去。负责运动环节交替的大脑部位是前运动皮层。一旦这个部位受到损伤，病人的运动便破坏了，他失去了在运动中止步和换步的能力。另外，每一个运动都从属于一定的程序和目的，而负责程序和目的的是大脑皮层额叶，如果额叶受到损伤，则有目的的连锁活动就变成了毫无意义的重复，病人的目的性行为就被破坏。由此可见，像随意运动这样的一种活动是涉及脑的一系列区域的协同活动。

鲁利亚认为，任何一种心理活动都是一种机能系统。不同的机能系统包含着众多不同脑区域的活动，各个脑区域各自起着特殊的作用。而且参与活动的脑区域不是一成不变的，是随条件而变化的。他认为，人的意识活动就其起源来说是社会历史的，就其结构来说是复杂的、中介的。第一，人的高级意识活动始终依赖于外部手段，而这些外部手段是历史形成的。通过这些外部手段，先前独立工作的脑区域变成了统一的机能系统的环节。历史形成的人类行为的组织手段形成了新的联系。正是这些新的联系构成了人脑机能组织区别于动物脑的主要特点。第二，人类心理过程在大脑皮层上的分布从来不是稳定不变，而是在儿童发育过程中，在练习的连续阶段上发生重要变化的。例如，人类的高级心理活动起初表现为扩展的对象性活动形式，后来逐渐简约，获得内部心理活动形式。这个变化是依靠社会历史过程中形成的一系列外部手段，如语言、计算系统等发挥中介作用的。再如书写过程，起初是依靠对每个字母的书写形象的追忆，依靠一连串孤立的运动冲动来实现，后来由于练习，这个结构发生了根本的变化，书写成了统一的运动节奏，不再要求每次都专门追忆孤立字母的视觉形象和书写每个笔画的个别运动冲动了。因此，在发展的不同阶段上，同一脑区的损伤所产生的后果也不同。如果说在发展的早期，保证心理活动初级基础的皮层某区受到损伤，必然引起建立在它之上的高级结构发展的落后，那么，对于在复杂系统已经形成、开始给予简单活动的组织以决定性影响的成人来说，低级区域的损伤已经不具有发展早期所具有的意义了。相反，高级区域的损伤则导致低级机能的瓦解，因为这些机能已经获得复杂的结构，并且依赖于活动的高级组织形式了。

鲁利亚按照机能系统理论把整个脑划分为三个机能联合区：保证调节紧张度或者觉醒状态的联合区；接受、加工和保存来自外部世界信息的联合区；制定程序、调节和控制心理活动的联合区。①

**2. 调节紧张度和觉醒状态的联合区**

为了保证心理过程完全合乎要求地进行，人应处于觉醒状态中。我们知道，只有在最适宜的觉醒状态下，人才能接受信息和对信息进行加工，在记忆中引起需要的、有选择性的联系系统，制定自己的活动程序和对自己的心理过程的进行实行控制，同时校正自己活动的错误和保持自己活动的方向性。因此，第一机能联合区的基本功能是保持大脑皮层的一般觉醒状态，提高它的兴奋性和感受性，并实现对行为的自我调节。那么，脑的哪些器官保证支持皮质最适宜的紧张度呢？研究发现，它定位在脑干和皮层下部位，包括上行网状系统和下行网状系统，前者对皮层起激活作用和抑制作用，调节其紧张度，后者接受来自皮层的调节作用，它们组成统一的垂直排列的机能系统，是按"反射环"原则建立起来的双向联系的自我调节器官。第一机能联合区并不对某个特定的信息进行加工（分析与综合），但却提供了各种活动的背景。当这个系统受到损伤时，大脑的激活水平或兴奋水平将会普遍降低，并影响对外界信息的加工和调节。

这一联合区又可分为三个部分：第一部分与保持体内环境恒定的代谢过程和本能过程相联系。它们是与下丘脑紧密相连的延脑网状结构和中脑网状结构，它们在代谢活动中起重要作用；而中脑系统、间脑系统和边缘系统则在本能行为中起重要作用。第二部分与外部刺激引起的定向反射相联系，它们是非特异性的丘脑、尾状核、海马核等，这些神经元实现对信号的"比较"机能，做出是否应出现反应的决定。第三部分与人的意识中的意图和方案、希望和计划相联系，它们是皮层的高级部位及其与下部网状结构联系的系统，但与拟定行为的目的、计划、程序等并无直接的联系。

---

① 鲁利亚著，汪青等译：《神经心理学原理》，科学出版社1983版，第82页。

3. 接受、加工和保存信息的联合区

第二机能联合区的基本机能在于接受、加工和保存信息，它位于大脑皮层后部，包括大脑皮层的视觉区、听觉区和一般感觉区，以及相应的皮下组织，其作用是接受来自内外界的感觉信息，对它们进行分析与综合，并把它们加以编码和储存。这些皮层区组织具有分层次的结构：一级区是感觉投射区，包括躯体感觉、视觉、听觉、嗅觉、味觉等中枢，它接受外来的信息，并将这些信息分解为最小的组成部分；二级区是投射—联络区，它将这些组成部分编码，并将它们组合到相应的系统中去，以实现综合机能；三级区是重叠区，它保证各个分析器协同工作，对所接受的信息进行高级的分析与综合，并加以编码和储存，形成复杂的信息组合，因而使直观感知和具体经验转变为抽象的理论认识。这些层次结构是按照“模式特性递减”的原则工作的。所谓“模式特性”，即一定的神经元只接受一定的刺激。所谓“递减”是说一级区具有最大限度的模式特性，高度分化的神经元只对具有某一特性的刺激起反应。二级区在很小的程度上具有模式特性，而三级区在一定程度上具有“超模式”或“无模式”特性，它们主要起综合作用。这一机能联合区在发展过程中发生“侧向化”的现象，即两半球出现不对称性，出现所谓“优势半球”。但一级区两侧是同等的、对称的。而二级区和三级区则有所不同。右手优势的出现使左半球占优势，这是和劳动及语言的发展相联系的，所以只有在人身上才有这种现象。优势半球在所有与言语相联系的高级心理活动（范畴知觉、主动言语记忆、逻辑思维等）中起重大作用。它的损伤导致高级心理机能的破坏。但并非所有的人左半球都占绝对优势。另外，非优势半球损伤的研究较少。这方面的问题，现已引起人们的注意和兴趣，正在进行深入的研究。

4. 规划、调节和监督复杂活动形式的联合区

人不仅对外来信息被动地予以反应，还可以制定自己行动的计划和程序，注意它们的完成，调节自己的行为，使之符合于这些计划和程序，最后使自己行为的效果同原初的意图相对照，更正它们所犯的错误，从而控制自己的有意识活动。大脑第三机能联合区担负的正是这些任务。

第三机能联合区位于大脑两半球的前部，在中央前回前方，主要是前额叶，这是大脑皮层在种系发展过程中最“年轻的”组织机构，它与脑的其余部位及网状组织均有双向联系。其主要机能是规划、调节和控制复杂的心理活动和行为，也就是使主体产生动机与目的，形成行为的预备状态和行为程序，积极地进行活动，并在活动中检验效果，及时修正行为。这一联合区又

可分为三级皮层区，其中一级是皮层运动区，位于中央前回内，是运动的直接投射区。由大脑发出各种指令，通过这个区域直接调节身体各部位的动作反应。二级区称运动前区，位于运动区前方。其主要作用是实现对运动的组织，制定运动的程序。三级区位于额叶的前面，主要作用是产生活动的意图，形成行为的程序，实现对复杂行为形式的调节与控制。当这些脑区受到破坏时，患者将产生不同形式的行为障碍。例如，有的研究证明，前额皮层受到损伤的病人，将丧失计划与组织行为的能力，不能将行为的结果与原有计划、目的进行对照，也不能矫正自己的行为。

脑的三个机能联合区的作用虽然有所不同，但它们并不是彼此孤立的。因为“意识活动的每一种形式总是一种复杂的机能系统，总是依靠脑的所有三个机能联合区的协同工作来实现的，其中的每一个机能联合区都对整个心理过程的实现做出自己的贡献”①。例如随意运动，它需要这三个机能联合区的协同活动，第一机能联合区保证肌肉必要的紧张度，保持觉醒状态，没有这种紧张度、觉醒状态，任何一种协调一致的运动都是不可能的。第二机能联合区保证接受信息，对之进行分析、综合加工，并将它储存在记忆中。第三机能联合区保证行动服从相应的意图、计划，对之进行调节，保持行为的方向性。所以它是由三个机能联合区的协同活动来保证的。每一个机能联合区的作用虽然有所不同，但却相互联系、相互协调，从而保证复杂心理活动的实现。

鲁利亚关于人脑机能系统的学说，更进一步地揭示了心理活动的生理机制，丰富和发展了高级神经活动理论，引起了各国心理学家和生理学家的普遍重视。这个学说的主要贡献是：第一，从根本上改变了对心理机能的理解。传统的机能定位理论把人的心理活动分析为某些分割的机能，并且把这些机能与大脑某一严格限定的部位联系起来。鲁利亚认为，人类的任何心理活动都应理解为复杂的动态机能系统，这种机能系统的实现靠协同工作的一系列脑器官来保证，这些脑器官各自为保证机能系统的实现做出自己的贡献。这样，机能系统理论便向传统的机能定位理论提出了挑战。第二，可用于定位诊断和机能恢复，即找出与特定行为障碍有关的脑损伤部位，借助于机能修正的方法使被破坏的机能得以恢复。例如，由于枕叶损伤引起的阅读机能障碍，可以借助于对字母的触摸和描绘而恢复起来；由于颞叶损伤引起的书写机能障碍，也可以通过对要书写的词进行视觉－动觉分析而得到恢复。当然也不能说这个学说已经解决了心理活动脑机制的所有

① 鲁利亚著，汪青等译：《神经心理学原理》，科学出版社 1983 版，第 121 页。

问题。鲁利亚在谈到这方面问题时曾指出：关于脑的深部结构在心理过程进行中的作用，关于梦和觉醒状态的脑机制，关于情绪生活的脑的基础，以及非优势半球对人的心理活动的意义等问题，研究得还不够。因此，在其神经心理学理论中对这些问题谈得很少，有待进一步的研究与总结。

## 第四节　鲁利亚与心理学的其他领域

在鲁利亚的科学创造中，神经心理学居首要地位，但他对心理科学的其他分支，包括普通心理学、历史心理学、儿童心理学、儿童缺陷学和心理生理学的发展也做出了重要贡献。

### 一、鲁利亚关于意识和语言的主张

神经科学的主要问题也是心理学的主要问题：意识是以脑的机能为基础的特殊的、物质的还是非物质的精神现象的体现？鲁利亚对意识问题的一些主张是不容置疑的。他在论及意识问题对于理解心理科学的对象的重要性时，曾多次提到，对人类意识活动的各种形式的研究构成了心理学研究对象的基础，不仅要把它纳入心理学问题中，而且应从唯物主义决定论的立场来解释它。作为维果茨基的追随者，鲁利亚不仅在研究高级心理机能时推广文化－历史观点，而且在研究整个意识问题时推广文化－历史观点。他在社会－历史起源、意识的决定因素以及意识的脑机制之间划上界限，把意识决定因素的产生和内容当做表达真实情况的最高形式，把脑作为意识产生的器官。鲁利亚把个人意识、意识的决定因素、起源和形成过程当做社会历史范畴。他写道："为了解释意识活动的复杂形式，必须超出机体的界限，不是在心灵深处，而是在生活的外部条件下，在人类存在的社会－历史形态下，在大脑深处寻找意识活动和范畴行为的源泉。"[①]鲁利亚并没有怀疑用旧唯物主义的观点去解释意识活动——不仅是单独的意识活动，而且是

① Е. Д. Хомская. О методологических проблемах современной психологии. Вопросы психологии, 1997. №3. с. 112～125.

整个意识活动——的脑机制的可能性。作为维果茨基的追随者，鲁利亚发展了意识的意义结构和系统结构的概念，这个概念把意识问题和语言问题联系在一起。鲁利亚认为，只有在言语系统中对外部事件进行加工，才能够认识意识。

## 二、鲁利亚对心理学其他分支的贡献

鲁利亚对普通心理学的许多问题有过深入的探讨。如人的心理是由社会因素和生物因素决定的观点，外部心理机能是以各种符号（首先是基本符号系统的言语）为中介的观点，心理机能和整体意识的系统组织、脑与心理、心理学与生理学、心理学理论与实践的相互关系等。鲁利亚是从普通心理学的观点研究高级心理机能及其系统结构的易变性、可塑性、社会制约性问题的。

在研究情绪时，鲁利亚揭示了情绪在言语和运动过程中的特点。他指出，言语和运动反应的结合比传统的生理性指标更适合反映情绪状态，并在此基础上提出了独创的共轭运动法。与通过植物性机能的变化来记录激情反应征兆（呼吸、动脉压力、脉搏等）的方法不同，共轭运动研究方法使人有可能研究这些反应在言语过程和运动过程中的反映。

鲁利亚对历史心理学作出了重要贡献。在研究心理的社会历史决定因素问题时，他认为人生活的外部（社会、历史）条件、人存在的社会方式在很大程度上决定其认识过程特点和心理结构。他在认识过程（感知、记忆、智力）等很多领域验证了文化历史理论的正确性。

鲁利亚的工作对儿童心理学发展也具有重要意义。根据维果茨基所有心理机能都是通过掌握各种工具一符号形成的理论，鲁利亚与 A. B. 查波罗热茨、Л. И. 包若维奇等一同进行了大量的实验研究，其目的在于分析作为高级心理机能形成的基本方式的中介。鲁利亚在苏联儿童心理学领域最早开始研究心理过程发展中的遗传和环境因素的作用。他与 A. H. 米罗诺娃、H. Г. 莫罗佐娃等一道使用“双生子法”，对同卵和异卵双生子的感知、记忆和言语机能进行了比较研究。根据这些研究，鲁利亚得出一个重要结论：遗传因素在儿童发展的早期阶段对心理过程的发展起着决定性的作用，遗传因素在更大程度上影响“简单”心理过程（直接视觉记忆类型）的特性，在较小程度上影响那些社会影响具有决定意义的“高级”心理过程（言语思维、间接记忆、理解知觉等）的特性。在心理机能形成的后期阶段，教育尤其是语言能力的发展对心理过程的发展起决定性的作用。遗传和环境因素以不同方式决定各种机能的参数。在以孪生子为被试所做的实验中，鲁利亚揭示了许多重要的心理规律，可惜的是，其意义直到今天才受到重视。

在鲁利亚学术生涯中，对儿童心理发展中言语作用的研究占据显著地位。根据维果茨基关于发展的观点，鲁利亚首次从遗传的角度来研究掌握随意行为结构的言语的作用。这些研究证明，在言语中儿童开始出现反映现实的概念形式，从本质上改变了其心理过程的结构。他通过实验证明，掌握言语能改变儿童所有心理机能，即注意、记忆、思维、动作等。鲁利亚及其同事的很多工作都是专门研究个体发育期间随意运动性动作形成中的言语作用，以便分析儿童言语调节功能的形成。这些工作的意义超出了儿童心理学的范围，与随意动作发生的较一般问题有直接的关系。

鲁利亚在儿童缺陷学领域的工作也相当知名。在 20 世纪 20 年代特别是 50 年代，他很重视与智力落后诊断有关的问题。在鲁利亚的领导下，苏联教育科学院的儿童缺陷学研究所对儿童各种智力落后形式进行了综合研究，例如，研究心理过程破坏的神经动力基础，言语概括和调节功能形成的特点，运动性暂时联系形成的规律，定向反应消退和恢复的进程及其同防御反应的相互关系等。鲁利亚还对智力过程的损伤进行神经心理分析。例如，在解决数学问题时，鲁利亚分析了在大脑顶叶、枕叶、额叶受损时智力障碍的类型等。

鲁利亚注意从多方面研究儿童缺陷学问题。在研究各种心理异常发展的儿童时，他利用了普通心理学概念（心理机能形成的结构和方式）、生理学概念（心理机能被破坏的机制）、教育学资料（儿童教学的特点）、临床学资料（神经学和其他各种分析器系统工作异常的资料等）、神经心理学概念（儿童脑活动的特点）。这些研究异常儿童的综合方法在诊断学，以及制定机能发展和补偿的方法时是富有成效的。

鲁利亚还在心理生理学领域有重要研究。在他的研究中采用的最主要的生理学方法是“共轭运动反应”法，它是分析人的情绪状态的十分精致的方法。共轭法的基础是左手较小的随意“可控制性”和它较之右手对情绪状态较大的“感受性”，这与大脑右半球的机能有关，符合现代情绪心理学理论。

在苏联卫国战争时代，鲁利亚在研究失语症时利用了电生理学肌动描记法，之后他又研究运动机能心理生理学。他领导的研究集体广泛采用各种记录手动（肌电图、肌电描记法、脑电图）和眼动（光电方法、眼动电图法）的方法，这些方法能够揭示出正常和病理运动性的动作性质的新规律。他研究了言语调节功能的发展和病理学（健康儿童、不同智力缺陷儿童、脑局部损伤病人),分析了言语语义学("语义范围"、各种类型被试语义稳定性和特点),利用条件反射运动法、体积描记法、各种脑电图方法测定大脑机能状态。

鲁利亚领导的研究集体还利用局部大脑损伤资料深入细致地研究了认识过程——记忆、注意、智力活动的心理生理学。对额叶以及边缘系统、间脑和脑干损伤的病人进行专门的心理生理学分析,以便查明这些结构在随意识记、感觉、注意、智力及其它认识活动中的作用。

关于人格神经心理学,鲁利亚认为,在科学史上,有些很著名的探索人格的超物质精神实质的不成功尝试。在心理机能系统的运动定位理论范围内,他看到了这个问题的答案,认为了解人格的机体形成和寻找系统运动脑组织的各种组成成分是研究神经心理学问题的必要条件。在考察泽伊加尔尼克研究人格问题、行为动机的病理学问题及其等级结构的巨大贡献时,鲁利亚指出了划分人格的必要性。这种人格与脑的结构病理学相关,并且通过病人的情况来反映生命的社会因素。鲁利亚把行为的自我调节的失调、随意控制的失调以及评价失调视为人格缺陷。他把这些行为的失调与第三脑结构的病理学联系在一起,第三脑结构和第一脑结构的损伤会引起情绪失调和动机失调。他认为,把神经心理学的问题归结为人格问题是相当复杂的,但是它却具有现实意义。该问题的解决需要发展神经心理学和普通心理学的支持。

鲁利亚及其学生的许多研究促使神经心理学和心理生理学结合,产生了新的发展方向——"局部大脑损伤心理生理学"。

鲁利亚根据心理生理学实验研究,提出了理解心理学研究中的心理生理学及其作用的一般原则。他认为,现代心理生理学的主要缺陷是它的"生理学还原论",即简单地理解心理活动的生理基础的倾向。他看到了创立特殊的"心理学取向的生理学"的必要性,它的主要任务不是对某些反应,而是对心理活动的整体形式的研究。由于问题的复杂性,鲁利亚认为,建立这样的心理生理学是未来的事。但鲁利亚和他的同事通过自己的研究对建立这样的心理学做出了重要贡献。

晚年,鲁利亚积极研究了记忆的神经心理学和神经语言学问题。他把注意力转向研究记忆的脑机制问题上。他同助手一起,系统地研究了在脑的不同皮质受损的情况下的各种遗忘性综合征。他们把记忆障碍分为两种类型:非特殊程式的(中脑结构受损的情况下)和特殊程式的(各种分析器系统受损的情况下)。描述了直接的和合乎逻辑的有组织的记忆受损的各种形式,区别出影响识记的持久性和再现的特殊因素。他把记忆过程的脑机制的研究收录在其专著《神经心理记忆》中，其中包括一篇关于突发受损记忆的专题论述《失去的及重获新生的世界》。鲁利亚的这些著作对理解普通心理学和心理过程的相关概念具有十分重要的意义。

鲁利亚的科学遗产是丰厚的，他的科学研究活动在很大程度上影响了现代心理学的发展。

# 第七章

# 维果茨基学派的新发展

维果茨基的创造形成了与他的学生和战友名字相联系的苏联心理学的很多方向，这些方向总体上组成了所谓的维果茨基学派。在 A. P. 鲁利亚和 A. H. 列昂节夫之后，更年轻的心理学家，如 Л. И. 包若维奇、A. B. 查波罗热茨、P. E. 列维娜、H. Г. 莫洛佐娃、Л. С. 斯拉维娜等也加入该学派。此外，学派的主要成员还有 П. И. 津琴科、H. A. 梅钦斯卡娅、П. Я. 加里培林、Л. В. 赞科夫、Д. Б. 艾利康宁、В. В. 达维多夫等人。维果茨基的学生和追随者以心理的文化历史发展理论为起点，进行了新的研究并构建了各自独特的心理学理论。

## 第一节　包若维奇和查波罗热茨

### 一、包若维奇的活动—动机理论

利季娅・伊利尼奇娜・包若维奇（Лидия Ильинична Божович，1908—1981）是苏联心理学家、Л. С. 维果茨基的学生、哈尔科夫学派的成员。

#### 1. 包若维奇的生平与著作

包若维奇 1908 年出生于库尔斯克，曾就读于莫斯科大学，在精神神经病院疗养学校做过教务长。从 1931 年起，她在维果茨基领导的共产主义教

Л. И. 包若维奇
(1908—1981)

育学院心理学教研室工作，以后在哈尔科夫精神神经学院工作。1939 年，她通过了题为《掌握正字法问题》的副博士论文的答辩。在卫国战争年代，她主持车里雅宾斯克州克什特姆市康复医院劳动疗法部的工作，并曾就职于苏联教育科学院普通心理学和教育心理学研究所。1945—1975 年间，她一直领导她所创立的个性形成心理学实验室。包若维奇研究的主要领域是儿童心理学和教育心理学。她曾研究过学生的认识兴趣，并提出查明学习的动机及其与社会动机领域的联系与区别的观点，分析了儿童的个性冲突，实验研究了儿童的动机，即需要范围内的自我评价、抱负水平和理想等机能，还研究了个性稳定性的形成。

包若维奇是维果茨基最亲密的助手之一。许多人认为，包若维奇是维果茨基最喜欢的学生。他们于 20 年代在莫斯科第二大学相遇，当时包若维奇是该校的一名女大学生，而维果茨基是大学教师。这次相会在很多方面影响了包若维奇以后的科学活动，而且在很大程度上也影响了她的命运。作为一名大学生，包若维奇聆听了维果茨基的讲课。在研究图画文字时，她参与了维果茨基研究会的工作并在维果茨基的指导下撰写了模仿方面的毕业论文。尽管他们从来没有在同一个单位工作过，但这种合作仍属于“八人组”之列。在包若维奇的整个学术生涯中，她成为自己导师事业的继承人，并在个性心理学领域致力于发展维果茨基的思想。包若维奇最后一部著作是纪念维果茨基的，这并非偶然的巧合，而是这位学者一生必然的结局。

包若维奇的主要著作有《对寄宿学校儿童的心理学研究》(主编，1960)、《学生个性心理学问题》(合著，1961)、《儿童个性及其形成》(1968)、《儿童和青少年行为动机的研究》(合著，1972)。

**2. 包若维奇关于儿童个性的研究**

包若维奇提出了活动—动机理论，这也是其主要研究成果。早在 1951 年，包若维奇就与 Н. Т. 莫洛佐娃(Н. Т. Морозова)等人合作，开始用实验的方法研究少年儿童的动机问题。她对这一问题的研究长达 20 多年，逐渐形成了她的活动—动机理论体系。

包若维奇认为，儿童的个性结构是有一定层次的，如动机—需要层、情感—意志层、道德品质层等。只有查明这些层次各自的特点，才能找到儿童心理发展的规律。她认为，马斯洛的需要层次说不足以反映问题本质，必须把需要与对象活动结合起来考虑才是正确的。这种需要与对象活动的结合便是人的动机。

包若维奇的研究结果表明，学生的学习活动是由各种动机组成的整个系统所推动的。① 她认为，对每一个不同年龄的儿童来说，不是所有的动机都具有同样的动力：其中一些动机是主要的，起主导作用的；另一些动机是次要的，起辅助作用的，没有独立的意义。包若维奇把这些学习动机分为两大类：一类和学习活动的内容和完成学习活动的过程相联系。如对认识的兴趣以及智力积极性和掌握新的技能、技巧和知识的需要。另一类和儿童与他人的交往，并得到他人评价和赞许的需要相连。这两类动机对于完成其它活动都是必要的。第一类动机来自活动本身，可以对主体发生直接的作用，帮助主体克服所遇到的、妨碍有目的有系统地实现活动目标的困难。第二类动机来源于主体生活的社会环境，通过自觉提出的目的，采取决定，有时甚至不依赖于人对活动本身的直接关系而推动主体的活动。

包若维奇等人的研究还表明，两种动机在儿童发展的不同阶段上各有特点。他们发现，学前儿童的主导动机是想当个学生，从事与学生地位相适应的、严肃的、有社会意义的活动；小学生的学习动机在一二年级还是良好的，到三年级发生了一个转折，许多儿童已经开始为学习任务而苦恼，他们的努力程度逐渐减少，教师的权威也在明显下降；在学龄中期起主导作用的学习动机是学生想在班集体中得到自己应有的地位；学龄晚期学生的优势动机开始体现在与他们未来的生活地位、他们的职业劳动活动有关的需要和愿望方面。选择未来的生活道路时，自决是他们的动机核心，这种动机核心决定着他们的活动、行为和他们同周围人们的关系。②

从包若维奇对学生动机的研究可以看出，行动的动力总是来自需要。因此，不是需要发展的内容，而是体现需要的那些客体的改变，是需要发展的标志。包若维奇指出了需要发展的几个途径：

(1) 通过改变儿童在生活中、在他同周围人们相互关系的系统中所处的地位来发展需要。在不同的年龄阶段上，儿童在生活中居于不同的地位，这种地位决定着周围社会环境对他提出的各种要求，儿童适应这些要求，就会体验到他所必须有的情绪上的安定，这就产生了每个年龄阶段所特有的需要。显然，发展需要不仅仅是儿童的特征，成年人的需要也是由于其生活方式、经验、知识在他的心理发展水平上所发生的变化而得到改变的。

---

① Л. И. 包若维奇、Л. В. 布拉格纳捷日娜编：《儿童少年行为动机研究文集》，人民教育出版社 1972 年版，第 22～29 页。

② Л. И. 包若维奇、Л. В. 布拉格纳捷日娜编：《儿童少年行为动机研究文集》，人民教育出版社 1972 年版，第 22～29 页。

(2) 儿童在发展过程中,由于掌握新的行为和活动的方式,掌握现成的文化对象而产生新的需要。例如,许多儿童由于学会阅读,便产生了阅读的需要。

(3) 除了扩大需要的范围和产生新的需要外,在每一种需要的内部也会从它的基本形式朝着更复杂的、质上更特殊的需要形式发展。这个途径在学生学习过程中所发生的认识兴趣的发展上表现得特别明显。

(4) 儿童动机圈的结构是不断发展的,它取决于需要与动机关系结构的发展,发展的动力随年龄发展,随主导的占优势的需要而发生改变。

包若维奇的活动一动机理论是在紧密结合学校教育实践,并通过对青少年儿童实际生活进行深入研究的基础上提出来的。因此,它往往能够较快、较容易地应用于实践。但是,她对动机的分类虽有普遍意义,可是尚欠明确性,不足以反映学习动机的多样性与复杂性。

## 二、查波罗热茨的随意运动发展理论

亚历山大·弗拉基米罗维奇·查波罗热茨(Александр Владимирович Запорожец, 1905—1981)是苏联心理学家、苏联教育科学院院士、维果茨基的学生、哈尔科夫学派成员,心理学的活动方法的提出者之一。

A. B. 查波罗热茨
(1905—1981)

### 1. 查波罗热茨的生平与著作

查波罗热茨 1905 年出生于乌克兰的基辅。1930 年毕业于莫斯科第二大学教育系。他学习认真,在学生时代就开始了教育科学的研究。1929 年(大学期间)至 1931 年,他在克鲁普斯卡娅共产主义教育学院心理学教研室担任实验员和助教。在那里,他积极参加维果茨基学派的学术活动,成为维果茨基学派的一名重要成员,当时他主要研究符号的发生及其在心理过程中的作用等问题。

1931 年起,查波罗热茨在哈尔科夫精神神经医院和师范学院工作,从那时起,他重点研究动作在儿童思维发展中的作用。在此研究的基础上所写成的论文《实践与言语成分在儿童思维发展中的作用》使他获得了副博士学位(1931)。1933 年起任高级讲师,1938 起担任师范学院心理学教研室主任,主要从事儿童知觉和思维发展的研究,这项研究奠定了把知觉理解为受对象客观特点决定的特殊活动的基础。

1941—1943 年，查波罗热茨在斯维尔德洛夫州心理研究所运动恢复实验病院工作。1943 年，他重返莫斯科，任莫斯科大学心理学教研室主任。1944 年，任普通心理学和教育心理学研究所学前年龄儿童心理学实验室主任。他研究的重点是儿童的动作、知觉和思维的发展，特别是随意运动的发展。在这些研究的基础上，查波罗热茨撰写了以《随意运动的发展》为题的博士论文，于 1958 年获得博士学位。

卫国战争时期，查波罗热茨在医院从事恢复伤员运动机能的工作，研究活动的结构、活动和目的的相互关系等问题。查波罗热茨在对伤员运动恢复理论和实践进行总结的基础上创立了随意运动与动作产生和发展的理论。

1958 年，查波罗热茨被选为苏联教育科学院通讯院士。从 1960 年起，他担任了苏联教育科学院学前教育研究所所长(并成为终身所长)和莫斯科大学心理学教授。1968 年被选为苏联教育科学院院士。由于他突出的贡献，曾先后获列宁奖、乌申斯基奖等。他多次在国际心理学和教育学会议上作报告，赢得了较高的国际声誉。

查波罗热茨一生共发表论文和专著 170 多篇部。主要著作有《运动的恢复》(合著，1945)、《随意运动的发展》(1960)、《心理学》(1961)、《知觉和动作》(主编，合著，1969)等。

### 2. 查波罗热茨关于随意行动和情绪的研究

查波罗热茨深入研究了普通心理学、医学心理学、年龄心理学和教育心理学的有关问题。早在 30 年代初，查波罗热茨就同 A. H. 列昂节夫一起研究了种系发生中心理发生的问题，并以其有关个体发生的研究为活动理论做出了重要贡献。在运动机能、感受性、知觉、思维、情感、个性范围内具体说明人类行动的问题是查波罗热茨所有研究的中心。他研究了早期和学前儿童心理发展的规律，分析了学龄前儿童运动技巧(被视为掌握任何新的行为形式的模型)的形成过程，查明了定向活动的内部形式起源于它的外部形式，即把内化过程理解为定向活动原初的外部形式向内部形式的转化。心理过程实质上就是在内部计划中所完成的定向行动。此外，他在知觉行动形成和完善的基础上创立了儿童知觉发展理论，在研究心理的年龄发展时得出了儿童期存在性质独特的时期的结论。他认为儿童期的特征决定于儿童活动所特有的形式。他批评了使儿童过早地参加复杂的活动形式的倾向，将最佳利用儿童独特的活动形式来强化儿童发展的概念引入学前教育学中。查波罗热茨在苏联心理学界的影响和贡献，主要是他的随意运动发展理论。此外，他还研究了主体评价行为的情境意义的情绪发展理论。

(1) 对随意行动的研究。

① 关于随意运动的实质和发展。查波罗热茨在他的《随意运动的发展》一书中专门论述了人的随意运动是意识运动的思想。然而,在心理学史上,人们对随意运动的实质和发展问题的解释存在较大的分歧。

经验主义心理学家认为,随意运动按其生理实质来说是反射。詹姆斯和冯特就持这种观点。然而他们对随意运动的解释却带有唯心论和二元论的性质。在他们看来,由外部作用对神经系统的影响所引起的"外部的意志运动",才是反射运动。至于像希望、愿望、意向等的"内部的意志动作",不并包括在有规律地导致应答性运动反应的物质现象之中,而只是与物质现象平行并且服从于心灵生活的特殊规律。显然,经验主义心理学家把心理过程排斥在反射动作的组成部分之外,使它们脱离主体的物质活动而独立。

机械主义心理学家的观点与经验主义心理学家相类似。例如,在行为主义者华生看来,随意运动不包含任何心理的成分。正因为如此,机械主义也不能对人的随意运动的实质及发展作出科学的分析。

查波罗热茨推崇谢切诺夫和巴甫洛夫的学说。他指出,谢切诺夫把随意运动看成是最复杂的反射动作,其中不仅包括对活动的外部条件的心理反映,而且也包括对运动反应本身以及借助于运动反应而获得的结果的心理反映。查波罗热茨还说,巴甫洛夫发展了谢切诺夫的随意运动思想。巴甫洛夫认为,随意运动是通过这一运动的映象来实现的一方面是以表象为形式的内导刺激,另一方面是以运动为形式的效应。由于来自反应本身的内导冲动,才有了新的条件意义的获得,巴甫洛夫把以此为基础的运动性条件反射称之为随意运动。

在上述观点的基础上,查波罗热茨就随意运动的实质提出自己的观点,即随意运动和不随意运动不同,它是由人自觉实现的。对这种运动的支配,必须借助反映作用进行,即需要利用动作本身的形象及决定动作的那些情况的形象来进行。在这种意义上,随意运动可以认为是人类思维的结果,是人类主观表象中产生的内导刺激的结果。由此可见,查波罗热茨的随意运动理论,在一定意义上是建立在谢切诺夫和巴甫洛夫学说的基础上的。

② 关于随意运动的产生。在查波罗热茨看来,随意运动的产生,是由生活上的必要性所引起的,并且受到人类活动的各种外部和内部条件的复杂性与易变性的制约。查波罗热茨从三个方面具体论述了这个问题。首先,他指出,根据生物学分析,人类动作不能按照行为主义的 S-R 简单公式实现。为了支配动作,主体必须具有行动的某种模式或预定程序。其次,查波罗热茨认为,在形成随意运动的过程中,调节人的行动的因素主要有三个,

即定向、言语和形象。第三，查波罗热茨重视模仿在儿童形成随意运动中的作用。尤其在幼儿晚期，模仿是随意运动产生和发展不可缺少的因素。

③ 关于定向活动及其在随意运动发展中的作用。在查波罗热茨的随意运动发展理论中，一个重要思想是定向探究活动的特点及其在随意运动的形成和实现中的作用。

查波罗热茨认为，在儿童掌握一定运动的熟练行为中，有两种重要的成分，一种是达到外部条件所要求的外部结果；另一种是按其一定目标的定向探究活动。他指出，在实验研究中，定向探究活动不能使儿童直接达到所要求的外部结果，但可以使他在情境中得到更精确的定向，并保证实验任务的执行符合任务的条件。查波罗热茨及其助手通过实验说明了他的结论。

④ 关于第二信号系统在随意运动发展中的作用。查波罗热茨十分强调第二信号系统，即词、言语在随意运动形成和发展中的作用，认为有了第二信号系统的参与，儿童定向探究活动便有了新质，并提高了对各年龄组儿童的教学效果。根据研究材料，查波罗热茨得出的结论是，儿童言语对行为的调节是借定向探究活动而实现的。在开始时，词只能对直接感知到的客体引起定向作用。在儿童发展的较晚阶段上，按照所命名的物体及与其有关的言语标志而形成的条件性定向反应系统，便能够在缺乏相应的对象时借言语刺激物实现，它和直接的定向作用比较起来是特别简单和概括的，因此也就提高了执行预先的言语指示的效率。

⑤ 关于定势的发展及其作用。在《随意运动的发展》一书中，查波罗热茨专门用一章阐述定势的发展及其在调节人类活动中的作用。他指出，在一定情境下，在一定过程的阶段中，儿童从缺乏自己的意识特点到执行行动的计划，开始较明显地意识到主体自身，并开始出现状态独特的形式，出现一定模型和一定行为方式的准备状态。这种准备状态就是定势。

查波罗热茨较详细地论述了儿童定势的发生和发展的过程。他认为，定势的作用在于调节人类的行为，定势是发展个性的必要条件。他指出，个性是个体与环境相互作用过程中的因素，定势是作为心理现象发展的内部条件(准备状态)，它是个体与环境相互作用的产物。定势的发生和发展，促使儿童的需要与满足需要的客观环境相统一，使他的活动具备需要和情境的统一性，使儿童的活动成为一种动机行为，即一种随意的运动。总之，作为行为方式准备状态的定势，能使儿童执行行为计划，意识到自己对其活动的调节。因此，定势是随意运动发展的内部条件，是个性因素的重要体现。

查波罗热茨系统研究了儿童的随意运动，这对 20 世纪 50 年代至 60 年代之后苏联儿童心理学的发展具有较深远的意义。首先，查波罗热茨从理论和实验两个方面对儿童，特别是对幼儿的随意运动作了较深入的研究，这是努力贯彻苏联心理科学的普遍指导原则的一个重要体现。其次，他深入探讨了儿童智力活动、意识活动的起源和发展问题，系统阐述了儿童的意志活动、动机行为的发展，是苏联心理学系统研究随意运动发展的重要成果。最后，他通过对心理学史上各种随意运动观点的分析与批判，强调了儿童心理学要研究儿童心理、意识的观点，这对苏联和世界儿童心理学的科学研究是有价值的。

(2) 对儿童情绪的研究。

晚年，查波罗热茨研究了作为有意义调节活动的特殊环节的情绪理论。

研究情绪及其发展对于探讨人的个体心理发展的一般问题具有重要的意义，因为不能把个体心理发展仅仅归结为智力的发展。正如维果茨基指出的，必须把童年期所发生的认识活动的阶段性变化与儿童个性在动机、情绪方面的深刻变化联系在一起。同时，这一观点对人类情绪发生的研究也具有极其重要的心理学和教育学意义，因为对少年一代的培养和教育，不仅要求教给儿童一定的系统知识、技能和技巧，而且要求他们形成对待周围现实、对待周围人的一定的情绪态度。大量的心理学和教育学研究表明，教学本身的效果(狭义的)在很大程度上取决于儿童在情绪上如何对待教师，怎样对待教师所提出的问题，已经形成的情境引起儿童什么样的情感，在达到要求的学习结果时他是怎样体验自己的成功和失败的，等等。[①] 因此，查波罗热茨认为，对情绪发展规律的研究在解决儿童心理学和教育心理学的一系列理论问题和实践问题中起着重要的作用。

在上述认识的基础上，查波罗热茨对儿童情绪过程的发生、技能和结构等问题进行了深入的探讨。他指出，如果说在年龄和技能发展的较早阶段上，激情是由于对直接感受到的情境和事实上的行动结果已经得到了肯定或者否定的情绪评价，在行动完成以后产生，那么，在发展的较晚阶段上，激情可能是由于完成行动之前对行动的可能后果和将完成行动时可能产生的情境的评价引起的。

查波罗热茨认为，维果茨基所提出的观点对于了解产生情绪预想的心理机制具有重要的意义，即想象、幻想的特殊形式是人类情绪的“第二表现”，借助于想象、幻想，人类情绪不仅得到表现，而且得到实现和形成。为了发展上述观点，查波罗热茨认为，情绪预想由儿童的特殊内部定向探究活

① A. B. 查包洛塞兹、Я. З. 聂维洛维奇:《关于儿童情绪过程的发生、技能和结构的问题》,《心理学问题》,1974 年第 6 期,第 59～72 页。

动产生，而内部定向探究活动是在儿童与周围现实实际相互作用的基础上形成起来的。

在这种情绪认识活动的过程中，儿童在所创设的环境下采取一定的态度，完成明显的想象行动，在观念方面影响着同周围人的各种不同的相互关系，从而不仅能够事先想象到而且能够感受、体验到这种情境、所采取的行动及其对自己和周围的人可能产生的后果。

## 第二节　津琴科和梅钦斯卡娅

### 一、津琴科的记忆心理学理论

#### 1. 津琴科的生平与著作

彼得·伊万诺维奇·津琴科(Петр Иванович Зинченко，1903—1969)是苏联心理学家、哈尔科夫学派的代表。20 世纪 30 年代中期，他对记忆心理学的活动方法，包括不随意识记忆进行了理论和实验的研究。1960 年，津琴科创设并领导了哈尔科夫大学心理学教研室。津琴科最重要的成就是对年龄发展、不随意记忆和随意记忆的研究。

П. И. 津琴科
(1903—1969)

津琴科在心理学方面的代表作主要有两本：《关于学校知识的遗忘和再现》(1939)和《不随意识记》(1961)。津琴科最初的实验性著作(1939)是以活动理论为依据的，并且早于 A. H. 列昂节夫对活动的研究(1941、1944)。在这些著作中，他阐述了记忆的原理和活动分析的理论。在活动理论的基础上揭示并详细地研究了记忆的效应，即记忆和“认识”任务的干扰效应；活动结构的效应(材料、拟定的目标、行动较之达到目标的类似的材料识记更为有效)；年龄的消极效应(一年级学生解决算术任务时对数目的不随意识记相对于较大年龄班有优势)；以及“发生效应”(被试自己想出的材料较之给他们出示的材料识记得更好，这是美国认知心理学家 H. 斯拉默尔和 П. 格拉夫揭示的效应）。后者可以视为活动结构效应的不同说法，而且公正地说，应当被称为“津琴科效应”。

2. **津琴科对记忆的研究**

津琴科是苏联心理学界记忆理论的奠基人之一。他对记忆心理学的理论与应用研究都有重要的贡献。苏联心理学关于活动与统一的原理，在他的记忆研究中得到了进一步的理论发展与实验验证。

津琴科研究记忆过程的基本原则是，对各种具体活动（诸如参与记忆过程的各种活动）的内容与结构及记忆过程进行质的分析。他研究了记忆心理学中许多迫切需要解决的问题。

人的记忆的积极性问题是津琴科经常注意的问题之一，他在其 1932—1936 年的著作和《关于学校知识的遗忘和再现》(1939) 的副博士论文中指出，不能把记忆归结为消极的牢记经验，而要把它同积极改造所取得的经验联系起来。他同时批驳了遗忘只是消极过程的观点，用实验证明了再现过程的创造性，提出在新的水平上再造从前所获得的知识的可能性的观点。

津琴科从理解记忆的积极作用的立场出发，研究了另一重要问题，即不随意识记问题。他的博士论文和荣获 K. 乌申斯基奖的专著《不随意识记》(1961) 反映了这一研究的主要成果。他指出，将不随意识记说成是消极的东西，是没有根据的。唯心主义和二元论的观点把不随意识记看做消极的铭记，而把随意识记同意识与意志过程联系起来。例如，A. 伯格森认为，不随意识记是低级的“物质的记忆”，而随意识记是高级的“精神的记忆”。津琴科认为，把记忆分为低级形式与高级形式是没有根据的，并指出了随意识记与不随意识记的积极性。

津琴科用实验证明，不随意识记服从一定的规律，而了解这些规律就能合理地控制它。不随意识记是人的认识活动与实践活动的必要因素和规律性的产物，这种产物起着保持信息、实现信息和调节行为的作用。他认为，不随意识记有选择性，它同活动的动机与目的有密切联系，不随意识记的效率取决于所识记的客体在活动结构中的位置（它们同实现活动的动机、目的、方式的联系），还取决于识记材料的有意义的加工方式。正是这些关系的性质影响着主体积极性的水平并制约着识记的持久性。

津琴科关于认识活动与记忆活动相互关系的研究具有重要意义。记忆活动最初作为认识活动形成，以后认识活动或者产生不随意识记，或者被主体自觉地作为随意识记的方法加以使用。同时，认识活动形成的水平也以间接方式表现两种识记的效果。他认为，不随意识记是一个有效的过程，这个过程不属于随意识记,但在学习和实践活动的某些条件下甚至超过后者。

津琴科反对不随意记忆和随意记忆界限划分的绝对化,并论证了它们的机能和机制的共同性。津琴科进行的不随意识记操作成分的研究,揭示了记忆过程的结构和保证最佳记忆效果的操作系统。他认为,深入研究学前、学校和高校的教学过程以及在人的劳动活动的条件下调整和发展随意识记与不随意识记的方法,是解决这一问题的必要条件。

1961—1969 年,津琴科研究了记忆的许多新问题。研究了人的各年龄阶段记忆的发生过程,即不随意识记与随意识记的结构以及它们的转化形式的形成、相互作用和改造。他提出了将人类记忆的心理学规律运用到教学、劳动,特别是自动化系统操作工作中的可能性与方法。他是运用信息论研究记忆的倡导者。他还认为应该研究记忆活动的个性特点。记忆过程常表现为个人的积极性,并且和主体具有的先天和后天获得的各种特征(兴趣、定势、对传入信息进行量和质的改造方式、神经系统的类型特点)有密切的关系。津琴科在研究记忆过程中,提出了许多新任务。他在现代心理学领域中,为建立对实践活动有积极作用的记忆理论作出了重要贡献。

## 二、梅钦斯卡娅的教育心理学思想

纳塔利娅·亚历山大萝夫娜·梅钦斯卡娅(Наталья Александровна Менчинская,1905—1984)是苏联教育科学院通讯院士,教学心理学和世界观形成问题方面的专家。

### 1. 梅钦斯卡娅的生平与著作

H. A. 梅钦斯卡娅
(1905—1984)

梅钦斯卡娅生于 1905 年 1 月 15 日,出身于一个医生家庭。她毕业于克里米亚师范学院(位于乌克兰),从 1927 年起在莫斯科第二大学国民教育研究所研究生班学习,在维果茨基的领导下准备并通过了题为《中小学生算术演算发展问题》的副博士论文的答辩。1930 年被派往斯维尔德洛夫斯克从事大学教师的工作。从 1932 年起在心理学研究所担任教学心理学和智力发展实验室主任。1952 年因《算术教学心理学》著作被授予心理科学博士学位。

梅钦斯卡娅研究的主要领域是教育心理学。她通过研究掌握知识的规律性，论证了学习教材的有效方式，探讨了防止学校中成绩不良的问题，以及算术教学的方法和心理学问题。主要著作有《算术教学心理学概论》(1950)、《算术教学心理学》(1955)、《儿童心理的发展——一个母亲的日记》(1957)、《学生科学世界观形成的心理学问题》(主编，1971)和《学生落后心理学问题》(主编，1971)。

2. **梅钦斯卡娅关于教学过程中的思维问题研究**①

(1) 教学过程中概念的掌握。

在教学过程中，经常会遇到泛化掌握概念的现象。梅钦斯卡娅把那种使用建立在极不充分的分析基础上、没有分化的混杂观念或概念的现象称之为"泛化"。梅钦斯卡娅指出，应当揭示出这种现象的原因。她同意И. М. 谢切诺夫关于掌握的看法。谢切诺夫认为，掌握就是"把他人经验的结果同自己经验的证明结合起来……"。在梅钦斯卡娅看来，个人经验的证明，绝不都是一样的，其中可能出现矛盾。这些矛盾会使个人经验的证明同"他人经验的结果"结合的过程发生困难。这种困难的原因应当从学生性格特点和思维活动的特征中去寻找。梅钦斯卡娅认为，掌握和运用知识的困难是由于思维过程的未被控制造成的。那么，怎样才能使思维过程成为可控制的？梅钦斯卡娅提出，应当说至少有两种影响形式保证对思维进行必要的控制：一是对掌握过程本身的影响；二是对学生复杂的"思维和情感的结构"的影响，对他们对待教材的态度、形成智力技能和技巧的影响。

因此，梅钦斯卡娅认为，合理组织掌握某些知识的过程本身(包括在掌握的阶段上运用知识的操作、教材的相应的变式等)虽然还不足以保证思维过程的控制，但是非常重要。学生不仅仅是教学的客体，也是教学的主体，因此在这里所指的不只是从外部控制思维过程(从教师、教学机器和程序教科书方面)，而且要保证合理的自我控制，或者说学习过程中的自我调节。为此必须考虑到学生的复杂的个别心理特征，从而对学生的个性施加影响。

(2) 思维过程的掌握。

在研究形成知识的各个连续阶段时，梅钦斯卡娅提出了这样一些问题：对知识的掌握和运用是通过什么样的思维操作实现的，这些思维操作的相互关系是怎样的，在教学过程中它们是怎样变化的？

梅钦斯卡娅把分析和综合作为思维的基本操作，因此，她把在掌握知识的进程中分析与综合的变化和分析与综合的不同水平作为研究重点。她认为，所有高级形式的分析都与综合不可分割地联系着。对由各个部分组成

① A. B. 彼得罗夫斯基主编：《心理学文选》，人民教育出版社 1986 年版，第 515～526 页。

的总体的分解表明，分析以综合为前提，分析依靠综合并通过综合实现，而综合也以分析作为不可缺少的条件。因此，不论是在简单活动还是复杂活动中，所看到的分析和综合发展的基本规律，都是分析和综合水平相平衡的倾向，是分析和综合密切接近的倾向。

在研究中，梅钦斯卡娅特别重视概括和抽象。她认为，在掌握概念时，以分析和联结相似特征为基础的概括是与抽象不可分割地实现的，她把这种抽象分为初级抽象和二级抽象。前者是抽取出的成分和应当抛弃的东西同时被掌握，而后者则是指抽象的肯定部分从一开始就被提供出来，但它是隐蔽的，所以否定的抽象（应当抛弃什么）就占了首位。这是“心理学的中心任务”。然而，抛弃某种内容的一定成分，对儿童是一项很困难的任务。于是，梅钦斯卡娅着手研究这样的问题：怎样教会学生控制自己的思维过程，学生形成合理的和创造性的思维技能的最有效途径是什么？她对这个问题的思考重点放在了思维活动的方法或方式上。最后，她得出的结论是，对智力技能的掌握要求有四个彼此密切相关的因素：思维活动合理化的需要、赖以行动的一般规则的知识、对这些活动的实际检验和自我控制。

（3）思维发生的理论问题。

在心理学中，有人主张实践思维和理论思维存在相互对立的看法，对此鲁宾斯坦给予了批判，并强调指出，这两种思维“是认识客观现实不同方面的同样完全适合的方法”。Б. М. 捷普洛夫（Б. М. Теплов，1896—1965）进一步发展了这个思想，他反对把实践的智力说成是智力活动中基本的比较低级的形式。

梅钦斯卡娅认为，在教学中进行的对思维发展的研究表明，除了抽象的理论思维外，具体的实践思维也得到了发展。但它们的发展不是平行的，而是在不断相互作用当中发展的。正是这个方面反映了思维发展的一条基本线索。梅钦斯卡娅说，许多事实都证明，智力发展最重要的指标，是学生从具体东西中看出抽象东西，从抽象的概念和规律向运用机器和机械的实际操作的转化；或者相反，从实际操作向概念、解决认识课题转化的难易程度。

（4）关于学习成绩落后的心理学问题。

梅钦斯卡娅还研究了学习成绩偏低、智力发展迟滞儿童的心理特点，阐明了他们在记忆、思维方面的重要差异。此外，她也研究学习成绩不好的学生的个别差异问题（类型）：一种类型的特点是在思维活动中感到严重困难，缺乏认识兴趣，学习的失败不能在这些学生身上引起道德冲突。第二种类型的特点是思维活动具有相当高的品质，但对学习抱消极态度；缺乏足够的学习动机，消极地对待积极思维活动，智力努力不够，缺乏作为对学习失败的反应的道德冲突，因而时常从班集体中“掉队”，并产生许多消极的道德品质。另外，她还探讨了各学科（七年级俄语、六年级物理学与几何学）学习成绩下降的学生智力活动的特点，并指出了研究中所发现的个别差异，以及对不同类型的学习成绩不好的学生进行工作的途径。

## 第三节　加里培林和赞科夫

### 一、加里培林的智力动作形成理论

П. Я. 加里培林

（1902—1988）

彼得·雅科夫列维奇·加里培林（Петр Яковлевич Гальперин，1902—1988）是苏联杰出的心理学家、功勋科学家、哈尔科夫活动学派成员。他提出了著名的智力动作按阶段形成的理论，并把心理学解释为关于主体定向活动的科学。

#### 1. 加里培林的生平与著作

加里培林生于1902年。1926年毕业于哈尔科夫医学院神经心理专业，1926—1941年在哈尔科夫神经精神研究所工作。在哈尔科夫和顿涅茨克从事过教育工作，参加了哈尔科夫心理学家团体（А. Н. 列昂节夫、А. В. 查波罗热茨、П. И. 津琴科、Л. И. 包若维奇等）的工作。1941—1943年在苏联红军中服役，任康复医院（斯维尔德洛夫州）医疗部主任。1943年前往莫斯科大学，先后任莫斯科大学副教授、教授，1971年任心理学系年龄心理学教研室主任，1983年任咨询教授。

加里培林主要著作有《智力动作形成研究的发展》（1959）、《智力动作和概念形成问题研究的主要成果》（1965）、《思维心理学和智力动作按阶段形成的学说》（1966）、《年龄心理学的现实问题》（1978）、《注意的实验研究》（合著，1974）、《心理学导论》（1976）、《儿童智力的发展与教学方法》（1985）、《作为客观科学的心理学》（1998）等。

### 2. 加里培林关于智力形成的研究

加里培林是苏联普通心理学、年龄心理学和教育心理学领域中的领军人物之一。他提出了智力动作按阶段形成的理论，提出和发展了关于人类活动的形式和特性、活动定向结构的类型以及与之相应的学习类型的观点。另外，加里培林还提出并实验论证了语言意识理论、注意理论及一系列其他独特的理论。这些理论已成为苏联心理学的宝贵财富。

加里培林的智力动作按阶段形成的理论依据的是维果茨基和列昂节夫的社会文化历史发展理论、活动理论和内化理论，其实质在于，外部的物质活动（尤其学生在最初所进行的活动）转变为（内化为）内部的智力活动，即转变为完全在头脑里进行的活动。

加里培林认为，苏联心理学应以辩证唯物主义哲学为基础，把意识和活动统一起来，人的意识不仅在活动中表现出来，并且在活动中形成。他把苏联的活动理论分为两个阶段：第一阶段，在20世纪20年代末期和30年代初期，维果茨基提出了文化历史发展理论。维果茨基认为，人的心理的特点就在于应用精神工具（符号系统）。儿童最初还不能使用语言这个工具来组织自己的心理活动，心理活动是直接的和不随意的、低级的、自然的。只有掌握了语言这个工具，才能转化为间接的和随意的、高级的、社会历史的心理机能。新的高级的社会历史的心理活动形式，通过内化从外部活动转为内部活动。加里培林认为，列昂节夫提出的观点是活动理论的第二个阶段。列昂节夫活动理论的基本观点是：意识决定于人们的存在，用马克思的话来说，人们的存在就是他们的实际生活过程，生活过程就是人们彼此相互活动的总和；更确切地说，就是人们相互活动的系统。在活动中，一方面发生着客体成为其主观形式，即映象的转变，另一方面通过活动也实现了它的客观结果，即产品的转变。从这方面看，活动就表现为实现主体与客体之间的相互转变的过程。马克思指出，在生产中，人客体化；在人中，物主体化。即在生产中，人把自己的心理意识变为客观存在，而人又把客观现实反映到头脑成为主观映象。列昂节夫认为，内化指的是一种过程，由于这种过程的结果，操作外界物质对象的外部形式的过程转变为智慧方面、意识方面的过程。在这种情况下，它们经受了特殊的转化，即概括化、言语化和简缩化。因此，儿童的心理发展是儿童有意识的活动。但是，列昂节夫并没有指出如何概括化、简缩化，只是提出了儿童心理在活动中发展的问题。

加里培林试图在维果茨基和列昂节夫观点的基础上具体研究心理活动和外部活动之间的关系，即心理活动如何从外部物质活动经过概括化、言语化和简缩化而转化为意识活动，从而解决心理活动的具体内容问题。经过

20多年的实验研究，加里培林指出，智力动作是一个从外部的物质活动向内部的心理活动转化的过程，即内化的过程。这个内化过程一般要经历下列五个阶段：

(1) 活动的定向阶段。这一阶段是预先熟悉活动的阶段。教师向学生解释活动的目的，指出完成活动时以什么进行定向和怎样完成活动，以及指出正确活动的关键点、活动的概括形式。例如告诉学生，加法运算的目的是求几个数之和，而关键之点是进位。

(2) 物质活动或物质化活动阶段。这一阶段学生已经在完成活动，但是暂时以外部、物质化、展开的形式完成，并且了解活动的内容(所有操作的组成部分，完成活动的规则)。物质或物质化活动的目的是促进学生的认知活动，帮助学生理解学习内容，并保证新智力活动的形成。形成进位加法技能时采用计算棒、手指、算珠或点子图进行运算活动便是一例。

(3) 出声的外部言语活动阶段。在这一阶段，活动离开了它的物质或物质化的客体，活动的所有成分都是以言语(口头言语和书面言语)的形式表现的。活动得到进一步的概括和简化。因此，本阶段已转入认知活动的形式。例如，对于进位加法运算可以用"数位对齐，个位对个位……"等运算法则的言语表达实物运算动作。

(4) 不出声的外部言语阶段。本阶段要求以不出声的说话的形式完成活动，对活动作进一步的概括和简缩。仍以进位加法为例，到本阶段则一面默默地复述"数位对齐……"等运算规则，一面进行运算。

(5) 内部言语阶段。本阶段是以内部言语完成活动的。学生本人已经完成活动并且控制活动，活动最大限度地简化和自动化。例如，进行加法进位运算，学生不再需要默念法则，也不觉察运算过程，所觉察的只是运算的结果。

加里培林及其同事的研究表明，活动的定向部分在活动形成中起决定性作用。掌握定向部分的完备性和正确性决定着活动形成的速度和质量，也决定着活动执行部分的性质。因此，加里培林对活动的定向问题进行了大量的研究，详细描述了活动定向的类型：

第一种类型以完备性为其特征，定向以具体的形式呈现，是学生本人通过多次尝试错误获得的。活动本身形成缓慢，而且有大量的错误。第二种类型包括学生完成活动所必需的一切条件。提供给学生的条件是现成的、具体的，活动形成迅速且没有错误。第三种类型的特征是，具有完备的组成成分，定向是以整个一类现象所特有的概括形式提供的。但是，活动定向的基础是学生本人借助于教师授予学生的一般方法形成的。在这种定向类型的基础上形成的活动，其特点是形成迅速、没有错误、稳定性大和迁移范围广。由此可见，活动的定向部分是活动的控制机构。在这些原则的基础上所组织的教学是富有成效的。[①]

20世纪60年代初期，加里培林认为，还应增加一个阶段，这一阶段的主要任务是建立必要的学习动机系统。动机的存在，对于学生接受学习任务来说是必要的，也是完成相应任务的保证。如果没有这一点，动作的形成便是不可能的。这在教学实践中很明显，如果学生不想学，那么他就不可能学会。

加里培林的智力动作按阶段形成的理论，在苏联《心理学问题》杂志上曾展开过讨论，引起苏联心理学界的争论和思考。加里培林提出智力动作按阶段形成的理论有一定的实验依据，比较符合儿童智力活动形成的实际，对于教师引导儿童的智力活动有一定的参考价值。加里培林的智力动作按阶段形成的理论，以及普通心理学的方法多次成为苏联和国际学术讨论会和圆桌会议的主题。

## 二、赞科夫的教学与发展理论

列昂尼德·弗拉基米罗维奇·赞科夫（Леонид Владимирович Заков，1901—1977）是苏联著名心理学家、教育学家、缺陷学家、苏联教育科学院院士和维果茨基学派的主要成员。

### 1. 赞科夫的生平与著作

赞科夫生于1901年。1918—1923年期间，他当过乡村儿童工学团的教员和主任等，后来进入莫斯科大学学习，在维果茨基的领导下开始了自己的科学研究工作。他曾研究记忆问题。1940年，他通过以前撰写的再现心理学方面的论文取得博士学位。赞科夫的著作主要包括教育学和心理学两大方面，涉及四个主要领域：记忆、言语、思维、教学和发展。赞科夫高度整合了教育学和心理学两门学科，他是最早提出将研究学生一般发展的心理学方法引入教育实践的苏联心理学家。他还提出了确保学校中学生个别发展路线的思想。在缺陷心理学领域，赞科夫对异常儿童的发展进行了实验心理学的研究，并且制定了教育和矫正异常儿童的有效工作方法。在卫国战争年代（1941—1945），赞科夫在神经外科医院工作，在那儿他领导了从事颅

① A. B. 彼得罗夫斯基主编：《心理学文选》，人民教育出版社1986年版，第497～498页。

脑受伤情况下言语障碍恢复工作的心理学家小组。

赞科夫是一位充满了创造力和科学理想的学者，他的研究工作一直持续到他生命的最后几天。他在实践和发展维果茨基的教育心理学思想，充实社会文化历史学派的理论方面作出了很大的贡献。他还是一位组织活动家，担任过苏联俄罗斯联邦教育科学院缺陷研究所所长和教育理论与历史研究所副所长。他亲自创建和领导教学和发展问题实验室，在此长达20多年的工作中，培养了大批科学人才。他先后荣获1枚列宁勋章、2枚劳动红旗勋章和4枚奖章。

Л. В. 赞科夫

(1901—1977)

赞科夫的著作有150多种，其中包括《中小学生的记忆》(1944)、《言语及其障碍和恢复的问题》(1945)、《记忆》(1945)、《教师的言语和直观方法的结合》(主编，1958)、《教学中学生的直观性与活跃性》(1960)、《关于教学法的对象和方法》(1962)、《论小学教学》(1963)、《教学论与生活》(1968)、《小学生个别发展路线》(合作，1973)、《和教师的谈话》(第二版，1975)、《教学与发展》(主编，1975)等。

### 2. 赞科夫对教学与发展问题的研究

在教育领域，赞科夫既是一位理论家，又是一个实践家。采用实验研究构建整个小学教学过程是赞科夫的突出贡献。他从1957年开始了对初等教学体系的研究，一直持续了20多年，旨在达到学生最佳的一般发展。这期间他组织领导了“教学与发展的关系”这一课题的大规模实验。经他的实验室个别研究过的儿童有二千多人，参与小组实验的儿童达六千多人。1966—1967年，实验班已达1281个。在长期的教学实验中，他积累了丰富资料，先后发表了上百种著作，其中《教学论与生活》、《和教师的谈话》、《教学与发展》等书，在苏联被誉为“教师必备书”。有些著作已在美、日、德和中国等十多个国家翻译出版。他于1975年出版的《教学与发展》一书，是对其实验研究比较全面的总结。根据他的教学论原理制定的小学实验教学计划、各种教学大纲、教科书、教学参考资料，形成了“小学教学新体系”或称为“赞科夫式”教学体系。

“赞科夫式”教学体系的主要思想是：(1) 主张教学要使学生的一般发展尽可能达到最佳的水平。所谓一般发展是指促进学生智力因素与非智力心理因素的全面而和谐的发展。在智力因素中强调观察力、抽象思维能力和实际操作能力；在非智力心理因素中强调学生的情绪生活、意志品质、求知欲和学习动机等。(2) 阐明教学结构的逻辑和学生心理发展的逻辑既有联系，又有区别，强调不能把发展的内部过程简单地归结为受直接学习影响而产生新的心理结构；发展的实质乃是各种内外因素复杂的相互作用的结果。(3) 提出有效促进学生发展的新教学原则，即以高难度进行教学的原则、以高速度进行教学的原则、以理论知识起指导作用的原则、使学生理解教学过程的原则和使全体学生都得到发展的原则。

“赞科夫式”教学体系并非完美无缺，有待于继续改进。但是瑕不掩瑜，自从 1964 年他发表了《小学新体系实验》一文，就在苏联教育界引起了广泛、激烈而持久的争论。值得一提的是，赞科夫的“小学教学新体系”实验以维果茨基的最近发展区理论为基础。实验以理论假设为前提，由此提高了实验的科学性。特别是赞科夫从 20 世纪 50 年代开始的心理研究逐步转向教育研究，并把心理实验中那种比较严格的实验室研究方法运用于他的“教学与发展”实验中。由于他的实验改革反映现代科技和人类自身发展的需要和可能，反映了教育改革的新方向，即侧重个性与能力的普遍发展，因而受到国际上许多国家的重视，如美国人称之为“静悄悄的革命”。赞科夫的“新教学体系”同美国布鲁纳的“学科结构”论、西德瓦根舍因的“范例方式论”，被看做是“课程现代化”的三大典型代表。

## 第四节　艾利康宁和达维多夫

### 一、艾利康宁的儿童心理学思想

丹尼尔·鲍里索维奇·艾利康宁(Даниил Борисович Эльконин，1904—1984)是苏联老一代著名心理学家、苏联教育科学院通讯院士，是基于“主导活动”概念的个体心理发展分期理论的创始人，也是维果茨基学派的主将。艾利康宁曾自豪地说，他是维果茨基的学生，是维果茨基其他学生与追随者的战友。在深刻领会本学派的思想后，艾利康宁将其具体贯彻于自己几十年的实验和理论工作中。他深入研究了游戏、儿童个性形成的心理学问题，从而在儿童心理学中形成了自己独特的研究方向。

1. **艾利康宁的生平与著作**

艾利康宁生于波尔塔瓦州的古别尔尼亚。在波尔塔瓦古典中学毕业后，他进入列宁格勒赫尔岑师范学院学习，毕业后留校工作。在同维果茨基合作的几年里研究了儿童的游戏问题。从 1937 年至卫国战争开始前，他是列宁格勒市一所中学初级班的教师，还在师范学院任过教。为克赖尼谢韦尔部族编写过中小学俄语教科书。在这个时期，艾利康宁通过了研究中小学生言语发展的副博士论文答辩(1940)。

Д. Б. 艾利康宁
(1904—1984)

整个卫国战争时期，艾利康宁都在军中作战，曾荣获战斗勋章和奖章。战后，他继续从事心理学工作，在苏联军事师范学院教授心理学。从 1946 年 9 月起，开始在俄罗斯联邦教育科学院任职。1953 年以中校的头衔从军队退役后成为心理研究所所长。他长期主持小学生心理学、少年心理学、中小学生心理发展诊断实验室工作。1962 年通过博士学位论文答辩。1968 年被选为苏联教育科学院通讯院士。多年来，他一直兼任莫斯科大学心理学系教授。

艾利康宁在同维果茨基的学生，如列昂节夫、鲁利亚、查波罗热茨、包若维奇、加里培林等人的密切合作中进行自己的儿童心理学研究。他同其他国家(东德、波兰、保加利亚等国)的儿童心理学家和教育心理学家以及那些把自己的研究建立在维果茨基思想基础上的美国学者保持着广泛而富有成效的学术联系。

艾利康宁具有深入分析基础科学问题的才能，也具有有效解决对教育实践具有重大意义的应用心理学问题的才干。他提出著名的儿童发展分期和儿童游戏理论以及教儿童阅读的方法。

艾利康宁的学术著作超过 100 种，其中专著 13 本，这些论著集中研究了童年的历史和理论、分期、不同年龄儿童的心理发展、心理诊断，以及儿童言语发展和教儿童阅读等问题。主要著作有：《学龄前儿童言语的发展》(1958)、《儿童心理学》(1960)、《识字课本》(实验本，1961)、《低年级学生学习活动心理学》(主编，1962)、《学龄前儿童心理学》(主编，1964)、《学龄前儿童个性和活动心理学》(主编)、《掌握知识的年龄可能性》(主编，1966)、《青少年的年龄特点》(主编，1967)、《低年级学生教学心理学》(1974)、《如何教阅读》(1976)、《游戏心理学》(1978)等。其中撰写于1960年的《儿童心理学》一书被译成多种文字，1978年出版的《游戏心理学》是其科学生涯中的重要贡献，该书已被译成九国文字，在国际上受到普遍重视。

**2. 艾利康宁对儿童心理发展分期问题的研究**

艾利康宁的科学兴趣极其广泛，他研究了儿童个性的发展、思维、言语的形成以及对书写、阅读的掌握等心理学问题，他特别重视研究各个不同年龄期中不同形式的主导活动的形成问题。"主导活动"这一概念是由他与列昂节夫共同提出来的，例如，婴幼儿期的各种对象动作、学龄前期的游戏活动、学龄初期儿童的学习活动、少年期的交往活动。特别是他所提出的关于儿童心理发展的年龄分期的理论，成了国内外许多具体心理学研究的依据。

儿童心理发展的分期问题是儿童心理学的基本问题。艾利康宁认为，对这个问题的探讨具有重要的理论意义，因为通过确定心理发展的分期，通过揭示从一个时期向另一个时期过渡的规律，最后可以解决心理发展的动力问题。

30年代，布隆斯基和维果茨基就特别重视分期问题，如维果茨基就把儿童发展的年龄分为婴儿年龄、童年早期、学前年龄、学校年龄和青春期年龄几个阶段，他们在这方面的研究奠定了苏联儿童心理学发展的基础。艾利康宁认为，应当继承布隆斯基和维果茨基提出的关于分期问题的观点，因为在他看来：第一，这是在人类历史发展进程中发展速度和产生儿童期个别阶段问题的历史观点；第二，这是从每个年龄阶段在儿童心理发展的总体系统中所占地位出发，来看待每个年龄阶段的观点；第三，他们把心理发展看做不是通过进化而是通过渐进的中断，通过在发展过程中产生新质的形成物而发展的辩证矛盾的过程；第四，这些观点指出心理发展中必要的和不可缺少的转折点，这些转折点是从一个阶段过渡到另一个阶段的重要的客观标志；第五，这些观点指出性质不同的过渡阶段，从而划分出心理发展的时期和阶段。当然，艾利康宁主张在继承这些观点的同时，还要根据儿童心理发展的现代知识对其加以发展。

艾利康宁划分出儿童活动的基本类型：①

(1) 婴儿的主导活动是与成年人的直接—情绪交往。在这个活动的基础上和在这个活动当中形成定向动作和感觉运动—操作动作。

(2) 儿童早期的主导活动是对象—工具活动。在这个主导活动的过程中，儿童掌握了社会形成的使用对象的方式。

① Д. Б. 艾利康宁：《儿童心理发展分期问题》，《心理学问题》，1971年第4期，第6～20页。

(3) 学龄前期的主导活动是游戏(角色游戏)。在这种活动中,儿童按人类活动最一般最基本的意义进行定向。

(4) 学龄期儿童的主导活动是学习活动。在儿童实现这种活动的过程中形成智力和认识能力。学习活动的意义还在于,儿童与周围成年人的,直至家庭中个人交往的整个关系系统,都是以学习活动为中介的。

(5) 少年期的主导活动是交往活动。这种活动是在道德规范的基础上建立同伴关系,这些道德规范是少年行为的中介。

艾利康宁强调指出,当我们谈到主导活动及其在某个时期对儿童发展的意义时,这绝不是说,似乎不会同时朝其它方向发展。在每个时期,儿童的生活都是多方面的,而实现生活的活动也是多种多样的。儿童在生活中产生活动的新形式和对待现实的新关系。这些新形式和新关系的产生及变成主导活动不是取消原来已有的活动,而是改变它们在日益丰富的儿童对待现实的关系的一般系统中的地位。

心理发展过程的分期和在分期基础上所建立的分期图式假设,在艾利康宁看来,具有重要的理论意义和实践意义。

这个假设的理论意义是:第一,它可以克服儿童心理学中存在的个性动机需要方面和智慧认识方面的发展之间的脱节现象,可以表明个性发展的这些方面是对立统一的。第二,它可以使人把心理发展过程不是看做直线的,而是看做螺旋式的。第三,它为研究个别时期之间存在的联系、确定任何前一个时期对后一个时期到来的机能意义开辟了道路。第四,这个假设的目的在于使心理发展的划分符合发展的内部规律,而不是符合发展的某种外部因素。

这个假设的实践意义就在于:它帮助人们解决儿童发展的个别时期对某类影响敏感的问题,帮助人们重新研究教育机关现行体制各个环节之间联系的问题。从这个假设所提出的要求来看,凡是在体制中发现脱节现象的地方(学前教育机关、学校),就应当有比较固定的联系。相反,凡是目前有连续性的地方(低年级、中年级),就应当转向新的教育体制。

艾利康宁除了研究基础理论之外,也很重视研究应用问题,他所提出的以词的声音分析为基础对儿童进行阅读教学的有效方法,获得了苏联国内外教育界广泛的认可。他曾集中精力研究 6 岁儿童的心理特点,这对苏联试行 6 岁儿童入学的学制改革具有巨大的实际意义。他和达维多夫在创办实验学校时,证明了构建教育家、心理学家以及教学论专家共同劳动的新形式的可能性。

## 二、达维多夫的发展性教学概念

瓦西里·瓦西里耶维奇·达维多夫（Василий Васильевич Давыдов，1930—1998）是俄联邦教育科学院院士、俄联邦教育科学院副院长、《心理学问题》和《心理学杂志》编委及美国国家教育科学院名誉院士。

### 1. 达维多夫的生平与著作

达维多夫生于1930年8月31日，毕业于莫斯科大学哲学系心理学专业，随后又完成了研究生班的学业。达维多夫继承了维果茨基的文化历史理论和列昂节夫、鲁宾斯坦、鲁利亚、艾利康宁、加里培林等的活动理论传统。50年代，他同艾利康宁一起着手研究并设计了心理发展的新的年龄常模，从而证明了学生智力发展统计上的平均常模是由建立在对发展的自然主义立场基础上的现行教学体系引起的。他对发展性教学给予了逻辑－心理学的论证。根据他的思想，人的行动中总有他人的意识。他认为，儿童的发展是在两种类型的关系中进行的：儿童－实物－成人（在这种情况下儿童－成人的关系是以实物为中介的）和儿童－成人－实物（在这种情况下儿童－实物的关系是以成人为中介的）。“理性思维”的主要特点在于它以理论概念为基础，而理论概念的内容不同于日常概念，它不是现成的存在，而是被中介的、反射的存在。达维多夫提出“发展性教学”概念，其实质就是教师通过教学引导儿童使其达到最大限度的心理发展。达维多夫以莫斯科第91学校为实验点，对教学活动的内容与结构随学生的意识与个性的发展而不断变化的现象进行了深入的研究，其实验成果随后在哈尔科夫、明斯克、伏尔加格勒、图拉、克拉斯诺雅尔斯克等许多城市的学校予以推广。这些学校运用全新的教学大纲与教科书进行教学改革，以培养在个性与智力上全面和谐发展的新人。

B. B. 达维多夫

（1930—1998）

达维多夫著作等身，专著与论文多达200多种。主要著作有：《数的结构分析是编写算术大纲的前提》（主编，1962）、《掌握知识的年龄可能性》（主编，1966）、《初等数学的逻辑心理问题》（主编，1966）、《概括理论与程序教学的关系》（1966）、《乘法的心理分析》（主编，1969）、《低年级小学生掌握数学的心理可能性》（主编，1969）、《运用辩证逻辑解决心理教学论问题的可能性》（主编，1970）、《教学的概括形式》（1972）、《关于教学和教育的若干迫切的心理学问题》(1975)、《唯物主义心理学范畴的研究》(1976)、《教育发展的哲学——心理学问题》(1981)、《发展性教学问题》(1986)、《教学活动:研究现状与问题》(1991)、《童年期个性的起源与发展》(1992)等。达维多夫的许多著作已被译成英、德、日、意、荷兰、丹麦等多国文字,他的科学成就在俄罗斯国内外都享有盛誉。

### 2. 达维多夫关于概括的发展和学习活动的研究

维果茨基提出的关于高级心理机能是社会文化历史发展的产物,教学、教育是心理发展的根本动因的思想,作为社会文化历史学说的核心内涵,为当代发展性教学奠定了坚实的辩证唯物主义基础。作为苏俄现代著名心理学家,达维多夫继承和发展了维果茨基的学说,以维果茨基有关心理发展的分期理论、内化学说、"最近发展区"的概念,以及列昂节夫的活动理论为依据,经过长达30年之久的理论与实验研究,提出了以学习活动理论为核心的现代发展性教学体系。达维多夫从小学低年级学生的教学入手,确定教学内容的理论性、教学方式的活动性、思维形成的抽象概括性,从而以与传统教学论思想全然不同的观念在众多的发展性教学理论中独树一帜。达维多夫的发展性教学理论不但在苏俄现代教学论体系中占据重要地位,而且对许多国家的教学实践产生了巨大影响。

(1) 教学中的概括类型。

在对学生组织教学的过程中,在形成学生理论思维的过程中,达维多夫探讨了许多复杂的科学问题,并在此基础上提出了一个合理假设:即学生掌握各门学科的一定内容可以作为他们形成理论思维的基础,这种理论思维是通过形成由一系列"基本单位"的概念所规定的、内容丰富的抽象和概括而实现的,其次是通过由抽象上升到具体而实现的。

掌握现代科学知识的个人在自己面前已经不存在某种被直接洞察的自然,所以说,心理学和教学论已经不能一般地谈论"知识"。为了在理解掌握客体方面摆脱自然主义,心理学和教学论应当考虑科学认识形式本身的特点、对待现实的科学态度的特点。如果学校愿意把学生引进科学知识的领域,那么就不仅不应当掩盖科学知识的已经概括和抽象的性质,而且必须在辩证逻辑所描述的完全现代的水平上提供抽象和概括。

因此,需要给学生这样一些材料,使得掌握这些材料——开始就可以保证学生形成内容丰富的抽象和概括——只有在这种情况下,在学生的思维本身中才会出现从理论的角度来对待现实的前提条件。

通过对教学中的概括类型的研究,达维多夫得出的结论是:"解决现代学校教育的根本任务,归根到底是同改变由教学目的、内容和方法所确定的那种思维方式相联系着的。必须把整个教学体系的方向，从形成儿童的理论经验思维改为发展他们的现代科学理论思维这方面来。”①

(2) 学习活动理论。

何为学习活动？达维多夫在确认普通心理学的活动理论是理解学习活动本质的基础上，对后者进行了专门的研究。他认为，学习活动本身具有一切活动的基本成分，同时又有其特殊性。这种活动的形式在于使儿童充分掌握已被规定好的某种客体内容。学习活动具有两种基本职能：一是与客体内容的转换有关，二是与对客体内容的掌握有关。同时这种客体内容只是经验性的内容，而且有理论性的特征。儿童掌握理论知识只能在学校里通过有别于游戏、运动、劳动等其他类型活动的学习活动方式实现。

达维多夫选择了儿童发展阶段中持续时间最长、内容最丰富、最深刻的6～10岁年龄段的学习活动(主导活动类型)作为自己的研究对象。他认为，这个阶段的学习活动对儿童的心理发展、智力发展具有关键性的意义。

那么，学习活动的实质何在呢？在达维多夫看来，学习活动有别于其他的掌握和学习形式以及其他的活动形式，其本质特征在于它是对理论类型知识的改造和掌握的活动。达维多夫指出，掌握理论知识不能等同于研究，这种掌握更像是一个阐述知识的过程，而这个过程是根据以前所进行的研究结果来完成的。“如果说研究开始于审查客体行为各种不同的感性的具体形式并趋向于明确它们的共同的内在基础，那么，阐述相同客体内容的研究结果则是从这个已被找出的共同基础开始朝着再现其个别现象的方向转化，并同时保留其内部的一致性(具体性)。”②

达维多夫认为，小学生在学习活动过程中的思维与学者的思维有某些相似，但并不相同。小学生是以自己的意识再现人类积累起来并用精神文化的最佳形式反映出来的那些理论财富。因此，学校的各科教学都应当以简洁、概括的形式并能恰到好处地再现知识的产生及发展的历史现实过程。这也是组织和实现发展性教学的重要条件。

学习活动是低年级小学生所进行的各种活动中的主导活动。在形成学习活动的同时，小学生也形成并发展了该年龄段的重要心理形成物——理性意识和理论思维以及与之相关的心理能力(内省、分析、计划)，而这种新的心理形成物的形成从根本上取决于学习活动的基本要素：即学习—认知的需要和动机、学习任务、学习行为和构成其内容的学习操作。

---

① B. B. 达维多夫：《教学中的活动类型》，人民教育出版社 1972 年俄文版，第 395 页。

② B. B. 达维多夫：《发展性教学问题》，1986 年俄文版，第 146 页。

达维多夫这样描述学习需要的出现:“在学校生活的最初阶段,儿童还没有那种作为学习活动的心理学基础的对理论知识的需要。他们的这种需要产生于其实际掌握基本理论知识过程中,是在与老师共同进行的旨在完成相应学习任务的最简单学习行为中产生的。”①毫无疑问,人的活动与一定的需要相适应。当学生有了掌握理论知识的需要时,需要本身同时变成要求学生完成学习行为的具体的、多样的动机。

学习任务是一种区别于习题的特殊任务,完成这种任务能使儿童掌握该范围内相对广泛的习题群的解答方法。在学习活动中,这种任务是学习行为目的与达到该目的的条件相互统一的标志。完成学习任务可以使儿童从对象材料中找出某些普遍性的联系,不论该材料以其他何种形式出现,这种联系都以一定的规律性存在于其中。

实施这种学习活动还要求教师特别注意使学生准确地完成动作和操作,只有这样才能确保他们顺利地完成学习任务。那么,什么是学习动作呢?达维多夫做了这样的描述:学习动作是一种特殊的客体改造活动,其目的在于明确客体内部一定的、本质的联系(这种联系中包含了所需掌握的概念内容),并构成这些联系的其他形式。正确的学习活动由一套完整的学习动作组成,它分为六个步骤:① 改变算题的条件以便找出被研究客体的普遍性联系;② 把找出的联系用实物、图表或字母进行模型化;③ 改变联系模式,以便在“纯粹”的状态下研究其本质;④ 构建出用一般方法能解答出的个别习题系统;⑤ 检查前面动作的完成情况;⑥ 对作为该学习任务完成结果的一般方法的掌握情况进行评价。

由此可见,正确组织的学习活动应当是由教师根据学生对掌握理论知识的需要和准备,向学生提出某一内容的学习任务,而学生则通过上述六个步骤的学习动作成功地完成这个学习任务。

达维多夫以大量的研究表明:小学低年级学生心理发展的本质变化首先取决于他们对学习活动的掌握,形成学习活动是小学低年级学生发展性教学的基础。于是,把握学习活动的特点成为有效组织活动的关键。

在深入研究发展性教学理论的过程中,达维多夫指出,学习活动符合活动的一般规律,而其基本的心理学规律则是学校教学教育工作方法的基础。因此,教学教育工作必须考虑学习活动的特点:

① 结构的特殊性,即它所固有的学习需要、任务、动作和操作的特殊性;② 发展阶段的延续性,最初以主导活动的形式,而后在以其他类型活动为主

① B. B. 达维多夫:《发展性教学问题》,1986 年俄文版,第 151 页。

导的基础上继续发展，贯穿于儿童整个在校期间；③ 构成成分的动力性，如学习目的可以成为学习动机，学习动作可以变为智力操作，这些过程是保证教学具备发展作用的机制；④ 实现形式的协同性，学习活动的个体形式产生于展开的、集体性学习协作工作中；⑤ 形成过程的主体性，学习活动形成过程的目的就是使学生成为活动的主体。

达维多夫及其合作者经过30多年的研究表明，学习活动理论的确为小学生的心理发展，尤其是理论思维的发展提供了依据。大量的长期实验结果说明，以专门的实验教材为内容，以专门组织的学习活动为主要形式的教学给小学生的心理发展带来质的飞跃，其抽象思维能力远远高于使用普通学校统编教材的学龄儿童。

## 第五节　推动维果茨基学派新发展的其他成员

### 一、列维娜关于儿童言语病理学的研究

萝扎·叶夫根耶夫娜·列维娜（Роза Евгеньевна Левина，1908—1989）是苏联心理学家、缺陷学家、言语矫正专家和维果茨基学生“五人组”的成员。她在维果茨基的领导下对儿童超越动作的言语（设计和调节的）和言语不清儿童词的意义进行了实验研究。

P. E. 列维娜
(1908—1989)

列维娜是儿童言语病理学领域著名的专家。她专门研究智力落后儿童言语发展的特点，解决各种不同形式言语发育不全儿童的教学和教育问题，研究口吃的性质和制定克服口吃的训练方法，防治有言语障碍儿童的不及格现象。列维娜特别注意对实践中认可和推行的查明言语障碍的方法和矫正方法进行理论研究和论证。列维娜对与音位感觉能力教育缺陷有关的言语障碍进行的研究也具有重要的理论和实践意义，因为其所提供的矫正方

法有可能消除儿童在进入一年级之前诵读困难和书写困难的障碍。列维娜是发展学校和学前言语矫正方法设施系统的倡议者。

列维娜最重要的著作有:《儿童自主言语》(1936)、《阅读和书写的缺陷》(1941)、《言语矫正方法的理论原理与实践》(1958)、《言语发育不全儿童的书写障碍》(1961)。

### 二、莫洛佐娃关于儿童心理发展异常的研究

Н. Г. 莫洛佐娃
(1906—1990)

纳塔里娅·格里戈里耶夫娜·莫洛佐娃(Наталья Григорьевна Морозова,1906—1990)是苏联心理学家、缺陷学家和教育家。她在维果茨基的领导下开始研究儿童心理发展的异常现象,其学术兴趣的主要领域是儿童心理学和特殊心理学。她主要从事正常儿童认识兴趣及其形成过程同异常发展的比较研究,从理论和实验上解决智力发展落后儿童教学和教育问题。

### 三、斯拉维娜关于情感行为的研究

利亚·所罗门诺夫娜·斯拉维娜(Лия Соломоновна Славина,1906—1986)是苏联著名心理学家和 Л. С. 维果茨基的学生。她在 Л. И. 包若维奇领导的普通心理学和教育心理学研究所(莫斯科)教育心理学实验室工作30年。她对意义障碍和非等同性(非符合性)情感的独特研究以大量的真实材料为根据。Л. С. 斯拉维娜的著作主要有:《对待不及格和不守纪律学生的个别方法》(1958)和《具有情感行为的儿童》(1960)。这些著作即便在今天依然是儿童心理学和教育心理学领域专家的必备书。

# 第八章

# 维果茨基学派的传播与影响

半个多世纪以来，维果茨基学派不仅在苏俄心理学的形成和发展中扮演了重要的角色，而且在国际上也得到了广泛的传播并产生了深远的影响。近年来，国际学术界出现的“维果茨基研究热”以及列昂节夫活动理论受到广泛关注便是一个明证。

## 第一节　维果茨基学派思想在西方

在苏联心理学家中，其著作在国际上获得广泛影响和承认的当首推维果茨基。在维果茨基逝世 30 年后，即 20 世纪 60 年代初，维果茨基的一系列著作在苏联国内再版后仅几年，东欧一些社会主义国家和北美一些国家对维果茨基的心理学遗产便发生了极大的兴趣。纽约、伦敦、柏林、法兰克福、布拉格和华沙以及其他现代心理学研究中心相继出版了维果茨基的《思维和言语》等重要著作。1980 年，在芝加哥举行了维果茨基著作专题研讨会。1987 年，美国开始出版维果茨基六卷本文集，成为西方心理学界的一个重要事件。

### 一、维果茨基学派思想在北美

分析西方心理学家研究和利用维果茨基心理学遗产，从中可以发现维果茨基观点对许多美国著名心理学家的心理学观点产生了影响。例如，布鲁纳(J. S. Bruner)、里格尔(K. F. Riegel)、布伦芬布列纳(U. Bronfenbrenner)等无不体验到这种科学的影响,其中维果茨基对著名心理学家布鲁纳的影响很大。布鲁纳写道:"我对其著作多年来帮助过我和鼓励过我的那些苏联心理学家有一种感激之情……在过去四分之一世纪中从事认识过程及其发展研究的每一位心理学家,都应承认维果茨基著作对自己的重要影响。""正是维果茨基使我对心理生活及发展取决于社会过程和生物过程的相互作用变得异常清楚。"①

维果茨基的著作不仅引起了美国心理学家布鲁纳的极大兴趣,而且也影响了当时尚不出名的里格尔的辩证法心理学。里格尔在运用辩证法和遗传历史方法研究劳动活动中心理过程的产生和发展时就吸收了维果茨基的观点。在其著作《发展和历史心理学》和《辩证法心理学基本原理》中,里格尔在运用马克思主义观点创立科学心理学的同时,深入研究了许多心理学的哲学理论问题。虽然里格尔的观点有其局限性,但他对辩证法和历史思维的追求应该看做是美国心理学中的进步因素。他为西方心理学家开辟了通向鲁宾斯坦、维果茨基、鲁利亚、列昂节夫等思想的途径。鲁宾斯坦对里格尔的影响最大,但维果茨基关于高级心理机能的起源、言语和思维的心理学思想在里格尔的心理学思想的发展中起着更为重要的作用。里格尔在《辩证法心理学基本原理》中写道,虽然维果茨基由于支持遗传和环境成分的心理活动二重性观点而受到批评,但由于他特别注意社会文化因素的积极作用而获得很高的评价,这种思想符合马克思、恩格斯和列宁的历史辩证法。他接着指出,按照维果茨基的看法,心理过程包括意识在内是经过历史和社会的进化而产生的,同样地,它们也是通过人类的劳动而形成的,可见,辩证法在心理学中的胜利在很大程度上应归功于维果茨基。

在美国心理学历史编纂学中,有好几代学者注意到维果茨基著作的独创性。例如,早在1949年,美国著名心理学史家墨菲在《近代心理学历史导引》中就提到,在20年代,维果茨基和鲁利亚在符号思维领域就已从事很独特的研究;年轻的美国心理学家拉格马尼在其专著《苏联心理学,其哲学、理论和实践的基础》中谈到,30年代是所谓苏联心理学的形成时期,强调了维果茨基的文化历史理论和鲁宾斯坦意识理论在"为意识而战"中的作用。作者认为这两种理论在苏联心理学的形成中起着决定性的作用。

在加拿大心理学历史编纂学中,马克利什撰写的《苏联心理学:历史、理论、内容》中比拉格马尼论述得更为深刻,他不仅分析和评价了维果茨基科

① Брунер Дж. Психология познания. М.,1977. с. 9.

学遗产的普通心埋学观点，而且还分析和评价了他在儿童心理学、教育心理学、变态心理学和儿童缺陷学领域的各种观点。

现代北美心理学家主要注意的仍然是维果茨基在解决经典的思维和言语问题中的心理学和心理语言学的观点。斯洛宾、布鲁纳、科乌尔等心理学家依据维果茨基的原理，对既是个体发生中的又属于不同文化代表的言语和思维功能的发生和发展进行了实验研究。他们所获得的资料不仅证实了维果茨基的观点，而且也成为其以后进一步研究的方向。总之，虽然北美心理学家在对维果茨基的言语和思维相互关系理论的评价和方法论方面有不一致的地方，但其主要内容应该是积极的。

## 二、维果茨基学派思想在西欧

西欧心理学家对苏联心理学，特别是对维果茨基心理学遗产的兴趣主要表现在对其方法论、普通心理学、文化历史、心理语言学、儿童缺陷学、神经心理学和教育心理学等学科的研究上。维果茨基的许多重要著作以专著、论文集、心理学杂志专辑的形式被译成西欧各种语言。在翻译维果茨基著作数量最多的意大利，对著作者观点的研究和评价尤为广泛。《思维和言语》一书很早就被译成西班牙语、德语、意大利语。1985 年又被译成法语，由著名的马克思主义哲学家赛夫编辑并作序。对维果茨基心理学遗产最早进行专题研究的当推《文化和认识：论维果茨基的理论》一书的作者，年轻的荷兰心理学家韦伊耶尔。

20 世纪著名的心理学家维果茨基和皮亚杰的名字与解决现代心理学的主要问题紧密联系在一起。维果茨基一方面高度评价皮亚杰采用发生学方法研究高级心理机能，同时也对他关于儿童言语和思维的发生和特征，以及它们的机能和发展的许多观点进行了有力的批判。事隔 30 年后，即 1962 年，在美国出版了英译本维果茨基经典著作《思维和言语》。皮亚杰详细研究了维果茨基的批判性论点，并在《维果茨基批判性意见的理由》一文中表示认同。此后，皮亚杰就维果茨基关于自我中心言语具有与交际相同的社会功能、无意行动的性质、自然发展和学校教学的相互作用、自我中心与布莱勒的我向思维以及与弗洛伊德的“快乐原则”关系的理论发表了许多意见。应当指出，皮亚杰是西方最早从多方面研究维果茨基的学者之一。

在瑞士日内瓦大学从事维果茨基心理学遗产研究的是皮亚杰的学生和追随者。布隆卡尔特对维果茨基和皮亚杰进行了比较研究，称他们是心理学界的“两个天才”。布隆卡尔特在比较两人的科学活动时指出，他们对心理过程的发生表现出同样的兴趣，都采用了兼顾儿童同化作用的过程和机制的研究方法。

在法国，还在维果茨基著作最早的英译本《思维和言语》(1962)出版之前，就可以在奥列龙的著作中看到对维果茨基关于言语和思维相互关系观点的批判性评价。之后，赛夫、查佐、博季雄等学者，依据维果茨基的文化历史理论以及维果茨基同皮亚杰论战的某些观点，评价了维果茨基的整个心理学观点。

奥列龙在巴黎大学讲课中时常提到苏联学者有关思维和言语心理学及哲学方面的著作。他根据英译本《思维和言语》，详细阐述了维果茨基自我中心言语、内部言语及其功能和概念，并把它们和皮亚杰的观点进行比较。但奥列龙对待维果茨基关于言语和思维相互关系的理论的态度却自相矛盾。一方面他否定维果茨基在解决这个问题中的独创性，另一方面又承认维果茨基关于内部言语的发生及决定性原理的正确性，并认为这是积极的概念。奥列龙积极评价维果茨基关于自我中心言语在言语从外部形式向内部形式的形成中存在过渡阶段的论断，承认自我中心言语既是社会的又是工具的。

法国著名哲学家、心理学家和马克思主义评论家赛夫全面描述了对维果茨基著作评价的整个过程。正像他写的那样，它们有着“特殊的命运”。他指出，研究心理学、教育学、语言学、美学和哲学的马克思主义方法论的重大意义正是由于维果茨基才得以彰显出来。在《思维和言语》译本的引言中，赛夫分析了20世纪二三十年代苏联心理学形成的过程，其理论和方法上的困难。在新的科学历史条件下如何反对心理学的唯心主义、机械和生物遗传的解释，建立科学的心理学，这一切都摆在了刚刚形成的苏联心理学面前。正如赛夫所指出的，为了解决它们，首先是维果茨基制定了“革命的方案”，确认新心理学即心理学的文化历史理论是它的中心。其次，赛夫非常详细地描述了维果茨基高级心理机能发展的历史、心理工具和符号的作用、内化和外化过程的各种观点，以及他对皮亚杰关于社会化、思维过程和言语工具的发生和发展的观点的批判分析。赛夫认为，三四十年代维果茨基的评论家，其中包括许多维果茨基的学生，对维果茨基的评价不公。正是在这种情况下，他推断，从今以后维果茨基是属于全世界心理学文化的。

在格兰容的概括性的、根据实验写成的《儿童概念的产生和演变》一书中，有两章专门论述苏联心理学的研究，其中包括维果茨基的著作。作者注意到维果茨基对高级心理过程发展的问题、不同言语形式的发生及其性质、儿童心理不同方面形成过程中交往和人的环境作用的研究的贡献。需要指出，由于格兰容不抱任何偏见，加之对维果茨基著作有深入的研究，因此，他不仅介绍维果茨基对某些作者的批判性意见，而且也论述了维果茨基方法的独特性。

现代著名法国心理学家雷克列尼亚在《心理学》教科书中，非常正确和准确地阐述了维果茨基关于发生学和社会化、言语内化和外化的概念。此外，他还援引博季雄、鲁索和梅洛的实验材料。根据雷克列尼亚的意见，这些材料证明了维果茨基的许多假设。应当说，研究和利用维果茨基科学遗产的法国心理学家不限于以上作者，查佐、廖津、莫斯卡托等人都高度评价了维果茨基的儿童言语心理学观点。

前不久在法国出版了一本关于维果茨基的书，该书名为《当代教育家、思想家维果茨基》。该书的作者是法国著名的心理学家热拉尔·韦尔诺，他是维果茨基的崇拜者和宣传者。这本书的风格不同寻常，引人入盛。作者自述出版这本书的主要目的在于帮助读者去了解维果茨基的创造性，去理解他的思想文化遗产。

在意大利，有大量关于维果茨基的普通心理学、教育心理学、儿童缺陷学、历史方法的著作，甚至维果茨基的艺术心理学著作。这些著作不仅比其他欧洲国家翻译得早，而且研究也较为系统。在意大利，研究维果茨基心理学遗产最深入的心理学家是马苏乔和梅加奇。另外，还有穆扎季、韦德热季、托勒纳托列等心理学家，也研究维果茨基的教育心理学、心理语言学、艺术心理学方面的观点。

1963 年，马苏乔出版了《苏联心理学》一书，此书比彼得罗夫斯基的《苏联心理学史》的出版整整早了四年。作者在书中分析维果茨基逝世前后苏联心理学形成的所有原则性问题时，对维果茨基的各种观点和科学活动均进行了阐述。作者特别强调指出，维果茨基在争取对意识心理学研究的斗争中，在对许多国外心理学派别有缺陷的方法论基础的批判中，在揭示他同时代心理学危机的原因以及寻找克服危机方法中具有重要功绩。马苏乔承认文化历史发展理论的科学价值及其独创性和富有成效性。他根据第一手资料，不仅描述了 20 世纪 60 年代苏联心理学的发展变化，而且还对“维果茨基现象”及其特点和巨大影响给予热情而客观的描述。

意大利的病理心理学家和心理学史家梅加奇是《西方国家中的苏联心理学》、《维果茨基著作文选》等许多重要著作的作者和编者。虽然不可能详细分析梅加奇对维果茨基的科学遗产及教育活动的评价，但可以肯定，不仅在意大利，而且在整个西方国家，他都是对《思维和言语》等著作进行最客观研究的作者之一。

奥斯陆大学心理学研究所的两位年轻心理学家洪杰德和罗梅特韦特对维果茨基的科学遗产也进行了有价值的研究。洪杰德提到了儿童推理的非口头前提的问题。他发展了关于儿童的知识和推理是由具体文化和历史环境及状态决定的思想。罗梅特韦特本着维果茨基思想的基本精神，研究了掌握作为经验的语言结构和作为行为的信号监督的言语过程。他在对年龄在6～8岁的挪威儿童言语行为进行研究后确信，维果茨基的一系列理论在解释作为社会监督手段、个体发育中个人行为组织的词和符号作用时是十分重要的和有效的。

维果茨基的心理学遗产在西方有着广泛的影响，得到了西方各国心理学家的普遍承认，这足以说明他的心理学思想具有无比强大的生命力。毫无疑问，其学术影响力和范围今后还会进一步增强与扩大。这同时也反映了西方心理学界对待维果茨基心理学遗产较为客观公正、兼收并蓄的科学态度。

除维果茨基本人外，维果茨基学派的其他主要成员，如列昂节夫、鲁利亚、查波罗热茨、加里培林、赞科夫、艾利康宁和达维多夫等在国际上也享有很高的声誉。他们各自提出的独特心理学理论均受到西方学者的普遍重视，他们的理论曾多次被列为国际心理学会议的主题，他们的著作被翻译成多种语言介绍到国外，赢得西方学者高度的赞扬和评价。他们还经常出国访问，多次在国际心理学和教育学会议上作报告。其中有人还兼任过国际心理科学联合会的要职，有些人还兼任国外著名科学院的外籍院士、外国心理学组织的名誉会员、外国著名大学的名誉博士。例如：鉴于列昂节夫及其学派的贡献，在一些西方专家倡仪下于1986年在西柏林举办了第一届国际活动理论会议，有来自欧洲、亚洲和美洲22个国家从事哲学、社会学、文化学、教育学、生物学等领域研究的200多位学者参加了会议。在这次会议上通过了关于成立联合不同国家、不同学科的学者研究人类活动问题的专门组织的决议。这个组织被命名为“国际活动理论研究常务代表会议”，它开始出版活动理论专门的杂志。此后，1990年（赫尔辛基）和1995年（莫斯科）又先后组织了两届“国际活动理论研讨会”。1995年6月在莫斯科举行的第三届研讨会的主要内容是：活动理论的界限和前景；活动与经济；活动与教学；活动、文化、艺术；活动与社会保护；活动与生态学；活动和性；活动和体育运动等。在这次会议上专门就“心理学的活动理论”、“巴赫金、维果茨基、皮亚杰与活动理论”专题举行了圆桌会议。1998年，在丹麦的奥胡斯举行了第四届国际活动理论研讨会议，有来自37个国家的500多位学者与会，主题定为“活动理论与处理社会实践的文化历史方法”。这些会议充分证明了现代活动理论的生命力。

鲁利亚也享有很高的国际声望。他是美国国家科学院、美国科学与艺术科学院、美国教育科学院的外籍院士，是英国、法国、瑞士、西班牙等国心理学组织的名誉会员。他还是许多外国著名大学，如英国莱斯特大学、波兰卢布林大学、比利时布鲁塞尔大学、芬兰坦佩雷等大学的名誉博士。他曾担任 1967—1968 年度国际心理科学联合会执委，1969 年国际心理科学联合会副主席职务。鲁利亚本人被认为是二战以来国际心理学领域第 44 位重要人物。

查波罗热茨生前访问过许多国家，如美国、英国、日本、意大利、挪威、匈牙利、波兰等，多次在国际心理学和教育学会议上作报告，赢得了较高的国际声誉。

赞科夫的教育改革实验受到国际上许多国家的重视，如美国人称之为“静悄悄的革命”。赞科夫的“新教学体系”同美国布鲁纳的“学科结构”论、西德瓦根舍因的“范例方法论”一起，被看做是“课程现代化”的三大典型代表。

加里培林的智力动作按阶段形成的理论，以及普通心理学的方法论多次成为国际学术讨论会和圆桌会议的主题。

艾利康宁同东德、波兰、保加利亚等国的儿童心理学家和教育心理学家以及那些把自己的研究建立在维果茨基思想基础上的美国学者保持着广泛而富有成效的学术联系。

达维多夫的许多著作已被译成英、德、日、意、荷、丹麦等国文字，他的科学成就在国外也享有盛誉。

总之，维果茨基学派成员在国际心理学舞台上扮演了重要的角色，为世界心理科学的发展做出了自己特殊的贡献。

## 第二节　维果茨基学派思想在东方

### 一、维果茨基学派思想在日本

维果茨基的社会文化历史理论也引起了日本心理学家的广泛兴趣，日本对维果茨基学派的研究也异常活跃。正是对苏维埃心理学和皮亚杰研究的关注，扭转了在此之前盲目崇拜德国和美国心理学的倾向，使日本心理学进入百家争鸣的交替期，不仅促进了日本心理学的本土化和国际化，而且也加速了其心理学基础理论的发展。

1960 年 3 月，日本苏维埃心理学会成立，其会刊《苏维埃心理学研究》发刊；同年 10 月，第一次苏维埃心理学会公开讲座在立命馆大学举行。1962 年，东京女子营养大学教授柴田义松翻译了英文版的维果茨基《思维与言语》。同年，日本苏维埃教育研究会成立，其刊物为《苏维埃教育研究》。1964 年，日本民间教育运动的发起者腾田守一出版了《能力、发展和学习》一书。他在介绍维果茨基基本理论的同时，提出了自己的观点：(1) 发展与教育有关的一面，就是教育要以内在的发展为基础。进入学龄期的儿童也一样，如果不根据其内在发展阶段，学习就没有效果，因此教育在发展之后；(2) 发展被内在因素制约的同时，也受先前所受教育的影响，但内在因素决定发展的道路；(3) 教育可以消解某些发展，教育和发展可以作为同一事物来思考，经验即学习，教育要面向学习，学习要指向经验。①

1966 年，《苏维埃心理学研究汇编》在 1—2 号刊上收录了加里培林、谢万诺夫等人的 12 篇文章，在这些文章中有多处援引了维果茨基的研究成果。1966 年，松本金寿出版了《现代苏维埃心理学》，对苏维埃心理学进行了全面介绍。1973 年，日苏缔结了文化交流协定，两国文化交流进入正常轨道，维果茨基的《艺术心理学》等论著相继被介绍到日本。在日本，维果茨基和鲁宾斯坦被公认为是苏维埃心理学的奠基者。苏维埃心理学为世界心理学开辟了新的道路，在日本和世界心理学中确立了不可动摇的地位。此时在日本，关于维果茨基的内化理论、工具理论、发展实质、最近发展区等学说都有大量研究发表。在关注维果茨基的同时，对这个学派的其他成员如列昂节夫、达维多夫、加里培林、艾利康宁等，也进行了大量的介绍。对这个学派内部的争论，横山浩司的观点颇具代表性，他指出："我们要学习苏维埃心理学的发展教育心理学成果，对维果茨基学派及其反对派，就不能站在任何一方，而是保持虚心的态度。"②

这个时期日本对维果茨基研究的另一个特点就是研究领域的扩大，尤其是在特殊教育领域。1982 年，大井清吉和管田洋一郎出版了《维果茨基障碍儿发展论集》，对维果茨基的特殊教育思想进行了总结。书中重点阐述了

① 胡金生：《日本对维果茨基的研究初探》，《辽宁师范大学学报》，2000 年第 4 期，第 83 页。

② 横山浩司：《苏维埃心理学》，艺林书社 1982 年版，第 175～178 页。

维果茨基以下思想:(1) 在社会关系中研究障碍儿童;(2) 一级性障碍(生物器质性)和二级性障碍(社会性)原理;(3) 特殊教育和普通教育相结合;(4) 尊重障碍儿童;(5) 条件反射原理;(6) 障碍儿童的鉴定。维果茨基的特殊教育思想对日本特殊教育产生了较为广泛的影响。大井指出:"日本特殊教育要认识障碍儿和正常儿的共同性,借鉴维果茨基一级性障碍和二级性障碍的原理,克服对障碍儿童的悲观情绪。我们应当从维果茨基的思想中找到对我们国家障碍儿童的研究和实践进行质的改革的道路。"①

20 世纪 80 年代中期以来,日本心理学者开始对维果茨基的理论进行立体的、全方位的研究和把握,力图从维果茨基的个人阅历和时代背景与其理论的联系来探讨其理论的内在逻辑,对维果茨基的研究进入了一个新的阶段。尤其是认知领域。"在认知领域、认知发展心理学甚至一般发展心理学领域,现时代没有比维果茨基的影响更大的人。人类认知发展心理学必须重视社会、文化的原因,这样的认识已得到越来越多的人的认可……在比较文化认知心理学里,为了阐明个别差异的产生,采用了文化人类学的方法论,理论上则以维果茨基的理论为基础……现代认知理论吸收维果茨基理论内核的理论统称为社会建构论、文化心理学等。它们沿着各自的方向进行理论的建构和验证,与其说已成为认知发展研究的一个潮流,不如说已成为最主要的潮流。"②此时,对维果茨基的研究主要集中在以下几个方面:

(1) 对维果茨基理论的整体把握。1997 年,中村和夫出版了《维果茨基的发展论集》,力图阐明维果茨基理论产生的内在逻辑和当代维果茨基理论的发展。

(2) 对"最近发展区"概念的解释。日本学者对最近发展区概念的解释主要集中在两点:在儿童的发展中强调教育的主导作用;教学必须与最近发展区相适应。中村和夫认为,这是对最近发展区概念做技术主义解释,尤其是维果茨基的最近发展区概念及教学有非常重要的前提条件,那就是要在学校中教授和学习科学概念。

(3) 对维果茨基学派发展的关注。这一时期,日本学者非常关注维果茨基学派的发展,尤其是列昂节夫、鲁利亚和巴夫琴的研究,日本有许多学者模仿巴夫琴关于言语的研究对幼儿言语的产生、发展的年龄特点等进行了一系列的研究。

关于对维果茨基的研究,日本确实聚集了一大批颇有造诣的心理学家,

① 大井清吉、管田洋一郎:《维果茨基障碍儿发展论集》,明治图书 1982 年版,第 270 页。

② 东洋繁多进、田岛信元:《发展心理学手册》,福村出版 1992 年版,第 230 页。

其中有许多人也正处于学术研究的颠峰。2005 年 10 月，我国维果茨基研究会会长、浙江大学龚浩然教授，维研会副会长中科院心理研究所方富熹研究员等一行 6 人访问日本，在日期间参加了日本维果茨基研究会第七届学术年会，听取了日本学者在研究维果茨基理论和实践方面的成就，并就中日两国维果茨基研究进行了学术交流。

## 二、维果茨基学派思想在中国

自 20 世纪 60 年代起，维果茨基学派的心理学理论开始受到包括我国在内的全世界心理学家的重视与研究。迄今为止我国对维果茨基学派的研究已经有半个世纪的历史，其间走过了由不重视到重视，由分散研究到有计划、有组织研究的道路。如今我国对维果茨基学派的研究无论是在研究的人数，还是研究成果上，都远远超过了以往任何时期，并呈现出蓬勃发展的态势，其影响日渐扩大。

### 1. 我国维果茨基学派研究的历史

我国对维果茨基学派的研究最早可以追溯到 20 世纪 50 年代。当时，我国心理学全面学习苏联心理学，尤其是学习巴甫洛夫学说，而对维果茨基及其列昂节夫等苏联著名心理学家的思想虽有介绍，但不系统。60 年代以后，由于众所周知的原因，中苏两国学术交流几近中断，因而我国学术界对维果茨基学派的了解甚少。改革开放后，随着我国心理学的全面复苏，同时也恢复了对苏联心理学包括对维果茨基学派心理学思想的研究。特别是进入 80 年代以来，有关这方面的研究相对活跃，我国心理学家撰写了一系列评介维果茨基及其学派学术思想的论文。如龚浩然在《心理学报》、《教育研究》、《中国社会科学》、《外国心理学》等刊物上发表系列文章，系统评介了维果茨基的文化历史发展理论、高级心理机能理论以及关于个性的心理学思想。李沂、张世英、陈会昌等先后在《心理学报》上评述列昂节夫的活动理论。汪青、孙晔等在《外国心理学》、《苏联心理学》等杂志上撰文介绍鲁利亚的神经心理学。在教育学和教育心理学方面，杜殿坤、张世臣等系统介绍了维果茨基的学生赞科夫等人根据维果茨基的“教学与发展的相互关系”理论所开展的教学实验成果①。当时有几本高等学校文科教材也对维果茨基学派的主要观点进行了较系统的介绍，如刘恩久主编的《心理学简史》，车文

① 龚浩然、黄秀兰:《维果茨基的思想及其对中国心理学的影响》，见《心理学发展的近期研究》，北京师范学院出版社 1990 年版，第 33～42 页。

博、龚浩然等主编的《心理学原理》,还有朱智贤、林崇德的专著《儿童心理学史》,以及新近出版林崇德著的《发展心理学》等,对维果茨基及其学派的发展心理学思想都作了较为全面的阐述。据不完全统计,改革开放至今,我国心理学家撰写研究维果茨基思想的论文共计 80 多篇约 60 余万字。

基于对维果茨基及其学派思想的科学价值的认识,我国学术界从 80 年代初便开始陆续翻译出版了一系列维果茨基学派的重要著作。例如,1980 年,李沂等翻译出版了列昂节夫的《活动、意识、个性》;1983 年,汪青等翻译出版了鲁利亚的《神经心理学》;1985 年,周新翻译出版了维果茨基的《艺术心理学》;1994 年,余震球选译出版了《维果茨基教育论著选》;1997 年,李维翻译出版了维果茨基的经典著作《思维与语言》;1999 年,龚浩然等翻译出版了《维果茨基儿童心理与教育论著选》;2003 年,龚浩然等又翻译出版了维果茨基的《教育心理学》。另外,《维果茨基文集》(六卷本)正在翻译之中。以上这些译著的出版在学界产生了一定的影响,为我国心理学者进一步了解和研究维果茨基乃至整个苏俄心理学提供了有益的支持。

我国心理学家还积极参与有关维果茨基研究的国际学术活动。例如,1992 年龚浩然访问俄罗斯,并出席了规模盛大的"维果茨基的文化一历史理论:过去、现在和未来"的国际会议。1996 年,张粹然教授参加了在日内瓦召开的纪念维果茨基和皮亚杰两位大师百年诞辰的国际会议。1999 年,时勘研究员出席了在俄罗斯召开的纪念鲁宾斯坦诞辰 110 周年的国际会议,并在会上详细介绍了中国心理学家研究维果茨基的情况,引起与会代表的极大兴趣,显示了"中国心理学在世界心理学领域中正扮演着一个非常活跃的角色"①。

**2. 我国维果茨基研究的现状**

1998 年,我国成立了全国维果茨基研究会,这标志着我国学者对维果茨基理论成果的重视达到了一个新的高度,对其思想遗产的研究进入了一个崭新的阶段。维果茨基研究会成立十年来,我国学者对维果茨基的研究无论是在理论方面,还是在应用和实证方面,均取得了令人可喜的成果。

(1) 理论研究方面。

① 对维果茨基研究的意义的认识。维果茨基堪称心理学的巨人,在现代心理科学中享有崇高的地位,被国际学术界誉为"心理学界的莫扎特"。对此,我国学者纷纷撰文予以高度的评价。著名心理学家陈立教授在给"全

---

① Kurt Pawlik:《中国心理学在世界心理学领域中正扮演着一个非常活跃的角色》,《心理学报》,2001 年第 6 期,第 571 页。

国维果茨基研究会成立大会"的贺信中真诚地表示,"……对大师的生平和深邃的思想无限钦佩","我在过去曾对他的心理学发展观点表示心折,这次又对其实践理论先获我心"。[①] 长期从事维果茨基研究的龚浩然教授称维果茨基"是改造古典心理学的巨匠,现代心理学的奠基人"[②]。高文教授赞誉维果茨基"是二十世纪心理学界的一位奇才"[③]。著名心理学家车文博教授评价维果茨基思想是"内涵丰富、思想深邃、举世公认、影响全球"。他还指出,研究维果茨基的思想不仅具有重要的理论价值,而且也具有重要的实践意义。它有利于掌握维果茨基的心理学思想、理论和学说,有利于我国心理学基本理论的构建,有利于我国中小学的教学改革,同时也推动了我国对苏俄心理学的研究。[④] 那么,我们应当研究和学习维果茨基心理学理论的哪些方面呢?杨鑫辉教授认为,至少有三个方面的思想和精神值得我们研究和学习,这就是:(1) 将研究心理学的方向性与科学性结合起来;(2) 心理学走向生活,加强应用的思想;(3) 勤奋不息,探求科学真理[⑤]。

② 对维果茨基研究方法的探讨。维果茨基的理论思想博大精深,自成体系,这与其独树一帜的研究方法体系是密不可分的。"从 1917 年涉足心理学领域到 1934 年去世,维果茨基在这一领域仅仅耕耘了 17 年,然而他所收获的成果却是令人惊叹的丰硕。面对这样一个事实,或者,更确切地说,一个奇迹,我们不得不关注维果茨基在心理发展研究中的方法论取向。"[⑥]

高文教授在对维果茨基研究人的心理发展问题的辩证方法、因果分析法与单元分析法深入分析后指出,维果茨基在心理学研究中的正确方法论取向对今天的教育研究与教育实践具有重要的启迪意义。[⑦] 张建卫和刘玉新在对维果茨基研究方法体系系统梳理、探索的基础上,将其区分为彼此不同但紧密联系的三个层次:其一,哲学方法论即辩证唯物主义,具体表现为对立统一观、质量互变观、辩证否定观和理论联系实际观;其二,一般科学方法原则即历史与逻辑统一法,这是其哲学方法论向具体研究方法转换的中介;其三,具体研究方法即其辩证唯物主义哲学通过"历史与逻辑统一原则"

---

① 陈立:《给"维果茨基研究会成立大会"的贺信》,《心理学探新》,1998 年第 4 期,第 1 页。

② 龚浩然:《维果茨基及其对现代心理学的贡献》,《心理发展与教育》,1997 年第 4 期,第 61～64 页。

③ 高文:《维果茨基心理发展理论的方法论取向》,《外国教育资料》, 1999 年第 4 期,第 45 页。

④ 车文博:《"内涵丰富、思想深邃、举世公认、影响全球"》,《心理学探新》,1998 年第 4 期,第 37～38 页。

⑤ 杨鑫辉:《应当加强苏俄心理学的研究》,见《心理学的历史、理论、技术》,暨南大学出版社 2001 年版,第 329～335 页。

⑥ 高文:《维果茨基心理发展理论的方法论取向》,《外国教育资料》,1999 年第 3 期,第 46 页。

⑦ 高文:《维果茨基心理发展理论的方法论取向》,《外国教育资料》,1999 年第 3 期,第 47 页。

这一中介在心理学实践中的具体体现，它包括观察与实验法、双重刺激法和因果发生法。张建卫和刘玉新还特别强调挖掘维果茨基研究方法体系的价值，对建设当代发展心理学具有重大的理论和实践意义。[①]

③ 对最近发展区概念的进一步探索。维果茨基对教育与发展的最大贡献是创造了"最近发展区"的概念。近年来，我国学者围绕这一概念的内涵、意义及其局限进行了许多探索。

刘华山教授认为，"最近发展区"的概念为重新认识教学与发展的关系以及学习准备性原理，提供了新的视角。[②] 熊哲宏和李其维教授认为，维果茨基使用最近发展区作为探索儿童发展的动力学之理论工具，其高于皮亚杰的临床法的明显优势在于：首先，有助于在社会文化背景中研究认知发展的水平，同时有可能"诊断"儿童可能达到的转变范围；其次，有助于看清传统静态的"IQ 测验"之局限，并导致对儿童"学习潜能"的评估，进而探查儿童"尚未出现"但正形成着的心理机能；再次，有助于弄清在与儿童合作活动的条件下父母行为的参数；第四，有助于具体的教育应用。[③] 郝琦和乐国安介绍了国外表演理论对"最近发展区"的发展。蔡寒松和周榕根据毕生发展心理学、多元智力理论和社会生态理论，尝试从理论上进一步拓展"最近发展区"概念。他们指出，首先，"最近发展区"是动态的发展体系，横跨整个人生历程，不应只局限于某个特定发展区（如青春期）；其次，"最近发展区"是多元的体系，不应拘泥于某一维度；再次，"最近发展区"是平等、和谐、合作的体系，不是等级式的、专制的权威体系。当然，要使"最近发展区"理论更具有生命力，还需进一步全方位开拓。[④] 通过上述的研究，进一步拓宽和发展了维果茨基最近发展区的概念。

④ 关于维果茨基与皮亚杰的比较研究。在发展心理学领域，维果茨基的地位仅次于皮亚杰，美国著名心理学家布鲁纳肯定他们两人都是"伟大的发展心理学家"，并赞赏皮亚杰和维果茨基两位心理学家在学术观点上的分歧。

我国台湾学者张春兴教授在他的《教育心理学》一书中分析了维果茨基

① 张建卫、刘玉新：《维果茨基发展心理研究方法体系之初探》，《东北师大学报》，1999 年第 5 期，第 92 页。

② 刘华山：《维果茨基对教育心理学的贡献》，全国维果茨基研究会第四次学术年会论文，2002 年。

③ 熊哲宏、李其维：《论儿童的文化发展与个体发展的统一》，《华东师范大学学报》（教育科学版），2002 年第 1 期，第 10～11 页。

④ 蔡寒松、周榕：《关于最近发展区经典概念的拓展的理论思考》，全国维果茨基研究会第四次学术年会论文，2002 年。

和皮亚杰两位心理学家在儿童自我中心言语观点上的分歧，认为“维果茨基对儿童自我中心语言的解释，不同于皮亚杰的论点。皮亚杰认为自我中心语言只是儿童的一种认知思维方式的表达，等他发展到具体运思期之后，就会自动消失。维果茨基的论点则不同，他将儿童的自我中心语言，视为调和其思维与行动，从而助益其认知发展的重要因素”①。张春兴教授通过对皮亚杰与维果茨基的比较研究后，认为“惟就多年来智力发展理论对遗传与环境并重的趋势看，维果茨基所持之认知发展社会文化观研究取向，较之皮亚杰的生物科学观研究取向，更具有说服力。因此80年代以来，维果茨基的思想，颇有后来居上的趋势”②。熊哲宏和李其维教授在对维果茨基和皮亚杰两位心理学家理论之间的共同点（相似性）与差异（或对立）进行比较研究的基础上，致力于探讨超越这两种理论各自的局限性并产生一种整合性发展心理学理论的可能途径：首先，心理学的“解释”与“理解”的统一；其次，“从外到内”建构与“从内到外”建构的统一；再次，“心理内机制”与“心理间机制”的统一；第四，“最近发展区”与“临床法”的统一。③

（2）应用研究方面。

龚浩然和黄秀兰教授创造性地运用维果茨基教育心理学的先进思想，如教育与发展理论、活动理论、教育主体性理论、个性形成理论和最近发展区理论等，长期开展学校班集体建设的自然实验，取得了令人瞩目的研究成果。④ 他们通过实验得出以下结论：第一，集体乃是一个以儿童与青少年为主体的具有崇高的社会目标，以亲社会的共同活动为中介，以民主平等与合作的人际关系为纽带，并促进其成员的个性得到充分发展的有高度凝聚力的共同体；第二，从维果茨基“教学的交往的本质”观点出发，师生在教学过程中都是主体；第三，共同活动是班集体与学生个性发展的基础；第四，教学应该走在发展的前面引导着发展。⑤ 该项实验得到了专家、同行的高度评价。

高文教授和她的助手们在教学设计方面做了很多的研究，其教学设计的理论和实践整合了心理学、技术、评价、测量和管理等多方面的研究。特

---

① 张春兴：《教育心理学》，浙江教育出版社1998年版，第217页。

② 张春兴：《心理学思想的流变》，上海教育出版社2002年版，第337页。

③ 熊哲宏、李其维：《论儿童的文化发展与个体发展的统一》，《华东师范大学学报》（教育科学版），2002年第1期，第8～10页。

④ 龚浩然、黄秀兰：《班集体建设与学生个性发展》，广东教育出版社1999年版，第1页。

⑤ 龚浩然：《维果茨基的科学心理学思想在中国》，见《当代中国心理学》，人民教育出版社2001年版，第352页。

别是维果茨基的社会建构主义理论对他们教学设计的新范型产生了重要影响，这主要表现在教学情境的创设策略、增强教学互动性的策略(合作学习策略、搭建脚手架策略、认知工具利用策略)、活动的设计策略(主导活动类型的建构、学习活动的设计)等方面。王文静在其“基于社会情境的共创性暑期课程案例研究”中，尝试运用和发展了维果茨基的有关理论，在课程研究与开发领域做了积极的探索，体现了课程设计的社会情境性、开发共创性、学生参与性和方式开放性等特点，①收到了很好的效果。

张粹然教授运用维果茨基的理论检讨了我国过去在教育内容和方法上存在的问题，对我国当前如何进行素质教育提出了不少有益的见解。②

我国澳门学者田野利用维果茨基最近发展区的理论来设计幼儿语言教育课程，并将维果茨基的理论和观点融入到幼儿课程设计的目标、内容、方法以及评量中去，以期达到有效教学之目的。③

(3) 实证研究方面。

维果茨基的理论也引起我国心理学实证工作者的重视。方格、田学红和毕鸿燕根据维果茨基“最近发展区”和“教学必须走在发展前面”的理论，对儿童数概念发展的“最近发展区”和儿童主动解决问题的水平进行实验研究，其结果表明：① 幼儿对基数、数序、运算和解应用题的认知成绩均有随年龄发展的趋势，但快速发展的年龄阶段因任务的难度而异；② 幼儿对基数和数序的认知在4～5岁显示出不同步发展，对基数的认知成绩优于对数序的认知，而到6岁两者具有同步发展的趋势；③ 幼儿解决问题的策略水平随年龄发展，显示了由外化水平的智力活动向完全内化的智力操作的发展过程，并且有明显的层次性。④ 这一研究结果进一步丰富了维果茨基“最近发展区”的理论，为幼儿数能力的促进提供了实证研究的依据。总的来看，目前我国对维果茨基理论的实证研究相对薄弱，今后要想更好地拓展维果茨基的理论，这方面的工作有待加强。

值得一提的是，维果茨基学派的主要成员赞科夫的教学理论从20世纪70年代末开始陆续被介绍到我国。在这一理论的影响下，我国的教育、教学观念发生了重大变化，即从单纯传授知识转变到既重视传授知识又重视学

---

① 王文静：《维果茨基学说的运用与发展——基于社会情境的共创性暑期课程案例研究》，全国维果茨基研究会第三次学术年会论文，2002年。

② 张粹然：《维果茨基的教育心理思想与我国教育改革的思路》，全国维果茨基研究会第三次学术年会论文，2000年，第1～3页。

③ 田野：《从认知心理学谈幼儿语言课程的设计》，《外国教育资料》，2002年第2期，第39～45页。

④ 方格、田学红、毕鸿燕：《幼儿对数的认知及其策略》，《心理学报》，2001年第1期，第30～36页。

生发展、教学与发展相互促进的轨道上来。特别是赞科夫几十年如一日坚持教育改革实验的精神唤醒了我国广大教育工作者的实验意识,使主体教育实验得以蓬勃开展起来。在此前,我国教育界很少在实验的基础上独立地进行教育理论的探索,大多是对本本的注解或者是对指示和政策条例的汇编,缺乏科学的论证。在赞科夫教学与发展实验中所体现的强烈的方法论意识,为我国主体教育实验所借鉴。因此,赞科夫的教学与发展实验对我国主体教育实验产生了深远的影响。

综上所述,半个世纪来我国对维果茨基学派的研究取得了令人瞩目的成就,这也是维果茨基学派的魅力所在。

# 参考文献

## 中文文献


保罗·凯林著,郑伟建译:《心理学大爆光——皇帝的新装》,中国人民大学出版社 1992 年版。

A. B. 彼得罗夫斯基,M. T. 雅罗舍夫斯基主编,赵璧如等译:《心理学辞典》,东方出版社 1997 年版。

A. B. 布鲁什林斯基著,文华译:《心理学研究的客体——人》,《国外社会科学》,1996 年第 4 期。

布鲁纳著,张粹然译:《赞赏皮亚杰和维果斯基两位心理学家在学术观点上的分歧》,《四川心理科学》,1998 年第 1 期。

车文博:《积极开展维果茨基的研究,努力促进我国心理科学的发展》,《心理学探新》,1998 年第 4 期。

车文博:《"内涵丰富、思想深邃、举世公认、影响全球"——在全国维果茨基研究会上的发言》,《心理学探新》,1998 年第 4 期。

陈会昌:《苏联心理学界对活动理论的近期讨论》,《心理学报》,1986 年第 2 期。

陈立:《平话心理科学向何处去》,《心理科学》,1997 年 5 期。

M. P. 德里斯科尔著,王小明等译:《学习心理学——面向教学的取向》,华东师范大学出版社 2008 年版。

方汉文著:《现代西方文艺心理学》,陕西人民教育出版社 1999 年版。

高觉敷主编:《中国大百科全书·心理学·心理学史》,中国大百科全书出版社1985年版。

高文、毛新勇:《维果茨基心理发展理论的跨文化研究及其对教育实践的影响》,《心理学探新》,1998年第4期。

高文:《维果茨基心理发展理论对教育教学的影响》,《外国教育资料》,1999年第5期。

高文:《维果茨基心理发展理论的方法论取向》,《外国教育资料》,1999年第3期。

高文:《维果茨基心理发展理论与社会建构主义》,《外国教育资料》,1999年第4期。

更生:《学习活动与小学低年级学生的心理发展——试述达维多夫的学习活动理论》,《比较教育研究》,1995年第2期。

龚浩然、黄秀兰著:《班集体建设与学生个性发展》,广东教育出版社1999年版。

龚浩然、黄秀兰主编:《维果茨基科学心理学思想在中国》,黑龙江人民出版社2004年版。

龚浩然:《Л. С. 维果茨基》,《外国心理学》,1981年第3期。

龚浩然、黄秀兰:《介绍维果茨基——关于教学与智力发展的关系的思想》,《外国心理学》,1981年第3期。

龚浩然:《试论维果茨基的文化历史发展观》,《心理学探新》,1981年第3期。

龚浩然:《试评维果茨基关于个性的心理学思想》,《外国心理学》,1984年第4期。

龚浩然:《六十年代以来苏联心理学的发展》,《中国社会科学》,1987年第5期。

龚浩然:《Л. С. 维果茨基与J. 皮亚杰在关于儿童思维与言语问题上的争论》,《应用心理学》,1993年第1期。

龚浩然:《维果茨基及其对现代心理学的贡献》,《心理发展与教育》,1997年第4期。

龚浩然:《Л. С. 维果茨基与俄罗斯心理学的若干变化》,浙江省社会心理学会第三届学术年会论文,1997年。

龚浩然:《天才的马克思主义心理学家》,《心理学探新论丛》,南京师范大学出版社1998年版。

龚浩然、黄秀兰:《维果茨基对心理科学的贡献》,《心理学探新》,1998年第4期。

龚浩然:《论维果茨基及其主体性思想》,《心理学探新》,1998 年第 4 期。

龚浩然:《维果茨基与苏俄心理学》,全国维果茨基研究会第三次学术年会论文,2000 年。

郭葆钫:《走主体性教育之路——维果茨基教育思想点滴透视与实践探索》,《心理学探新》,1998 年第 4 期。

杭州大学教育系编:《教育辞典》,江西教育出版社 1987 年版。

郝琦、乐国安:《表演式学习——表演理论对"最近发展区"的发展》,《心理学探新》,1999 年第 2 期。

胡金生:《日本对维果茨基的研究初探》,《辽宁师范大学学报》,2000 年第 4 期。

В. 加麦佐、М. В. 玛丘希娜、Т. С. 米哈里奇克编,李世钦等译:《年龄与教育心理学》,黑龙江少年儿童出版社 1987 年版。

З. И. 卡尔梅科娃著,史民德、诸惠芳等译:《学生智力发展诊断问题》,人民教育出版社 1983 年版。

鲁利亚著,汪青等译:《神经心理学原理》,科学出版社 1983 年版。

С. Я. 鲁宾斯坦著,朴永馨译:《智力落后学生心理学》,人民教育出版 1983 年版。

列·谢·维戈茨基著,周新译:《艺术心理学》,上海文艺出版社 1985 年版。

刘恩久等编:《心理学简史》,甘肃人民出版社 1985 年版。

刘范主编:《心理发展的近期研究》,北京师范学院出版社 1990 年版。

楼培敏、华淑华、乔桂云著:《心理学·当代国外社会科学流派丛书》,四川人民出版社 1991 年版。

列夫·谢苗诺维奇·维果茨基著,余震球译:《维果茨基教育论著选》,人民教育出版社 1994 年版。

林崇德著:《发展心理学》,人民教育出版社 1995 年版。

列夫·谢苗诺维奇·维果茨基著,李维译:《思维与语言》,浙江教育出版社 1997 年版。

列夫·谢苗诺维奇·维果茨基著,龚浩然、谢恩光等译:《维果茨基儿童心理与教育论著选》,杭州大学出版社 1999 年版。

列夫·谢苗诺维奇·维果茨基著,潘绍典、陈新宇等译:《维果茨基儿童心理学论著选》,全国维果茨基研究会丛书之二,1999 年。

林崇德著:《发展心理学》,浙江教育出版社 2002 年版。

莱斯利·P·斯特弗、杰里·盖尔著,高文等译:《教育中的社会建构主义》,华东师范大学出版社 2002 年版。

李沂:《A. H. 列昂节夫的活动理论》,《心理学报》,1979 年第 2 期。

李颖:《维果茨基与皮亚杰关于儿童自我中心言语问题的比较研究》,《南京师大学报》(社科版),1999 年第 5 期。

B. C. 穆欣娜著,陈帼眉、冯晓霞、史民德译:《儿童心理学》,人民教育出版社 1990 年版。

Л. 尼科洛夫著,张凡琪译:《人的活动结构》,国际文化出版公司 1988 年版。

潘菽著:《意识——心理学的研究》,商务印书馆 1998 年版。

潘菽:《我们要加强向苏联心理学学习》,《苏联心理学》,1984 年。

潘绍典:《维果茨基论思维与言语的关系》,《心理学探新》,1998 年第 4 期。

Rom　Harre 著,刘儒德等译:《他们改变了心理学——50 位杰出的心理学家》,华东师范大学出版社 2007 年版。

时勘:《全面推进素质教育的心理学问题》,全国维果茨基研究会第二届学术年会论文,1999 年。

A. A. 斯米尔诺夫主编,李沂、张世英等译:《苏联心理科学的发展与现状》,人民教育出版社 1984 年版。

C. Д. 斯米尔诺夫著,周新、张耳译:《映象心理学》,中国人民大学出版社 1990 年版。

孙晔:《苏联的生理心理学》,《苏联心理学》,1984 年。

田野:《从认知心理学谈幼儿语言课程的设计》,《外国教育资料》,2000 年第 2 期。

王启康:《学习苏联心理学,用辩证唯物主义指导心理学研究》,《苏联心理学》,1984 年。

王光荣:《鲁利亚与心理科学》,《心理学探新论丛》,南京师范大学出版社 1999 年版。

王光荣:《维果茨基心理学遗产在西方》,《心理学探新》,1999 年第 3 期。

王光荣:《维果茨基研究热的理论透视》,《心理科学》,2000 年第 6 期。

王光荣:《维果茨基对心理科学发展的贡献》,《心理学探新论丛》,南京师范大学出版社 2001 年版。

王光荣:《当前俄罗斯心理学发展的现状与趋势》,《心理科学进展》,2002 年第 1 期。

王光荣:《维果茨基心理学理论述评》,《心理学探新》,2002 年第 4 期。

王光荣:《维果茨基与现代心理科学》,《西北师大学报》,2003 年第 5 期。

王光荣:《苏俄心理学对中国心理学的影响》,《心理学探新》,2004 年第 1 期。

王光荣:《心理学家维果茨基的生平与事业》,《四川心理科学》,2004 年第 1 期。

王光荣:《维果茨基的认知发展理论及其对教育的影响》,《西北师大学报》,2004 年第 6 期。

王文静:《维果茨基学说的运用与发展》,全国维果茨基研究会第三次学术年会论文,2000 年。

王洪礼、吴红:《教育心理学发展概况新析》,《心理科学》,2000 年第 7 期。

汪青:《鲁利亚的神经心理学简介》,《外国心理学》,1983 年第 3 期。

维果茨基著,龚浩然译:《学龄期儿童的教学与智力发展问题》,《教育研究》,1983 年第 6 期。

吴庆麟著:《教育心理学》,人民教育出版社 1999 年版。

吴庆麟著:《教育心理学》,华东师范大学出版社 2003 年版。

肖前瑛:《П. Я. 加里培林》,《外国心理学》,1984 年第 4 期。

徐世京著:《现代苏联心理学发展概况》,华东师范大学出版社 1989 年版。

许高渝:《维果茨基和苏俄心理语言学》,全国维果茨基研究会第二次学术年会论文,1999。

М. Г. 雅罗舍夫斯基著,陆嘉玉等译:《心理学史》,上海译文出版社 1997 年版。

杨鑫辉总主编、龚浩然主编:《心理学通史》(第五卷),山东教育出版社 2000 年版。

杨鑫辉主编:《新编心理学史》,暨南大学出版社 2003 年版。

杨鑫辉:《应当加强苏俄心理学的研究》,《心理学探新论丛》,南京师范大学出版社 1999 年版。

杨丽珠、邹晓燕、刘文:《儿童心理学教学内容、体系和方法改革的研究》,《心理科学》,2000 年第 6 期。

叶浩生主编:《心理学理论精粹》,福建教育出版社 2000 年版。

赵璧如主编:《现代心理学发展中的几个基本理论问题》,中国社会科学出版社 1982 年版。

张人骏、朱永新主编:《心理学人物辞典》,天津人民出版社 1986 年版。

朱智贤、林崇德著:《儿童心理学史》,北京师范大学出版社 1988 年版。

朱智贤编:《心理学大词典》,北京师范大学出版社 1989 年版。

赵莉如、林方、张世英编:《心理学史》,团结出版社 1989 年版。

赵慧军:《活动理论的产生、发展及前景》,《东北师大学报》(哲社版),1997 年第 2 期。

张春兴著:《心理学思想的流变——心理学名人传》,上海教育出版社 2002 年版。

张世英:《关于 A. H. 列昂节夫活动理论的历史形成、基本思想和对它的评价》,《心理学报》,1985 年第 1 期。

张建伟、陈琦:《从认知主义到建构主义》,《北京师范大学学报》,1996 年第 4 期。

张建卫、刘玉新:《维果茨基发展心理研究方法体系之初探》,《东北师大学报》,1999 年第 5 期。

邹晓燕、林炎琴、王文芳:《维果茨基对西方发展与教育心理学的影响述评》,《全球教育展望》,2001 年第 10 期。

郑发祥、叶浩生:《文化与心理——研究维果茨基文化历史理论的现代意义》,《心理学探新》,2004 年第 1 期。

## 俄文文献

Ахутина Т. В. Л. С. Выготский и А. Р. Лурия: становле ниене йропсихологии. Вопросы психологии, 1996. №5.

Артемьева Т. И., Ожиганова Г. В. Международная конференция, посвященная 100 летию со дня рождения Л. С. Выготского. Психологический журнал, 1997. №4.

Берхин Н. Б. О замечаниях Б. Г. Ананьева на《Психологию искусства》Л. С. Выготского. Психологический журнал, 1990. №1.

Брунер Дж. Психология познания. М., 1977.

Брушлинский А. В. Культурно-историческая теория мышления. М.,

1968.

Брушлинский А. В. Зона Ближайшего развития и проблема субъекта. Доклад на международной конференции по культурно-исторической теории Л. С. Выготского. москва. 1～4декабря 1992.

Брушлинский А. В. Первые уточнения текстов Л. С. Выготского. Психологический журнал, 1996. №3.

Брушлинский А. В. Психологическая наука в России XX столетия: проблемы теории и истории. Москва:Институт психологии РАН, 1977.

Воспоминания о Л. С. Выготском. Психологический журнал, 1992. №3.

Выготская Г. Л. Его жизнь от начала до конца. Вести. Моск. ун-та. Сер. 14. Психология, 1994. №4.

Выгодская Г. Л., Лифанова Т. М. Лев Семёнович Выготский. Жизнь. Деятельность. Штрихи к портрету. Москва:Смысл 1996.

Выгодская Г. Л. Каким он Был. Вопросы психологии, 1996. №5.

Выготский Л. С. Мышление и речь. Москва:Лабиринт, 1999.

Выготский Л. С. Умственное развитие детей в процессе обучения. М.-Л., 1935.

Выготский Л. С. Диагностика развития и педагогическая клиника рудного детства. Москва:Экспериментальный дефектологический институт, 1936.

Выготский Л. С. Развитие высших психических функций. Москва: Издательство АПН РСФСР, 1960.

Выготский Л. С. Собрание сочинений в 6томах 1. Москва: Педагогика,1982.

Выготский Л. С. Собрание сочинений в 6томах 2. Москва: Педагогика,1982—84.

Выготский Л. С. Собрание сочинений в 6томах 5. Москва: Педагогика,1983.

Выготский Л. С. Собрание сочинений в 6томах 6. Москва: Педагогика,1983.

Выготский Л. С. Собрание сочинений в 6томах 6. Москва: Педагогика,1983.

Выготский Л. С. Собрание сочинений в 6томах 4. Москва:

Педагогика,1984.

Выготский Л. С. Педагогическая психология. Москва:Педагогика, 1991.

Выготский Л. С. Педагогическая психология. Москва:Педагогика-пресс, 1996.

Выготский Л. С. Мышление и речь. Москва: Лабиринт,1999.

Гильбух Ю. З. Понятие зоны ближайшего развития и его роль в решении актуальных задач педагогической психологии. Вопросы психологии, 1987. №3.

Глозман Ж. М. ,Степанченко Т. В. Л. С. Выготский и А. Р. Лурия:истоки сотворчества. Вопросы психологии, 2004. №6.

Гордеева О. В. Представления Л. С. Выготского о самосознании и марксизм. Психологический журнал,1996. №5.

Давыдов В. В. Научное творчество Л. С. Выготского и современная психология М. ,1981.

Давыдов В. В. Психологический словарь. М. ,1983.

Давыдов В. В. ,Зинченко В. П. Вклад Л. С. Выготского в развитие психологической науки. Советская педагогика,1986. №11.

Давыдов В. В. Понятие деятельности как основание исследований научной школы Л. С. Выготского. Вопросы психологии,1996. №5.

Дьяченко О. М. Проблема развития способностей до и после Л. С. Выготского. Вопросы психологии. 1996. №5.

Ждан А. Н. История психологии от Античности до наших дней. Москва:Издательство Академический прокт:Фонд《Мир》,2005.

Зак А. З. Характеристика "Зоны ближайшего развития" при диагностике рефлексии у младших школьников. Научное творчество Л. С. Выготского и современная психология,М. , 1981.

Зинченко В. П. Идеи Л. С. Выготского о единицах анализа психики. Психологический журнал,1981. №2.

Зинченко В. П. От классической к органической психологии. Вопросы психологии, 1996. №5.

Коломинский Я. Л. ,Жизневский Б. П. ,Цыркун Н. А. Идеи Л. С. Выготского в современной психолого-педагогической науке и практике. Вопросы психологии, 1987. №4.

Коул М. Культурно-историческая психология: наука будущего. М: Когито-Центр; издво《Институт психологии РАН》, с. 1997.

Курек Н. С. О социальной истории культурно-исторической психологии Ответ Б. Т. Мешерякову и В. П. Зинченко. Вопросы психологии, 2000. №6.

Леонтьев А. Н. Деятельность сознание личность. Москва: Издательство политической литературы, 1977.

Леонтьев А. Н. Вступительная статья о творческом пути Л. С. Выготского. Выготский Л. С. Собрание сочинений. В6т. Т. 1. Москва: Педагогика, 1982.

Леонтьев А. Н. К теории развития психики ребенка. Леонтьев А. Н. Проблемы развития психика. М. , с. 1989.

Леонтьев Д. А. , Теценко А. П. , Йдман Е. В. Научное наследие Л. С. Выготского и мировая психология. Вопросы психологии, 1989. №2.

Леонтьев А. А. Л. С. Выготский. Москва: Просвеще, 1990.

Леонтьев А. Н. Учение о среде в педологических работах Л. С. Выготского. Вопросы психологии, 1998. №1.

Леонтьв А. А. Школа Л. С. Выготского: линии преемственности. Вопросы психологии, 2004. №5.

Лосский Н. О. О детском мышлении. Вопросы психологии, 1996. №5.

Лопушанская Н. А. Выготский, Рубинштейн и московичи. Психологический журнал, 1997. №2.

Лучинин А. С. История психологии. Москва: Издательство《ЭКЗАМЕН》, 2006.

Люсин Д. В. Книга о творчестве Л. С. Выготского изданная во франции . Психологический журнал, 2002. №4.

Мелипащаев А. А. Л. С. Выготский и М. М. Бахтин: подготовительные материалы к несостоявшемуся диалогу. Вопросы психологии, 1996. №5.

Мещеряков Б. Г. Логико-семантический анализ концепции Л. С. Выготского Самара: Изд-во Самарского. пед. ун-та, 1998.

Мещеряков Б. Г. Логико-семантический анализ концепции Л. С.

Выготского: Систематика форм поведения и законы развития высших психических функций. Вопросы психологии. 1999. №4.

Мещеряков Б. Г. , Зинченко В. П. Л. С. Выготский и современная культурно-историческая психология. Вопросы психологии, 2000. №2.

Морозов С. М. Чувственное и внечувственное в предмете психологического исследования подход Л. С. Выготского. Психологический журнал, 2002. №6.

Накамура К. Вокруг толкования понятия зоны ближайшего развития. Психологический журнал, 1996. №4.

Орлов А. Б. А . Н. Леонтьев-Л. С. Выготский: очерк развития схизиса. Вопросы психологии, 2003. №2.

Пузырей А. А. Культурно-историческая теория Выготского и современная психология. Москва: МГУ, 1986.

Прихожан А. М. , Толстых Н. Н. Интересная психология: Л. С. Выготский Л. И. Божович. Вопросы психологии, 1996. №5.

Павлова Н. Д. Л. С. Выготский и современная психолингвистика. Психологический журнал, 1996. №5.

Полуянов Ю. А. Перспективы реализации идей Л. С. Выготского о детском художественном творчестве. Вопросы психологии, 1997. №1.

Пиаже Жан. Речь и Мышление ребёнка. Москва: Педагогика пресс, 1999.

Радзиховский Л. А. Современные исследования творчества Л. С. Выготского. Вопросы психологии, 1982. №3.

Радзиховский Л. А. Современные исследования творчества. Вопросы психологии, 1982. №3.

Радзиховский Л. А. Л. С. Выготский. Психологический журнал, 1987. №1.

Розин В. М. Исследование мышления в работе Л. С. Выготског “Мышление и речь”. Психологический журнал, 1997. №8.

Севастьянов О. Ф. Несостоявшийся диалог: Ж. Пиаже. и Л. С. Выготский о природе эгоцентрической речи. Психологический журнал, 1989. №1.

Салмина Н. Г. Концепция Л. С. Выготского и проблема развития символической функции. Вопросы психологии, 1994. №5.

Слободчиков В. И., Цукерман Г. А. Интегральная периодизания общего психического развития. Вопросы психологии, 1996. №5.

Стеценко А. П. Заметки о популярности Л. С. Выготского на западе. Вопросы психологии, 1997. №1.

Степанова М. А. Предпосылки теории планомерно-лоэтапного формирования умственных действий и понятий: Л. С. Выготский и П. Я. Гальперин. Вопросы психологии, 2000. №6.

Степанова М. А. Проблема обучения и развития в трудах Л. С. Выготского и П. Я. Гальперина. Вопросы психологии, 2001. №4.

Степанова М. А. Предпосылки теории планомерно-поэтапного формирования умственных действий и понятий: Л. С. Выготского и П. Я. Гальперина. Вопросы психологии, 2000. №6.

Соколова Е. Е. развития идей Л. С. Выготского в ранних работах А. Н. Леонтьева. Вопросы психологии, 2003. №2.

Тутунджян О. М. Психологическое наследие Л. С. Выготского в западной европе. Вопросы психологии, 1989. №1.

Тутунджян О. М. Труды Л. С. Выготского в северной америке. Вопросы психологии, 1989. №2.

Тихомиров О. К. Информационный век и теория Л. С. Выготского. Психологический журнал, 1991. №1.

Ткинд А. М. Ещё о Л. С. Выготском: забытые тексты и ненайденные контексты. Вопросы психологии, 1993. №4.

Фобухова Л. Две парадигмы в исследовании детского развития. Вопросы психологии, 1996. №5.

Фролова С. В., Карелин А. А. История психологии. Москва: Высшее образование, 2007.

Хомская Е. Д. Роль Л. С. Выготского в творчестве А. Р. Лурия. Вопросы психологии, 1996. №5.

Хомская Е. Д. О методологических проблемах современной психологии. Вопросы психологии, 1997. №3.

Эльконин Д. Б. Л. С. Выготский-Д. Б. Эльконин: знаковое опосредствование и совокупное действие. Вопросы психологии, 1996. №5.

Эльконин Д. Б. Психическое развитие в детских возрастах. Москва: Воронеж, 1997.

Ярошевский М. Г. Л. С. Выготский поиск принципов построения общей психологии. Вопросы психологии,1986. №6.

Ярошевский М. Г. Лев Выготский. Москва:Прогресс,1989.

Ярошевский М. Г. Л. С. Выготский и Марксизм в советской психологии к социальной истории российской науки. Психологический журнал,1992. №5.

Ярошевский М. Г. Л. С. Выготский В поисках новой психологии. Санкт-Петербург Международного фонда истории науки, 1993.

Ярошевский М. Г. Когда Л. С. Выготский и его школа появились в психологии? Вопросы психологии,1996. №5.